高职高专模具设计与制造专业规划教材

冲压模具设计与制造实训教程

杨海鹏　主　编

赖　辉　李爱娜　副主编

清华大学出版社

北　京

内 容 简 介

本书系统地介绍了最新冲压模具国家标准，同时，作者结合二十余年从事模具设计、制造的工作经历及研究、教学经验，将模具国家标准与模具设计、制造知识、技巧有机融合，注重实用性与初学者动手能力的提高。书中案例零件均来源于企业产品或生活用品，具有真实性和针对性，在保证学生核心能力培养的同时，还可以充分调动学生学习的积极性和自主性。

本书共分 8 章，主要内容包括冲压模具设计与制造实训指导书，冲压模具设计与制造实战，冲模架标准及设计资料，冲模零配件及其技术条件，冲压模具典型结构，冲压模具设计课题，冲压模具常用材料与制品常用材料，冲压模具常用设备规格与选用。

本书收集整理了丰富实用的设计资料、案例及最新的国家标准，可作为高等院校、高职院校模具设计与制造及相关专业的课程设计实训、模具制造实训及毕业设计用书，也可作为从事模具设计与制造工程技术人员的工具书。

图书在版编目(CIP)数据

冲压模具设计与制造实训教程/杨海鹏主编. —北京：清华大学出版社，2019
(高职高专模具设计与制造专业规划教材)
ISBN 978-7-302-52375-8

Ⅰ. ①冲… Ⅱ. ①杨… Ⅲ. ①冲模—设计—高等职业教育—教材 ②冲模—制模工艺—高等职业教育—教材 Ⅳ. ①TG385.2

中国版本图书馆 CIP 数据核字(2019)第 039480 号

责任编辑：陈冬梅 杨作梅
封面设计：杨玉兰
责任校对：吴春华
责任印制：丛怀宇
出版发行：清华大学出版社
网 址：http://www.tup.com.cn, http://www.wqbook.com
地 址：北京清华大学学研大厦 A 座 邮 编：100084
社 总 机：010-62770175 邮 购：010-62786544
投稿与读者服务：010-62776969, c-service@tup.tsinghua.edu.cn
质量反馈：010-62772015, zhiliang@tup.tsinghua.edu.cn
课件下载：http://www.tup.com.cn, 010-62791865
印 刷 者：北京富博印刷有限公司
装 订 者：北京市密云县京文制本装订厂
经 销：全国新华书店
开 本：185mm×260mm 印 张：16.75 字 数：407 千字
版 次：2019 年 12 月第 1 版 印 次：2019 年 12 月第 1 次印刷
印 数：1～1200
定 价：49.00 元

产品编号：080100-01

前　言

随着工业现代化与智能化的发展，我国正由工业产品制造向智造转变。模具是机械、运输、电子、通信及家电等工业产品的基础工艺装备，是现代工业生产中广泛应用的优质、高效、低耗、适应性很强的生产手段，也是技术含量高、附加值高、使用广泛的新技术产品，是价值很高的社会财富。

利用模具来生产零件的方法已成为工业上进行成批或大批生产的主要技术手段，模具对于保证产品的一致性和产品质量、缩短试制周期进而争先占领市场，以及产品更新换代和新产品开发都具有决定性意义。一个地区制造业的发展离不开模具制造业的发展，地区模具制造水平的高低，已经成为衡量这个地区制造业水平的重要标志，在很大程度上决定了产品质量、创新能力和地区产业的经济效益。中国是制造业大国，产品是制造业的主体，模具是制造业的灵魂，模具的发展水平决定了制造业的发展水平。

人才市场上需要大量熟练的模具设计与制造人员，而模具设计与制造岗位是一个需要较长时间积累经验的岗位，综合素质要求高。因此，亟须使学生在学校较短时间内快速上手，实现与企业零距离接轨，本书正是在这种背景下编写的。

编者在指导学生进行模具设计与制造的实训过程中，深知实训环节的重要性，但这方面的合适教材和参考书欠缺，教师教和学生学都遇到了不少问题和困难。为此特意组织江门职业技术学院、君盛模具有限公司、金环电器有限公司、众兴模具有限公司等单位教师与工程技术人员反复研讨，并结合编者二十余年从事模具设计、制造的工作经历及研究、教学经验编写了本书。本书较好地贯彻了职业性、实用性的编写原则，避免了大段的文字叙述及公式推导，提供了大量的图片、表格与实例，具有明显的职教特色，将有助于学生技能的训练和专业能力的提高。

书中 3 套冲压模具设计与制造案例、42 套冲压模具典型结构及 46 项冲压模具设计课题均经过精心选择、改进，难易适中，紧贴当前模具行业主流结构。46 个冲压件课题均来源于企业产品或生活用品，注重典型性、代表性、趣味性、可行性和挑战性，在保证学生核心能力培养的同时，可以充分调动学生学习的积极性和自主性。

本书由江门职业技术学院杨海鹏担任主编。第 1 章由江门职院陈庚编写，第 2 章由杨海鹏编写，第 3 章由茂名职院赖辉编写，第 4 章由阳江职院李爱娜编写，第 5 章由罗定职院刘海庆编写，第 6 章由杨子允编写，第 7 章由君盛模具公司刘炳良工程师编写，第 8 章由金环电器有限公司陈水东高工编写。作者在编写本书过程中参考了有关资料和文献，这些珍贵的资料是同行们长期辛勤劳动经验的总结和智慧的结晶，在此一并表示感谢。

由于作者知识水平有限，书中难免有错漏之处，期待广大读者批评指正，以便下次修订时改正。

编　者

目　录

第 1 章　冲压模具设计与制造实训指导书

技能目标

- 了解冲压模具设计与制造实训的目的、内容及要求。
- 掌握冲压模具设计与制造实训的步骤与方法。

冲压模具设计与制造实训是“模具设计与制造专业”教学计划安排的重要实训教学环节，亦是毕业设计的主选内容。

冲压模具设计与制造指导书主要从教学目的、实训内容、实训要求、实训步骤与方法、时间安排几个方面提出具体的计划和任务，目的是指导学生更好地完成实训工作，取得良好的效果。

1.1　冲压模具设计与制造实训教学目的

该实训环节一般安排在学习冲压工艺与模具设计理论课程之后或同步进行，其目的在于巩固所学知识，熟悉并学会查找有关设计资料，树立正确的设计思想，掌握设计方法，培养动手能力。通过模具设计与制造实训过程，学生在冲压工艺性分析、工艺方案论证、工艺计算、模具零件结构设计、模具零件制造与装配、编写技术文件和查阅文献等方面可以得到一次综合训练，以增强学生的实际工作能力。

1.2　冲压模具设计与制造实训教学内容

实训教学内容包括：冲压工艺性分析；工艺方案制定；排样图设计；冲压力计算及压力中心计算；刃口尺寸计算；弹簧与橡胶件的计算和选用；凸模、凹模或凸凹模结构设计以及其他冲模零件的结构设计；绘制模具装配图和工作零件图；编写设计说明书；填写冲压工艺卡；编制零件机械加工工艺卡；模具零件制造与装配；试模与改进等工作任务。

1.3　冲压模具设计与制造实训要求

1) 装配图

模具装配图用以表明模具结构、工作原理、组成模具的全部零件及其相互位置和装配关系。

一般情况下，冲压模具装配图用主视图和俯视图表示，若不能表示清楚时，再增加其他视图。一般按 1∶1 的比例绘制。装配图上要标明必要的尺寸和技术要求。

(1) 主视图。主视图一般放在图样上面偏左，按模具正对操作者方向绘制，采取剖视画法，一般按模具闭合状态绘制，在上、下模之间有一完整的制件，冲压件断面涂红或涂黑。

主视图是模具装配图的主体部分，应尽量在主视图上将结构表达清楚，力求将成形零件的形状画完整。

剖视图的画法一般按照机械制图国家标准执行，但也有一些行业习惯和特殊画法。例如，为减少局部视图，在不影响剖视图表达剖面迹线通过部分结构的情况下，可以将剖面线以外部分旋转或平移到剖视图上，螺钉和销钉可各画一半等，但不能与国家标准发生矛盾。

(2) 俯视图。俯视图通常布置在图样的下面偏左，与主视图相对应。通过俯视图可以了解模具的平面布置，习惯将上模拿去，只反映模具的下模俯视可见部分；或将上模的左半部分去掉，只画下模，而右半部分保留上模画俯视图。

冷冲模在俯视图上还应用双点划线画出排样图和制件图。

(3) 制件图和排样图。装配图上还应该绘出制件图。制件图一般画在图样的右上角，要注明制件的材料、规格以及制件的尺寸、公差等。若位置不够，也允许画在其他位置上或在另一页上绘出。

对于有落料工序的冲压件，还应绘出排样图。排样图布置在制件图的下方，应标明条料的宽度及公差、步距和搭边值。对于需多工序冲压完成的制件，除绘出本工序的制件图外，还应该绘出上工序的半成品图，画在本工序制件图的左边。

制件图和排样图均应按比例绘出，一般与模具的比例一致，特殊情况可以放大或缩小。它们的方位应与制件在模具中的位置相同，若不一致，应用箭头指明制件成形方向。

(4) 标题栏和零件明细表。标题栏和零件明细表布置在图样的右下角，按照机械制图国家标准填写。零件明细表应包括件号、名称、数量、材料、热处理、标准零件代号及规格、备注等内容。模具图中的所有零件均应详细写在明细表中。

(5) 尺寸标注。图上应标注必要的尺寸，如模具闭合尺寸(若主视图为开式表达，则写入技术要求中)、模架外形尺寸、模柄直径、螺孔尺寸等，不标注配合尺寸和形位公差。

(6) 技术要求。技术要求布置在图样下部适当位置。其内容包括：应写明凸、凹模刃口间隙；模具的闭合高度(主视图为工作状态时，则直接标在图上)；该模具的特殊要求；其他按国家标准、行业标准或企业标准执行。

2) 模具零件图

模具零件主要包括工作零件，如凸模、凹模、凸凹模等；结构零件，如固定板、卸料板、定位板、导向零件等；紧固标准件，如螺钉、销钉等及模架、弹簧等。

要求绘制出标准模架和紧固标准件外的所有零件图，对某些因模具的特殊结构要求而需要再加工的标准件也需绘制零件图。

零件图的绘制和尺寸标注均应符合机械制图国家标准的规定，要注明全部尺寸、公差配合、形位公差、表面粗糙度、材料和热处理要求及其他技术要求。模具零件在图样上的位置应尽量按该零件在装配图中的方位画出，不要随意旋转或颠倒，以防画错，影响装配。

对凸模、凹模配合加工，其配制尺寸可不标注公差，仅在该标称尺寸右上角注上符号“*”，并在技术条件中说明：注“*”尺寸按凸模(或凹模)配制，保证间隙若干即可。

3) 冲压工艺卡

冲压工艺卡是以工序为单位，说明整个冲压加工工艺过程的工艺文件，包括：①制件的材料、规格、质量；②制件简图或工序件简图；③制件的主要尺寸；④各工序所需的设备和工装(模具)；⑤检验及工具、时间定额等。

4) 工作零件机械加工工艺过程卡

工作零件机械加工工艺过程卡应完整填写模具工作零件机械加工工艺过程，包括该零件的整个工艺路线，经过的车间(工段)、各工序名称、工序内容，以及使用的设备和工艺装备。若采用成形磨削加工，应绘制成形磨削工序图；若采用数控加工，应编写数控程序。

5) 设计说明书

为更全面地培养学生的工作能力，也为教师进一步了解学生设计熟练的程度和知识水平，还要求学生编写设计说明书，用以阐明自己的设计观点，以及设计方案的优劣、依据和过程。设计说明书的主要内容如下。

(1) 目录。

(2) 设计任务书及产品图。

(3) 序言。

(4) 制件的工艺性分析。

(5) 冲压工艺方案的制定。

(6) 模具结构形式的论证及确定。

(7) 排样图设计及材料利用率计算。

(8) 工序压力计算及压力中心计算等。

(9) 冲压设备的选择及设备工作能力、安装尺寸校核。

(10) 模具零件的选用、设计及必要的计算。

(11) 模具工作零件的尺寸和公差值的计算。

(12) 其他需要说明的问题。

(13) 主要参考文献目录。

说明书中应附模具结构简图，所选参数及使用公式应注明出处，并说明式中各符号所代表的意义和单位，所有单位一律使用国家法定计量单位。

说明书最后所附参考文献目录应包括书刊名称、作者、出版社、出版年份。在说明书中引用所列参考资料时，只需在方括号中注明其序号及页数。

有条件的学校应尽可能应用 CAD/CAM/CAE 技术进行工艺分析、模流分析和计算，要求学生在完成手工绘图之后，再根据时间完成一定数量的计算机绘图任务，并用计算机打印出设计说明书。

1.4　冲压模具设计与制造实训步骤与方法

1) 明确设计任务，收集有关资料

学生拿到设计任务书后，首先要明确自己的设计课题要求，并仔细阅读《冲压模具设计指导》教材，了解模具设计的目的、内容、要求和步骤；然后在教师指导下拟订工作进度计划，查阅有关图册、手册等资料。若有条件，应深入到有关工厂了解所设计零件的用途、结构、性能，在整个产品中的装配关系、技术要求、生产批量、采用的设备型号和规格、制造模具的主要设备和规格、标准化情况。

2) 工艺分析和工艺方案制定

(1) 工艺性分析。在明确设计任务、收集有关资料的基础上，分析制件的技术要求、结构工艺性及经济性是否符合冲压工艺要求。若不符合，应提出修改意见，经指导教师同意后修改或更换设计任务书。

(2) 制定工艺方案，填写工艺卡。首先在工艺分析的基础上，确定冲压件加工的总体方案，然后确定冲压成形方案，它是制定冲压成形工艺过程的核心。

在确定工艺方案时，先决定制件所需要的基本工序的性质、数目、顺序，再将其排列组合成若干方案，最后对各种可能的工艺方案进行分析与比较，综合其优缺点，选出一种最佳方案，将其内容填入工艺卡中(参见表 2-1)。

在进行方案分析与比较时，应考虑制件的精度、生产批量、工厂条件、模具加工水平及工人操作水平等诸方面因素，要画模具结构草图，有时还需要进行一些必要的工艺计算。

3) 冲压工艺计算和工艺设计

(1) 排样及材料利用率计算：就设计冲裁模而言，排样图设计是进行工艺设计的第一步。每个制件都有自己的特点，每种工艺方案考虑的出发点也不尽相同，因而同一制件也可能有多种不同的排样方法。在设计排样图时，必须考虑制件的精度、模具结构、材料利用率、生产效率、工人操作习惯等诸多因素。

若制件外形简单、规则，可以采取直排、单排排样，排样图设计较为简单，只需查出搭边值即可求出条料宽度，画出排样图。若制件外形复杂，或为了节约材料、提高生产率而采用斜排、对排、套排等排样方法时，设计排样图则较为困难。当没有条件应用计算机辅助排样时，可用纸板按比例做出若干样板，利用实物排样往往可以达到事半功倍的效果。在设计排样图时往往要同时对多种不同排样方案计算材料利用率，比较各种方案的优缺点，选择最佳排样方案。

(2) 刃口尺寸的计算：刃口尺寸计算较为简单，当确定凸、凹模加工方法后可按相关公式进行计算。一般冲模计算结果精确到小数点后两位，采用成形磨削、线切割等加工方法时，计算结果精确到小数点后 3 位。若制件为弯曲件或拉深件，需先计算展开尺寸，再计算刃口尺寸。

(3) 冲压力计算、压力中心的确定、冲压设备的选用：根据排样图和所选模具结构形式，可以方便地计算出所需总压力。用解析法或图解法求出压力中心，以便确定模具外形尺寸。根据计算出的总冲压力，初选冲压设备的型号和规格，待模具、总图设计好后，校核设备的装模尺寸(如闭合高度、工作台板尺寸、漏料孔尺寸等)是否合乎要求，最终确定压力机型号和规格。

若设计挤压模或其他模具则进行相应的工艺计算。

4) 模具结构设计

(1) 确定凹模(模板)尺寸。先计算凹模(模板)厚度，再根据厚度确定凹模(模板)周界尺寸(圆形凹模为直径，矩形凹模为长和宽)。

(2) 选择模架并确定其他模具零件的主要参数。对于冷冲模设计，根据凹模周界尺寸大小，从《冷冲模国家标准》(JS/T 8065—1995～JS/T 8068—1995)(冷冲模典型组合)中即可确定模架规格；待模架规格确定后即可确定主要冲模零件的规格参数，再查阅标准中有关零部件图表，就可以画装配图了。

(3) 画装配图。模具装配图上的零件较多、结构复杂，为准确、迅速地完成装配图绘制工作，必须掌握正确的画法。

一般画装配图均先画主视图，再画俯视图和其他视图。画主视图既可以从上往下画，也可以从下往上画。但在模具零件的主要参数已知的情况下，最好从凸、凹模结合面开始，同时往上、下两个方向画较为方便，且不易出错。

画装配图时一般应先画模具结构草图，经指导教师审阅后再画正式图。

(4) 编写技术文件。模具课程设计要求编写的技术文件有说明书、工艺卡和机械加工工艺过程卡，可按本章要求认真填写。

1.5　冲压模具设计与制造实训应注意的问题

1) 合理选择模具结构

根据冲压零件图样及技术要求，结合车间现有生产情况，提出合理的模具结构方案，分析、比较，进而选择最佳结构方案。

2) 模具零件选用标准件

应尽量选用国家标准件及厂内冲模标准件。使模具设计典型化、制造简单化，大幅度缩短设计和制造周期，降低成本，提高模具质量和寿命。

1.6　冲压模具图纸绘制

对于单工序模、复合模等较简单模具绘制二维图即可，对于复杂的弯曲模、拉深模与多工位级进模，应绘制模具三维结构，以便于数控加工。

1) 图纸幅面要求

图纸幅面尺寸按国家标准的有关规定选用，并按规定画出图框。最小图幅为 A4，最大图幅为 A0，对于 0 号图幅在长度方向上可根据零件大小与复杂程度适当加长。

2) 装配图

模具视图主要用来表达模具的主要结构形状、工作原理及零件的装配关系。视图的数量一般为主视图和俯视图两个，必要时可以加绘辅助视图；为了表达清楚模具的内部组成和装配关系，视图的表达方法以阶梯剖视为主，尽可能多地剖视零件。主视图应画模具闭合时的工作状态，而不能将上模与下模分开来画。俯视图通常是把上模取走看下模。

图面右下角是标题栏，标题栏上方绘制明细表。图面右上角绘制用该套模具生产出来的制件形状尺寸图，其下面绘制制件排样方案图。

装配图的标题栏和明细表的格式按有关标准绘制。目前无统一规定，各企业有自己的习惯用法。装配图中的明细表和标题栏可采用表 1-1 所示的格式，零件图中的标题栏可采用表 1-2 所示的格式。

明细表中的件号自下往上编，同类零件应排在一起。在备注栏中，标出材料热处理要求及其他要求。

表 1-1　装配图中的明细表和标题栏

<table>
<tr><td colspan="3" rowspan="2"></td><td></td><td colspan="2"></td><td colspan="3"></td><td colspan="2"></td><td></td><td></td></tr>
<tr><td>序号</td><td colspan="2">图号</td><td colspan="3">名称</td><td colspan="2">材料</td><td>数量</td><td>备注</td></tr>
<tr><td></td><td></td><td></td><td></td><td></td><td></td><td colspan="5" rowspan="2">模具名称</td><td colspan="2" rowspan="5">整套模具图号</td></tr>
<tr><td>标记</td><td>处数</td><td>分区</td><td>更改</td><td>签名</td><td>年月日</td></tr>
<tr><td>设计</td><td></td><td></td><td>标准化</td><td></td><td></td><td colspan="3">阶段标记</td><td>质量</td><td>比例</td></tr>
<tr><td>审核</td><td></td><td></td><td></td><td></td><td></td><td></td><td></td><td></td><td></td><td></td></tr>
<tr><td>工艺</td><td></td><td></td><td>批准</td><td></td><td></td><td colspan="3">共　张</td><td colspan="2">第 1 张</td></tr>
</table>

表 1-2　零件图中的标题栏

<table>
<tr><td colspan="3" rowspan="2"></td><td></td><td colspan="2"></td><td colspan="3"></td><td colspan="2"></td><td></td><td></td></tr>
<tr><td>序号</td><td colspan="2">图号</td><td colspan="3">名称</td><td colspan="2">材料</td><td>数量</td><td>备注</td></tr>
<tr><td></td><td></td><td></td><td></td><td></td><td></td><td colspan="5" rowspan="2">模具零件名称</td><td colspan="2" rowspan="5">零件图号</td></tr>
<tr><td>标记</td><td>处数</td><td>分区</td><td>更改</td><td>签名</td><td>年月日</td></tr>
<tr><td>设计</td><td></td><td></td><td>标准化</td><td></td><td></td><td colspan="3">阶段标记</td><td>质量</td><td>比例</td></tr>
<tr><td>审核</td><td></td><td></td><td></td><td></td><td></td><td></td><td></td><td></td><td></td><td></td></tr>
<tr><td>工艺</td><td></td><td></td><td>批准</td><td></td><td></td><td colspan="3">共　张</td><td colspan="2">第 1 张</td></tr>
</table>

3) 制件图及排样图

(1) 制件图严格按比例绘制，其方向应与冲压方向一致，复杂制件图不能按冲压方向画出时须用箭头注明。

(2) 在制件图右下方注明制件名称、材料及料厚；若制件图比例与总图比例不一致时，应标出比例。

(3) 排样图的布置应与送料方向一致，否则须用箭头注明；排样图中应标明料宽、搭边值和进距；简单工序可不画排样图。

(4) 制件图或排样图上应注明制件在冲模中的位置(冲模和制件中心线一致时不注)。

4) 装配图上尺寸标注

(1) 注明封闭轮廓尺寸(长、宽、高)、安装尺寸及配合尺寸。

(2) 带导柱的模具最好剖出导柱，固定螺钉、销钉等同类型零件至少剖出一个。

(3) 带斜楔的模具应标出滑块行程尺寸。

(4) 俯视图上用双点划线画出条料宽度，用箭头指明送料方向。

(5) 与本模具有相配的附件时(如打料杆、推件器等)，应标出装配位置尺寸。

1.7　冲压模具的成本分析

冲压模具成本，即经济性，就是以最小的耗费取得最大的经济效果。在冲压生产中，既要保证产品质量、数量，又要降低模具的制造费用，才能使整个冲压过程的成本得到降低。产品的成本不仅与材料费(包括原材料费、外购件费)、加工费(包括工人工资、能源消耗、设备折旧费、车间经费等)有关，而且与模具费有关。一副模具少则几千到几万元，多则上百万元。所以必须采取有效措施降低模具制造成本。

1) 小批生产中的成本问题

试制和小批量冲压生产中，降低模具费是降低成本的有效措施。除制件质量要求严格，必须采用价高的正规模具外，一般采用工序分散的工艺方案。选择结构简单、制造快且价格低廉的简易模具，用焊接、机械加工及钣金等方法制成，这样可大幅度降低成本。

2) 工艺合理化

冲压生产中，工艺合理是降低成本的有效手段。工艺的合理化能降低模具材料费、加工工时费，使模具零件总成本降低。

在制定工艺时，工序的分散与集中是比较复杂的问题，取决于零件的批量、结构(形状)、质量要求、工艺特点等。一般情况下，大批量生产时应尽量把工序集中起来，采用复合模或级进模进行冲压，很小的零件，采用复合或连续冲压加工，既能提高生产率，又能安全生产。而小批量生产时，则以采用单工序模分散冲压为宜。

根据实践经验，集中到一副模具上的工序数量不宜太多，对于复合模，一般为 2～3 个工序，最多 4 个工序，对于级进模，集中的工序不受限制。

3) 多个工件同时成形

产量较大时，采用多件同时冲压，可使模具费、材料费和加工费降低，也有利于成形零件表面所受拉力均匀化。

4) 冲压过程的自动化及高速化

从安全和降低成本两方面考虑，冲压自动化生产已成为冲压加工主流，不仅大批量生产中采用自动化，在小批量生产中也可采用自动化。大批量生产中采用自动化，虽然模具费用较高，但质量稳定、生产率高、产量大，分摊到每个工件上的模具折旧费和加工费比单件小批生产时仍然要低。从生产安全性考虑，小批量、多品种生产中采用自动化也是可取的。

5) 提高材料利用率，降低材料费

在冲压生产中，工件的原材料费占制造成本的 60%左右，所以提高材料利用率、废料利用都具有重要的意义。提高材料利用率是降低冲压件制造成本的重要措施。特别是材料单价高的工件，此点尤为重要。

降低材料费的方法如下。

(1) 在满足零件强度和使用要求的情况下，减少材料厚度。

(2) 降低材料单价。

(3) 改进毛坯形状，合理排样。

(4) 减少搭边，采用少废料或无废料排样。

(5) 由单列排样改为多列排样。

(6) 多件同时成形，成形后再切开。

(7) 组合排样。

(8) 废料利用。

6) 节约模具费

模具费在工件制造成本中占有一定比例。对于小批量生产，采用简易模具，因其结构简单、制造快速、价廉，所以能降低模具费，从而降低工件制造成本。

在大批量生产中，应尽量采用高效率、长寿命的级进冲模及硬质合金冲模。硬质合金冲模的刃磨寿命和总寿命比合金钢模具大得多，总寿命为合金钢模具的 20～40 倍，而模具制造费用仅为钢模具的 2～4 倍。

对中批量生产，应尽量使冲模零件标准化，推广冲模典型结构，最大限度地缩短冲模设计与制造周期。

1.8 冲压模具设计与制造实训时间

学生完成的工作量应根据参与实训时间长短和实际情况确定，一般为 3 周左右，如表 1-3 所示。

表 1-3 冲压模具设计与制造实训时间(按 3 周分配)

工作内容	工作时间	任务要求
编制冲压工艺卡	0.5 天	1 份
设计并绘制冲压模具装配图	2～3 天	1 份
设计并绘制冲压模具零件图	3～4 天	1 套(所有需加工的模具零件)
模具零件机械加工工艺卡	1 天	1 套(所有需加工的模具零件)
设计说明书	2～3 天	1 份(20～30 页)
模具零件制造	7～8 天	1 套(所有需加工的模具零件)
模具装配	2～3 天	完成 1 套模具装配
试模与改进	1.5 天	制造出合格产品
合计时间	约 3 周	

本章小结

本章介绍了冲压模具设计与制造实训的目的、内容及要求，实训步骤与方法，应注意的问题，模具的成本分析，实训时间等相关内容。通过本章的学习，可以使学生初步掌握冲压模具设计与制造实训的步骤与方法，对冲压模具设计与制造有一个全面的了解，为后续毕业设计、毕业实习打下良好的基础。

思考与练习

1. 简述冲压模具设计与制造实训教学目的。
2. 简述冲压模具设计与制造实训教学内容。

3. 简述冲压模具设计说明书包含的内容。
4. 简述冲压模具设计与制造实训的步骤与方法。
5. 简述冲压模具设计与制造应注意的问题。
6. 冲压模具的成本包含哪些方面？
7. 冲压模具的发展方向是什么？

第 2 章　冲压模具设计与制造实战

技能目标

- 借助参考书能设计中等复杂程度的冲压模具。
- 能对一般冲压模具零件进行机械加工工艺规程编制。
- 在实训室借助模具加工设备能对冲模零件进行加工与装配及试模。

2.1　洗衣机异形垫圈冲裁模具设计与制造

模具设计与制造实训是利用专业知识和设计技巧，对模具零件加工工艺的编制和设备操作能力的一次综合训练。通过具体产品进行模具设计和模具制造。模具设计的原始资料来源主要有用户提供工程图、用户提供产品三维造型及用户提供样品三种途径。本章所提供的 3 套模具设计案例均为二维工程图。

2.1.1　洗衣机异形垫圈冲压工艺分析与方案确定

图 2-1 所示为双桶洗衣机脱水桶垫圈，图 2-2 所示为波轮式全自动洗衣机波轮垫圈。两种异形垫圈的材料均为 1Cr13，年产量都在 30 万件以上。要求零件表面平整，毛刺高度小于 0.05mm。试设计并制造这两种垫圈的冲压模具。

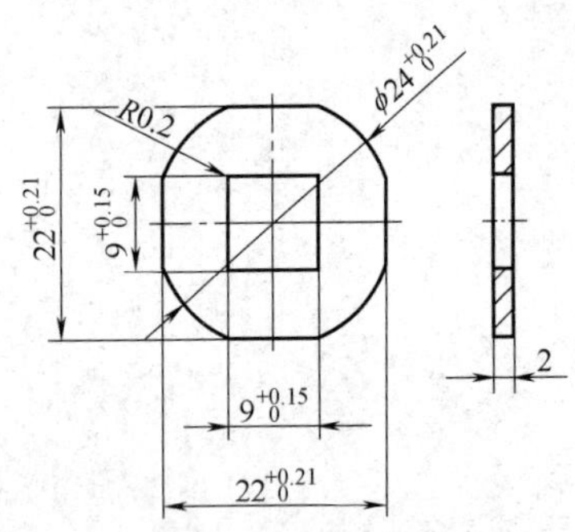

图 2-1　脱水桶垫圈

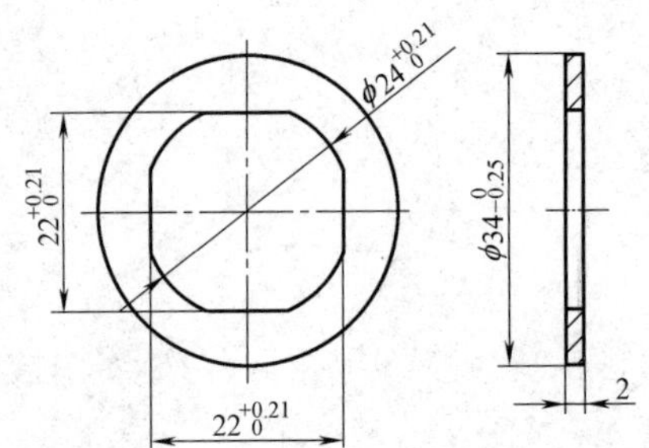

图 2-2　波轮垫圈

1. 异形垫圈工艺分析

两种垫圈的形状比普通圆形垫圈复杂，板料厚度均为 2mm，材料为不锈钢 1Cr13，该材料的强度和韧性一般，查表 7-17 知：τ=314～372MPa，σ_b=392～461MPa，冲压工艺性较好。脱水桶垫圈内孔与外圆最小距离为 5.64mm，波轮垫圈内孔与外圆最小距离为 5mm，均满足最小壁厚 $b \geqslant 1.2t = 1.2 \times 2 = 2.4$(mm)的要求。尺寸精度一般，普通冲裁能满足零件要求。

2. 冲压工艺方案确定

两种零件中间均有孔，可采用以下工艺方案。

方案一：两种零件分别采用两套级进模冲裁，即冲孔、落料。

方案二：两种零件分别采用两套冲孔落料复合模冲裁。

方案三：对两种零件的形状、尺寸进行分析，脱水桶垫圈外形与波轮垫圈内孔完全吻合，可采用套裁工艺，在一套复合模上一次冲出两个零件。

方案一定位困难且模具成本高；方案二的工序数和模具套数多；方案三的工艺安排不仅可以节省一套模具和一道工序，使效率提高 1 倍，而且可以使材料的利用率大幅度提高，节约了大量的不锈钢贵重金属，极大地降低了生产成本，具有良好的经济效益。分析比较以上三个方案，选用方案三最优。

3. 填写冲压工艺卡

按表 2-1 所示填写冲压工艺卡。

表 2-1　冲压工艺卡

<table>
<tr><td colspan="2">标记</td><td>产品名称</td><td>洗衣机</td><td colspan="2" rowspan="2">冷冲压工艺规程卡</td><td>零件名称</td><td>异形垫圈</td><td>年产量</td><td>第 1 页</td></tr>
<tr><td colspan="2"></td><td>产品图号</td><td></td><td>零件图号</td><td></td><td>30 万件</td><td>共 1 页</td></tr>
<tr><td colspan="2">材料牌号及技术条件</td><td>1Cr13</td><td>毛坯形状及尺寸</td><td colspan="2"></td><td colspan="4">选用板料 2000mm×1000mm×2mm
横裁尺寸 1000mm×77mm×2mm</td></tr>
<tr><td>工序号</td><td>工序名称</td><td colspan="2">工序草图</td><td>工装名称及图号</td><td>设备</td><td colspan="3">检验要求</td><td>备　注</td></tr>
<tr><td>1</td><td>冲孔落料</td><td colspan="2">R0.2　$\phi 24^{+0.21}_{0}$　$22^{+0.21}_{0}$　$9^{+0.15}_{0}$　$9^{+0.15}_{0}$　$22^{+0.21}_{0}$　2</td><td>冲孔落料复合模 CM 1—100</td><td>400kN</td><td colspan="3">按草图检验</td><td></td></tr>
<tr><td>2</td><td></td><td colspan="2"></td><td></td><td></td><td colspan="3"></td><td></td></tr>
</table>

<table>
<tr><td rowspan="2">原底图总号</td><td rowspan="2"></td><td rowspan="2">日期</td><td rowspan="2"></td><td>更改标记</td><td></td><td></td><td></td><td>编制</td><td></td><td>校对</td><td>核对</td></tr>
<tr><td>文件号</td><td></td><td></td><td></td><td>姓名</td><td></td><td></td><td></td></tr>
<tr><td rowspan="2">底图总号</td><td rowspan="2"></td><td rowspan="2">签字</td><td rowspan="2"></td><td>签字</td><td></td><td></td><td></td><td>签名</td><td></td><td></td><td></td></tr>
<tr><td>日期</td><td></td><td></td><td></td><td>日期</td><td></td><td></td><td></td></tr>
</table>

2.1.2 洗衣机异形垫圈冲压模具计算与结构设计

1. 主要设计计算

1) 排样方式的确定及材料利用率计算

零件排样方式一：按照图 2-3 所示双排错位排样方式。

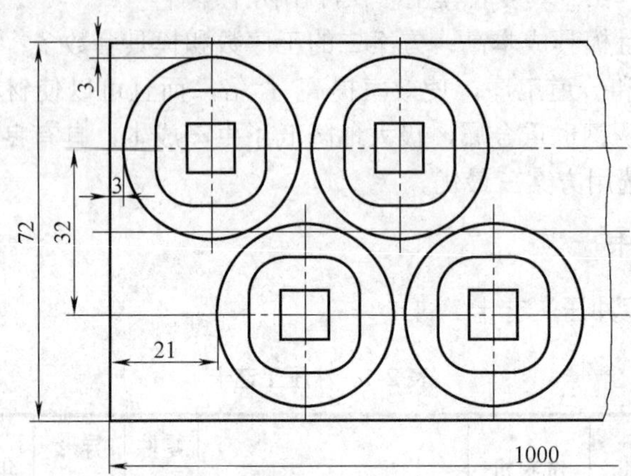

图 2-3 双排错位排样

零件排样方式二：按照图 2-4 所示双排直排排样方式。

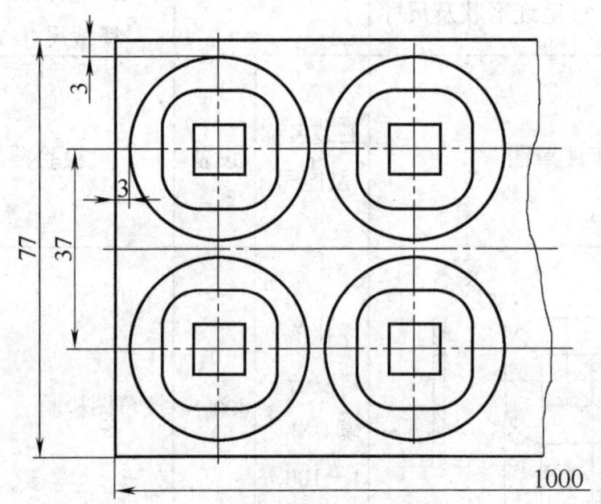

图 2-4 双排直排排样

采用方式一，材料利用率较高，但操作稍显麻烦。采用排样方式二，操作方便但材料利用率稍低。通过综合考虑，决定采用双排直排排样方式。

查教材或设计手册，2mm 厚板料的搭边值为 3mm 左右。

材料利用率计算：

排样方式一的材料利用率计算：1000mm 长可冲裁 1000/(34+3)=27 个零件，另一排可冲 26 个零件，则 η =(27+26)×3.14×17^2/(1000×72)×100% ≈67%。

排样方式二的材料利用率：$\eta=27\times2\times3.14\times17^2/(1000\times77)\times100\%\approx64\%$。

2) 冲压力计算

该模具采用倒装复合模，选择弹性卸料，下顶出。查表取 $K_{卸}=0.06$，$K_{推}=0.05$，$K_{顶}=0.06$，$\tau=314\sim372\text{MPa}$，取大值 $\tau=372\text{MPa}$。

冲裁力：$F=1.3Lt\sigma_b=1.3\times(3.14\times34+4\times9+95)\times2\times372=229961(\text{N})\approx230(\text{kN})$。

卸料力：$F_{卸}=K_{卸}F=0.06\times230=13.8(\text{kN})$。

设计下凸凹模刃口高度 6mm，则 $n=6/2=3$。

推件力：$F_{推}=nK_{推}F=3\times0.05\times230=34.5(\text{kN})$。

顶件力：$F_{顶}=K_{顶}F=0.06\times230=13.8(\text{kN})$。

总冲压力：$F_{总}=F+F_{卸}+F_{推}+F_{顶}=230+13.8+34.5+13.8=292(\text{kN})$。

根据计算结果，初选压力机 J23－40。

3) 压力中心的确定

零件为对称几何体，压力中心在几何中心，即圆心处。

4) 工作零件刃口尺寸计算

在确定工作零件刃口尺寸计算方法之前，首先应考虑工作零件的加工方法及模具装配方法。结合模具结构及工件批量，采用配合加工凸模、凹模、凸凹模工作零件，降低制造和装配难度，进而降低模具成本。本例采用配合加工，计算如下：

查冲裁模初始间隙表得，$Z_{min}=0.14\text{mm}$，$Z_{max}=0.18\text{mm}$。

查表取磨损系数 $x=0.5$，取 $\delta_d=\Delta_{凹}/4$，$\delta_p=\Delta_{凸}/4$。

落料凹模的基本尺寸：

$\phi34_{-0.025}^{\ 0}$ mm 对应凹模尺寸 $A_d=(A_{max}-x\Delta)_{0}^{+\delta_d}=(34-0.5\times0.25)_{0}^{+0.0625}=33.875_{0}^{+0.0625}(\text{mm})$

落料凸模尺寸与落料凹模配制，保证双面间隙为 0.14～0.18mm。

冲孔凸模的基本尺寸：

$\phi24_{0}^{+0.21}$ mm 对应凸模尺寸 $B_p=(B_{min}+x\Delta)_{-\delta_p}^{\ 0}=(24+0.5\times0.21)_{-0.052}^{\ 0}=24.105_{-0.052}^{\ 0}(\text{mm})$

$\phi22_{0}^{+0.21}$ mm 对应凸模尺寸 $B_p=(B_{min}+x\Delta)_{-\delta_p}^{\ 0}=(22+0.5\times0.21)_{-0.052}^{\ 0}=22.105_{-0.052}^{\ 0}(\text{mm})$

$\phi9_{0}^{+0.15}$ 对应凸模尺寸 $B_p=(B_{min}+x\Delta)_{-\delta_p}^{\ 0}=(9+0.5\times0.15)_{-0.037}^{\ 0}=9.075_{-0.037}^{\ 0}(\text{mm})$

冲孔凹模尺寸与冲孔凸模配制，保证双面间隙为 0.14～0.18mm。

2. 异形垫圈模具结构总体设计

1) 冲压类型的选择

由冲压工艺分析，采用倒装复合模。

2) 定位方式的选择

由于该模具采用条料生产，手工送进，因此，控制条料的送进方向采用导料销，无侧压装置。用挡料销控制进给步距。

3) 卸料、出件方式的选择

工件料厚 2mm，具有较高的强度和刚度，可以采用固定卸料，但零件要求平整，毛刺高度小于 0.05mm，所以选用弹性卸料较好。同样，下出件方式也采用弹性顶出，上出件

采用刚性打落。

4) 导向方式的选择

由于材料有一定厚度，强度和韧性较高，对模具寿命有一定影响。为提高工件质量和延长模具寿命，采用导向较好的中间导柱的导向方式。

5) 凹模直径、厚度设计

由于最大制件外形为圆形，凹模采用整体式圆形凹模，最小厚度 $h=Kb=0.42\times34=14.28$(m)。凹模内装有下顶件块，厚度应加厚，取 25mm。凹模最小外径 $D=b+(2.5\sim4)H=34+3.5\times25=121.5$(mm)，圆整为 120mm。

6) 模架选择

凹模外径尺寸为 120mm，选中间导柱模架，查表 3-23 得到模架相关尺寸，模座尺寸为 ϕ 125mm×35mm，闭合高度 H=210mm。导柱尺寸为 B25h5×150×35，导套尺寸为 B25H6×85×35。

7) 模具整体结构设计

由以上分析和计算绘制模具总装图，如图 2-5 所示。模具明细表和标题栏如表 2-2 所示。

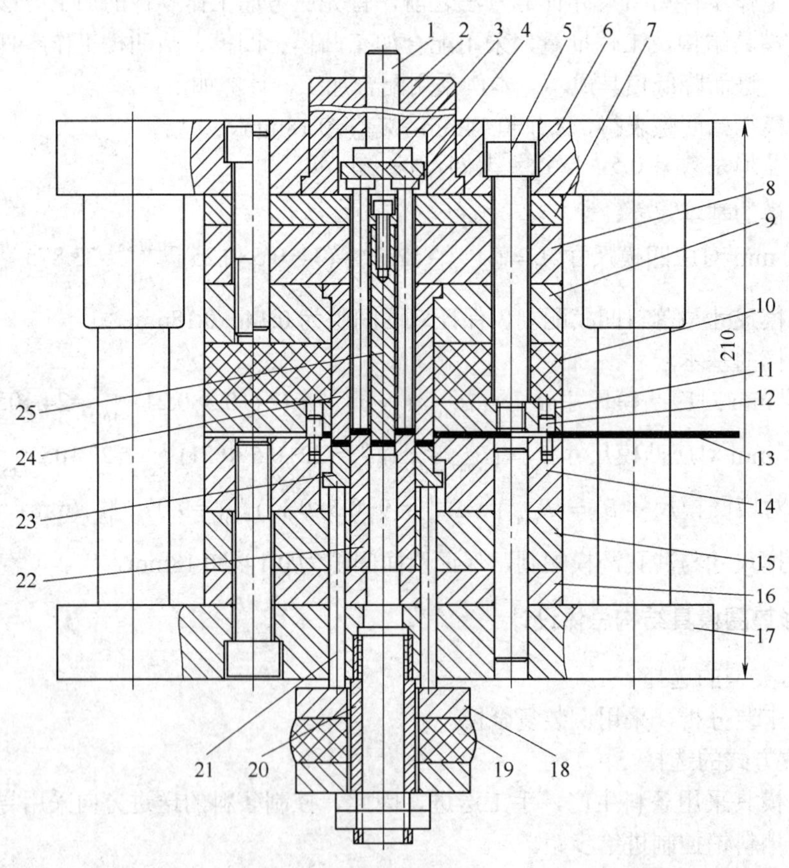

图 2-5　异形垫圈模总装图

表 2-2　垫圈冲压模明细表与标题栏

技术要求：

1. 模具闭合高度为 210mm。
2. 使用设备：40t 压力机。
3. 模架规格：125mm×125mm×210 mm，Ⅰ级精度，GB/T 2851.6—2008 冲模滑动导向模架标准。

序号	图号	名称	材料	数量	备注
	GB/T 119—2000	圆柱销		4	ϕ8×70
	GB/T 70.1—2000	内六角螺钉		各 3	M10×65(60)
25	CM1—100—25	冲孔凸模	Cr12MoV	1	58—62HRC
24	CM1—100—24	上凸凹模	Cr12MoV	1	58—62HRC
23	CM1—100—23	顶件块	45	1	30—35HRC
22	CM1—100—22	下凸凹模	Cr12MoV	1	58—62HRC
21	CM1—100—21	下顶杆	T8A	4	50—55HRC
20	CM1—100—20	空心螺杆	45	1	
19	CM1—100—19	橡胶	丁氰胶	1	
18	CM1—100—18	顶板	45	2	
17	CM1—100—17	下模座	HT200	1	
16	CM1—100—16	下垫板	T8A	1	50—55HRC
15	CM1—100—15	下凸凹模固定板	45	1	30—35HRC
14	CM1—100—14	落料凹模	Cr12MoV	1	58—62HRC
13	CM1—100—13	毛坯条料	1Cr13	1	
12	CM1—100—12	定位销	T8A	3	50—55HRC
11	CM1—100—11	卸料板	45	1	30—35HRC
10	CM1—100—10	卸料橡胶	丁氰胶	1	
9	CM1—100—09	上凸凹模固定板	45	1	30—35HRC
8	CM1—100—08	凸模固定板	45	1	30—35HRC
7	CM1—100—07	上垫板	T8A	1	50—55HRC
6	CM1—100—06	上模座	HT200	1	
5	CM1—100—05	卸料螺钉	45	3	35—40HRC
4	CM1—100—04	上顶杆	T8A	4	50—55HRC
3	CM1—100—03	打板	45	1	30—35HRC
2	CM1—100—02	模柄	45	1	
1	CM1—100—01	打料杆	45	1	35—40HRC

						异形垫圈模装配图		
标记	处数	分区	更改	签名	年 月 日			
设计			标准化			阶段标记	质量	比例
设计								1∶1
审核								CM1—100—00
工艺			批准			共 26 张	第 1 张	

2.1.3　洗衣机异形垫圈冲压模具制造与试模

1. 模具零件制造

由装配图拆画零件图。本例只画重要的模具工作零件及少量结构零件，如图 2-6～图 2-11、表 2-3～表 2-8 所示。为节省页面，零件图没有放入图框中，实际工作中零件图应有技术要求、图框和标题栏。检查审核模具零件图无误后可投入生产车间进行备料、加工。

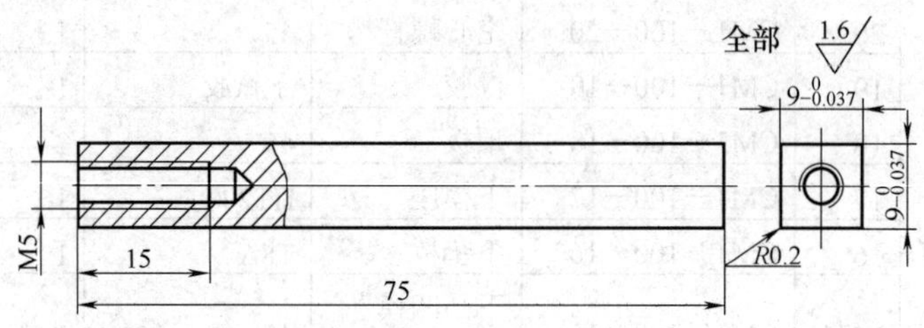

技术要求：

1. 工作部位(刃口)不允许倒角、碰伤；
2. 热处理硬度 58—62HRC；
3. 外形线切割加工。

图 2-6　冲孔凸模

表 2-3　冲孔凸模加工工艺规程卡

车间	模具制造车间	工艺规程	名称	冲孔凸模	数量	1	毛坯	ϕ 50mm×30mm	共　页
编号			图号	CM1－100－25	材料	Cr12MoV	重量		第　页
序号	工艺内容					定额	设备	检验	备　注
1	锻造毛坯 ϕ 30mm×80mm						150kg 自由锻锤	钢板尺	
2	车两端面，留磨 0.5mm，外圆见光，钻螺纹底孔 ϕ 4.2mm，攻 M5 内螺纹						车床	游标卡尺	
3	钳工靠边钻线切割穿丝孔 ϕ 5mm(不允许与外圆钻穿)						台式钻床	游标卡尺	
4	热处理硬度 58—62HRC						加热炉、油池	洛氏硬度计	
5	平面磨两端面至图纸尺寸						平面磨床	游标卡尺	
6	线切割加工外形						线切割机		
编制		校对		审核			批准		

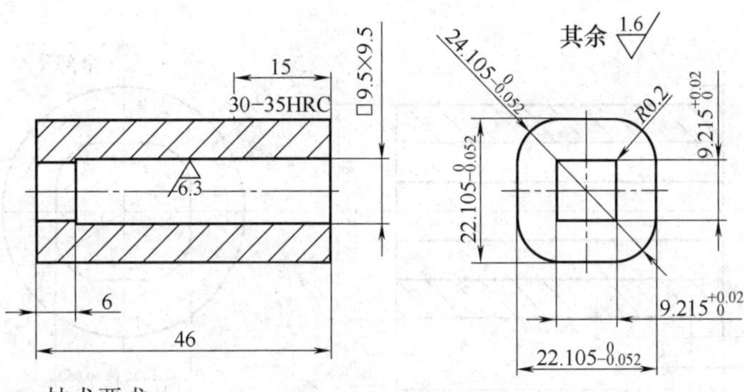

技术要求：

1. 工作部位(刃口)不允许倒角、碰伤；
2. 热处理硬度 58—62HRC；
3. 内孔、外形线切割加工；
4. 漏料孔电火花加工。

图 2-7　下凸凹模

表 2-4　下凸凹模加工工艺规程卡

<table>
<tr><td>车间</td><td>模具制造车间</td><td rowspan="2">工艺规程</td><td>名称</td><td>下凸凹模</td><td>数量</td><td>1</td><td>毛坯</td><td>ϕ 50mm×34mm</td><td>共　页</td></tr>
<tr><td>编号</td><td></td><td>图号</td><td>CM1－100－22</td><td>材料</td><td>Cr12MoV</td><td>重量</td><td></td><td>第　页</td></tr>
<tr><td>序号</td><td colspan="5">工艺内容</td><td>定额</td><td>设备</td><td>检验</td><td>备　注</td></tr>
<tr><td>1</td><td colspan="5">锻造毛坯 ϕ 40mm×52mm</td><td></td><td>150kg 自由锻锤</td><td></td><td></td></tr>
<tr><td>2</td><td colspan="5">车两端面，留磨 0.5mm，外圆见光，钻内孔线切割工艺孔 ϕ 5mm</td><td></td><td>车床</td><td>游标卡尺</td><td></td></tr>
<tr><td>3</td><td colspan="5">钳工靠边钻线切割穿丝孔 ϕ 4mm(不允许与外圆钻穿)</td><td></td><td>台式钻床</td><td>游标卡尺</td><td></td></tr>
<tr><td>4</td><td colspan="5">热处理硬度 58—62HRC，尾部退火至 30—35HRC</td><td></td><td>加热炉、油池</td><td>洛氏硬度计</td><td></td></tr>
<tr><td>5</td><td colspan="5">平面磨两端面至图纸尺寸</td><td></td><td>平面磨床</td><td>游标卡尺</td><td></td></tr>
<tr><td>6</td><td colspan="5">线切割加工内孔、外形</td><td></td><td>线切割机</td><td></td><td></td></tr>
<tr><td>7</td><td colspan="5">加工铜极，电火花加工漏料孔</td><td></td><td>电火花机</td><td>游标卡尺</td><td></td></tr>
<tr><td>8</td><td colspan="5">装配时与下凸凹模固定板铆死，平面磨床磨平</td><td></td><td>平面磨床</td><td></td><td></td></tr>
<tr><td>编制</td><td></td><td>校对</td><td></td><td>审核</td><td colspan="2"></td><td>批准</td><td></td><td></td></tr>
</table>

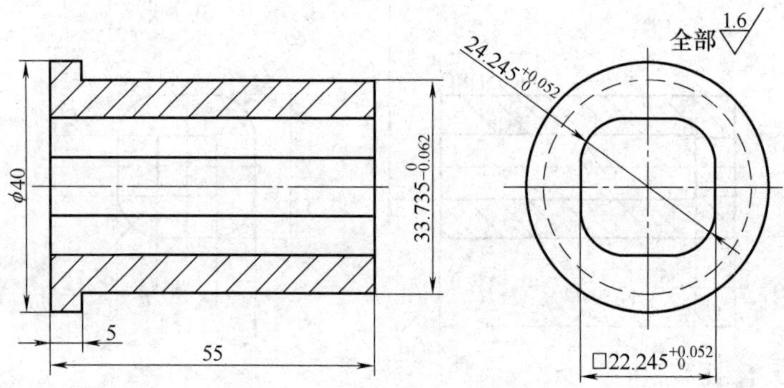

技术要求：

1. 工作部位(刃口)不允许倒角、碰伤；
2. 热处理硬度 58—62HRC；
3. 内孔线切割加工。

图 2-8　上凸凹模

表 2-5　上凸凹模加工工艺规程卡

车间	模具制造车间	工艺规程	名称	上凸凹模	数量	1	毛坯	φ45mm×64mm	共　页
编号			图号	CM1—100—24	材料	Cr12MoV	重量		第　页
序号	工艺内容					定额	设备	检验	备　注
1	锻造毛坯φ45mm×62mm						150kg 自由锻锤	钢板尺	
2	车外圆，留磨 0.3mm；车两端面，留磨 0.5mm，钻内孔线切割工艺孔φ10mm						车床	游标卡尺	
3	热处理硬度 58—62HRC						加热炉、油池	洛氏硬度计	
4	平面磨两端面至图纸尺寸						平面磨床	游标卡尺	
5	线切割加工内孔						线切割机		
6	加工专用心轴，把凸凹模零件穿入心轴磨外圆至图纸尺寸						外圆磨床	50mm 外径千分尺	
编制		校对		审核			批准		

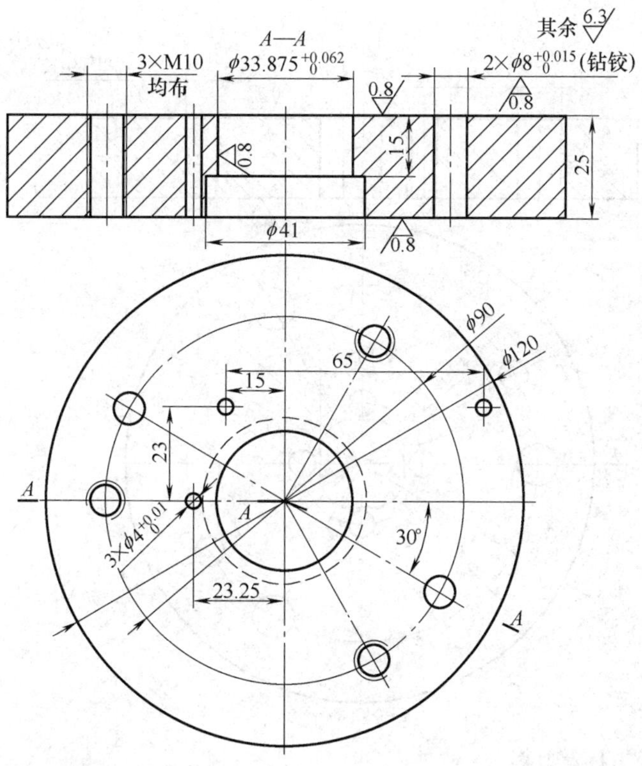

技术要求：

1. 工作部位(刃口)不允许倒角、碰伤；
2. 热处理硬度 58—62HRC。

图 2-9　落料凹模

表 2-6　落料凹模加工工艺规程卡

车间	模具制造车间	工艺规程	名称	落料凹模	数量	1	毛坯	ϕ 100mm×50mm	共　页
编号			图号	CM1—100—24	材料	Cr12MoV	重量		第　页
序号	工艺内容					定　额	设　备	检　验	备　注
1	锻造毛坯 ϕ 125mm×32mm						150kg 自由锻锤	钢板尺	
2	车外圆到尺寸；车两端面，留磨 0.5mm。内孔 ϕ 41mm 车成，ϕ 33.875mm 留磨 0.3						车床	游标卡尺	
3	钳工划线，钻 3-M10 底孔 ϕ 8.5mm，攻 M10。钻铰 2-ϕ 8mm 销钉孔。钻 3×ϕ 4mm 线切割工艺孔 3×ϕ 2.5mm						台式钻床	游标卡尺	
4	热处理硬度 58—62HRC						加热炉、油池	洛氏硬度计	
5	平面磨两端面至图纸尺寸						平面磨床	游标卡尺	
6	找正端面，磨内孔 ϕ 33.875mm						内圆磨床	内径千分尺	
7	线切割找正内孔，割 3×ϕ 4mm 孔						线切割机		
编制		校对		审核			批准		

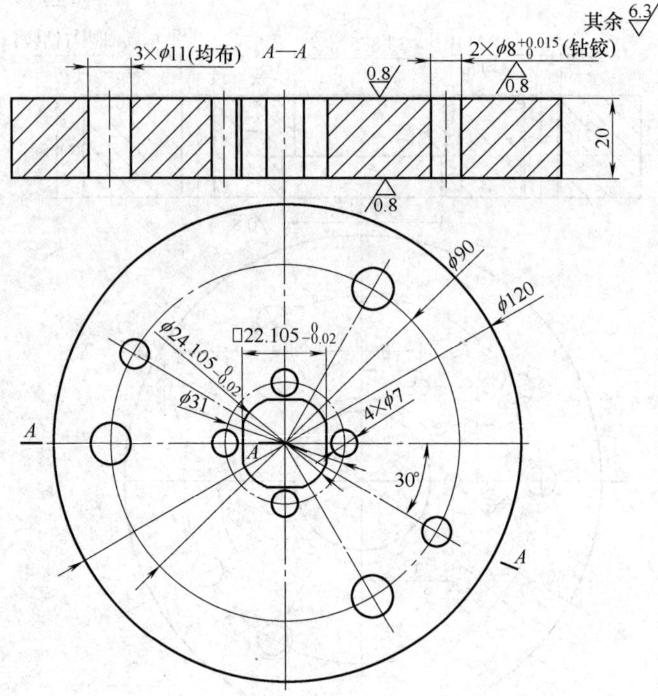

技术要求：

1. 棱边倒角 1.5×45°；
2. 热处理硬度 30—35HRC。

图 2-10 下凸凹模固定板

表 2-7 下凸凹模固定板加工工艺规程卡

车间	模具制造车间	工艺规程	名称	下凸凹模固定板	数量	1	毛坯	ϕ 125mm×26mm	共 页
编号			图号	CM1—100—15	材料	45	重量		第 页
序号	工艺内容					定额	设 备	检 验	备 注
1	车外圆到尺寸；车两底面，留磨 0.6mm。内孔钻 ϕ 10mm 线切割工艺孔						车床	游标卡尺	
2	平面磨床磨两底面，留二次磨量						平面磨床	游标卡尺	
3	钳工划线，钻 3× ϕ 11mm，配钻铰 2× ϕ 8mm 销钉孔。钻 4× ϕ 7mm 线切割工艺孔 4× ϕ 4mm						台式钻床	游标卡尺	
4	热处理硬度 30—35HRC						加热炉、油池	洛氏硬度计	
5	平面磨两端面至图纸尺寸						平面磨床	游标卡尺	
6	线切割内孔与 4× ϕ 7mm 孔						线切割机		
编制		校对		审核			批准		

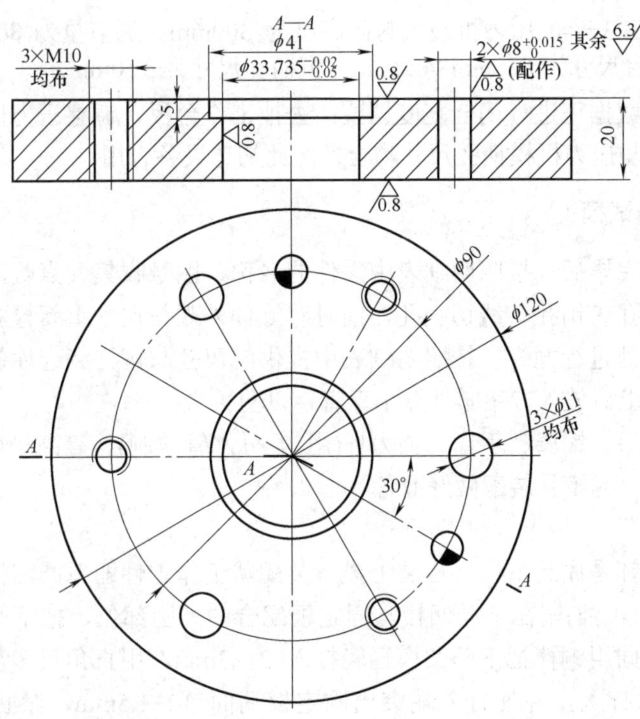

技术要求：

1. 棱边倒角 1.5×45°；
2. 热处理硬度 30—35HRC。

图 2-11　上凸凹模固定板

表 2-8　上凸凹模固定板加工工艺规程卡

车间	模具制造车间	工艺规程	名称	上凸凹模固定板	数量	1	毛坯	φ125mm×26mm	共　页
编号			图号	CM1—100—09	材料	45	重量		第　页
序号	工艺内容					定额	设　备	检　验	备　注
1	车外圆到尺寸；车两底面，留磨 0.6mm。内孔 φ41mm 车成，φ33.735mm 留磨 0.3mm						车床	游标卡尺	
2	平面磨床磨两底面，留二次磨量						平面磨床	游标卡尺	
3	钳工划线，钻 3×φ11mm；钻攻 3×M10 螺纹孔；配钻铰 2×φ8mm 销钉孔						台式钻床	游标卡尺	
4	热处理硬度 30—35HRC						加热炉、油池	洛氏硬度计	
5	平面磨两端面至图纸尺寸						平面磨床	游标卡尺	
6	内圆磨 φ33.375mm						内圆磨床	内径千分尺	
编制		校对		审核			批准		

2. 校核压力机安装尺寸

模座外形尺寸为 250mm×200mm×35mm，模具闭合高度 H=210mm。

查表 8-5 知，J23－40 压力机最大封闭高度为 300mm；调节量为 80mm；工作台板厚度为 80mm；工作台尺寸为 630mm×420mm；模柄孔尺寸为ϕ50mm。

由上面压力机数据可进行闭合高度调整：去掉工作台板，调整压力机闭合高度即可安装模具。模柄尺寸与压力机模柄孔尺寸吻合，因此初选设备合用。

3. 模具装配与试模

模具零件加工完毕后，按照明细表中零件的名称、图号收集并点数，用煤油或柴油清洗各零件表面、螺孔、销孔、线切割孔，同时对零件外观与尺寸重新检验。需要倒角处进行倒角，需要抛光处进行抛光。按照明细表中提供的尺寸与规格到仓库领取标准件，零件和标准件都符合要求后放入专用零件盒中保管，以防丢失。

准备内六角扳手、铜棒、手锤、加力杆(用 4 分水管改制)、等高垫块、平台、虎钳等钳工常用装配工具，为模具装配做好准备。

1) 下模装配

通常冲压模具都是先装下模，后装上模。装配从工作零件即下凸凹模开始，用干净毛刷蘸上洁净润滑油(机油)刷在下凸凹模与固定板配合的外圆部位，把下凸凹模固定板放在等高垫块上，按方向用铜棒把下凸凹模轻轻打入 2～3mm，用直角尺多次测量垂直度，待完全导正后再用力打入，并使打入端突出固定板端面 1～1.5mm，禁止在倾斜情况下猛打。翻转后用锤子把下凸凹模和固定板铆紧，在平面磨床上把铆合面磨平。

根据凹模和下凸凹模的间隙，线切割加工工艺定位器夹具，然后放入二者之间；装入顶杆、顶块、挡料销、定位销等零件；按照装配图位置要求，把落料凹模、已装好的下凸凹模固定板、下垫板、下模座调整好位置，装入 M10 内六角螺钉并用加力杆收紧，最后取走工艺定位器。

2) 上模装配

用同样方法把上凸凹模装入上凸凹模固定板，把凸模装入凸模固定板。平磨已装配好的两组零件底面，把模柄打入上模座并配作销钉，在平面磨床上磨平底面。

当凸、凹模单边间隙不大于 0.04mm 时，常用透光法控制间隙，即用灯光从底面照射，观察凸、凹模刃口四周的光隙大小来判断间隙是否均匀。当凸、凹模单边间隙大于 0.04mm 时，常用垫片法控制间隙。

本套模具间隙为双面 0.14～0.18mm，因此可以采用垫片法控制凸凹模间隙。把厚度为 0.15mm 且均匀的紫铜片或薄钢板剪成宽度为 4～5mm、长度为 15～20mm 的长条，从中间弯曲成 L 形，放在凹模刃口互成 90° 的位置，使凸模慢慢进入凹模内，观察凸凹模间隙状况，不均匀时调整到均匀。装入推杆、推块、卸料橡胶等零件。调整两件上固定板、上垫板、上模座零件位置，对准螺钉孔，装入 M10 内六角螺钉并用加力杆收紧，上、下模暂时不配作销钉。最后装入卸料板。

此时凸、凹模间隙在理论上已调整均匀，实际情况如何还需上机试冲，检验试冲零件尺寸、断面质量、毛刺高度等是否符合图纸要求。达不到要求时重新调整模具，直到符合要求，此时上模和下模再分别配作销钉。

工作零件涂防锈油，合模。装入吊环等附件，整套模具装配完毕，打上图号标记。

3) 试模

根据前面的计算与分析对所选择压力机进行调整，首先调整压力机闭合高度稍大于模具闭合高度，然后放入模具，小型设备通常用手扳动飞轮到下死点，慢慢调整螺母使滑块底面与上模座贴近，收紧夹持模柄的螺钉，用 T 形螺钉、垫块、压板压紧下模。开动压力机，用毛坯条料试冲，观察冲裁情况，由于模具在自由状态下凸模没有进入到凹模内，因此，开始时不会冲到毛坯，逐步调整压力机调节螺母，直到冲出零件，观察模具工作情况，检查零件尺寸、平整度、毛刺高度等技术要求。通常凸模进入凹模 1.5～2 倍零件厚度较合适。

试模合格后模具外表面刷上油漆，入库保存或交付用户。

2.2　汽车挡风玻璃升降器落料拉深模具设计与制造

图 2-12 所示为汽车挡风玻璃升降器外壳，材料为 08 钢，厚度为 1.5mm，中等批量生产。要求零件内孔光滑平整，毛刺高度小于 0.1mm。试设计并制造该模具。

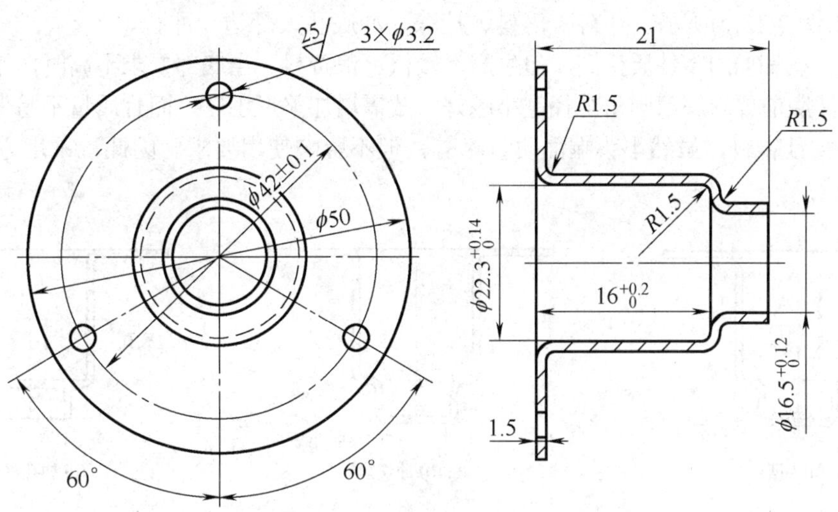

图 2-12　汽车挡风玻璃升降器外壳

2.2.1　玻璃升降器外壳冲压工艺分析与计算

1. 玻璃升降器外壳冲压工艺分析

1) 工件材料及强度、刚度

该零件厚度 t=1.5mm，材料为 08 钢，具有优良的冲压性能。1.5mm 的厚度以及冲压后零件强度和刚度的增加，都有助于使产品保证足够的强度和刚度。

2) 尺寸精度

工件主要的配合尺寸为 $\phi16.5_{0}^{+0.12}$ mm、$\phi22.3_{0}^{+0.14}$ mm、$16_{0}^{+0.2}$ mm，查公差等级表，其精度等级为 IT11～IT12，属于冲压尺寸精度范围。为保证装配后零件的使用要求，必须保证 3 个小孔 ϕ3.2mm 与 $\phi16.5_{0}^{+0.12}$ mm 内孔之间有较高的同轴度要求。3 个小孔 ϕ3.2mm 分布的

圆心位置ϕ(42±0.1)mm 为 IT10 级精度。

3) 零件工艺性

根据产品的技术要求，分析其冲压工艺性：从零件的结构特性及冲压变形特点来看，该零件属于带宽凸缘的旋转体圆筒件，并且凸缘相对直径 $d_凸/d$、相对高度 h/d 都比较合适，拉深工艺性较好。由于零件的圆角半径 R1.5mm 较小，尺寸 $\phi16.5_{0}^{+0.12}$ mm 、$\phi22.3_{0}^{+0.14}$ mm 、$16_{0}^{+0.2}$ mm 的精度等级偏高(超过拉深件直径尺寸偏差)，因此需要在末次拉深时采用精度较高、凸凹模间隙较小的模具，最后再安排整形工序来满足零件要求。

3 个小孔ϕ3.2mm 分布的中心距要求较高，在冲 3 个小孔时，需要使用工作部分和导向部分精度等级为 IT7 以上的高精度冲裁模，并且一次将 3 个小孔全部冲出，同时使用 $22.3_{0}^{+0.14}$ mm 的内孔来定位，以保证制造基准与装配基准重合。

4) 零件底部成形方法

该零件是带凸缘的阶梯形拉深件，其总体工艺过程有以下几种。

(1) 如图 2-13(a)所示，开料、落料、拉深、切削去底部、冲孔。

(2) 如图 2-13(b)所示，开料、落料、拉深、冲去底部、冲孔。

(3) 如图 2-13(c)所示，开料、落料、拉深、冲底孔、翻边、冲孔。

其中，方案(1)的零件质量高，但生产率较低、浪费料，当底部要求不高时，不宜采用。方案(2)在冲底前要求底部圆角半径越小越好，故需增加整形工序，而且质量不易保证。方案(3)生产率高且省料，虽然小头端面质量略差，但不影响使用要求。因此，采用方案(3)较为合适。

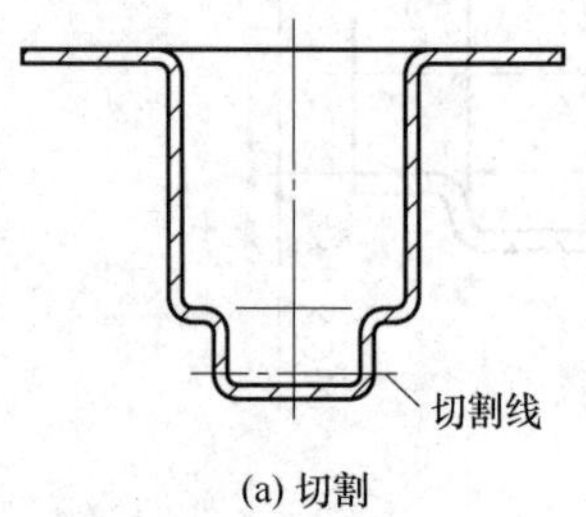

(a) 切割

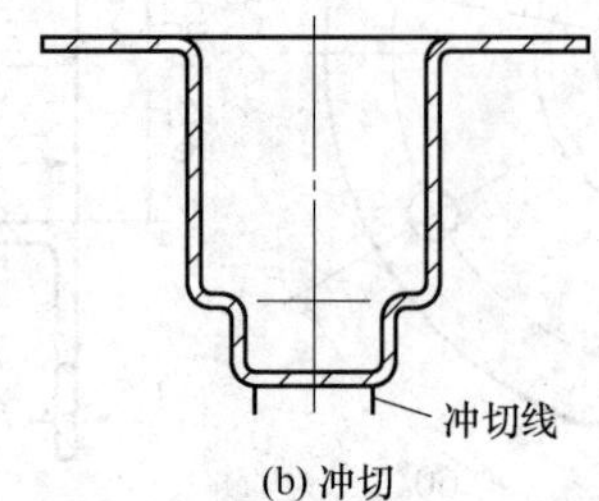

(b) 冲切

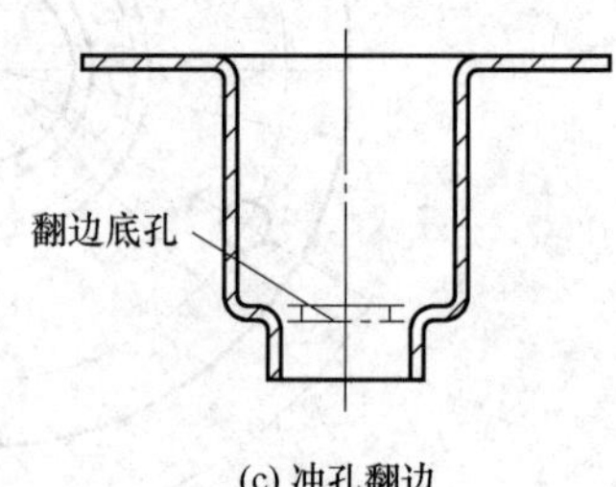

(c) 冲孔翻边

图 2-13 升降器外壳底部成形方案

2. 确定工艺方案

1) 毛坯直径计算

(1) 核算翻边变形程度。

零件底部$\phi16.5_{0}^{+0.12}$ mm 的翻边成形有两种方式：①相当于在预冲孔的平板上直接一次翻边成所需要的高度；②一次翻边不能达到所需要的高度，需要先拉深到一定的高度，再冲孔翻边。因此在计算毛坯直径之前，先要确定翻边前的半成品尺寸，也就是确定零件底部$\phi16.5_{0}^{+0.12}$ mm 的高度尺寸能否一次翻边成形。

$\phi16.5_{0}^{+0.12}$ mm 的高度尺寸：h=21-16=5(mm)

根据翻边计算公式

$$h=[D(1-K)/2]+0.43R+0.72t$$

计算求出：

$$K=1-[2(h-0.43R-0.72t)/D]=1-[2\times(50-0.43\times1-0.72\times1.5)/18]=0.61$$

即翻边高度 h=5 时，翻边系数 K=0.61

$$d=D\times K=18\times0.61=11(\text{mm})$$

由 d/t=11/1.5=7.3，应采用圆柱形凸模。用冲孔模冲孔时，允许的极限翻边系数 $[K]=0.50<K=0.61$，因此零件底部 $\phi16.5^{+0.12}_{0}$ mm 的高度尺寸可以一次翻出。

(2) 翻边前半成品尺寸。

由 $d_{凸}/d$=50/22.3=2.25，查表得带凸缘筒形件的修边余量 δ=1.8，因此凸缘的实际直径 $d'_{凸}=d_{凸}+2\delta=50+3.6\approx54$mm。

图 2-14 所示为翻边前半成品尺寸以及按中线确定的计算尺寸。

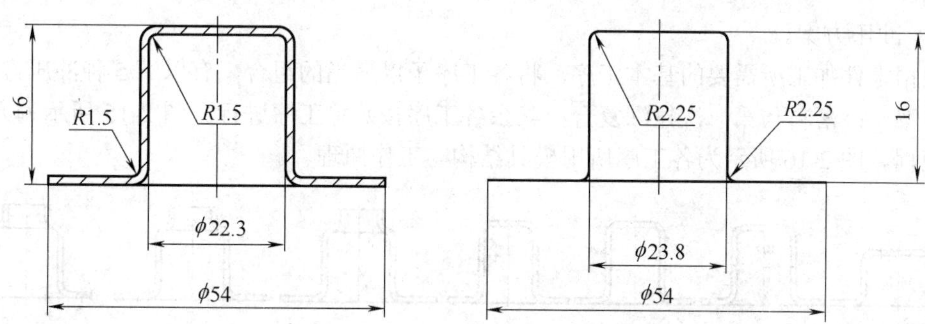

图 2-14　翻边前半成品尺寸及中线尺寸

(3) 毛坯直径。

根据公式

$$D=\sqrt{d^2+4d_2H-3.44rd_2}=\sqrt{54^2+4\times23.8\times16-3.44\times2.25\times23.8}$$

$\approx$65(mm)

2) 拉深次数计算

$d'_{凸}/d=54/22.3\approx2.42>1.4$，因此该零件属于宽凸缘圆筒件。

$(t/D)\times100=(1.5/65)\times100\approx2.3$，查表得 $h_1/d_1=0.28$，零件的 $h/d=16/22.3=0.72>0.28$，因此不能一次拉深成形。

由 $d/D=54/65\approx0.83$，$(t/D)\times100\approx2.3$，查表可得 $m_1=0.45$，而 $d_1=m_1\times D=0.45\times65\approx29$ (mm)，$m_2=d_2/d_1=22.3/29\approx0.77$。

查表得极限拉深系数［m_2］=0.75<0.77，因此可以采用两次拉深成形。

上面两次拉深工序均采用了极限拉深系数，对于该零件本身厚度 t=1.5mm，零件直径又比较小，拉深过程中是难以做到的，而零件实际的圆角半径 R=1.5 mm 比较小，因此需要在第二次拉深后增加一道整形工序。

采用 3 次拉深成形的工艺方法，增加了拉深次数，相应地减少了各次拉深变形的变形程度，又可选用较小的圆角半径，与增加整形工序相比，没有增加模具的数量和工序数，既保证了零件的质量，又能稳定生产，因此采用 3 次拉深较合理。

零件总的拉深系数 $d/D=23.8/65\approx0.366$，调整后的 3 次拉深工序的拉深系数为

$$m_1=0.56，m_2=0.805，m_3=0.81$$

$$m_1 \times m_2 \times m_3=0.56 \times 0.805 \times 0.81 \approx 0.366$$

3) 工序组合与工序顺序的确定

对于零件比较复杂、冲压加工流程较长而需要采用较多工序时，难以直观地确定具体的冲压工艺方案，此时应采取以下方法：先确定工件所需要的基本工序(按工序性质划分)；然后将基本工序按照冲压的先后顺序进行适当的集中与分散，确定各工序的具体内容，组合排列出不同可能的工艺方案，再结合各种因素，分析比较，找出最适合生产规模和适应现场具体生产条件的工艺方案。

(1) 外壳冲压基本工序。

由上面拉深次数分析和零件的具体结构，外壳冲压基本工序有落料、第一次拉深、第二次拉深、第三次拉深、预冲翻边底孔ϕ11mm、翻边、冲3个小孔ϕ3.2mm、切边。

(2) 冲压方案。

根据零件加工所需要的基本工序，将各工序予以适当的组合，有以下5种冲压方案。

方案一：落料与第一次拉深复合；其余各工序按照单工序进行。图2-15所示为方案一冲压流程。图2-16所示为各工序所用模具结构与工作原理。

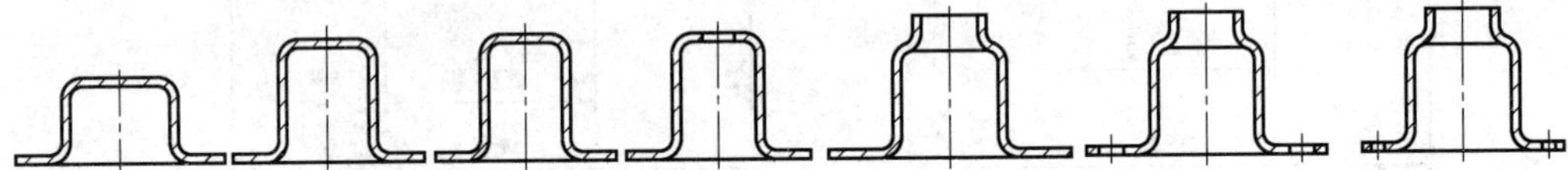

图2-15　方案一冲压流程

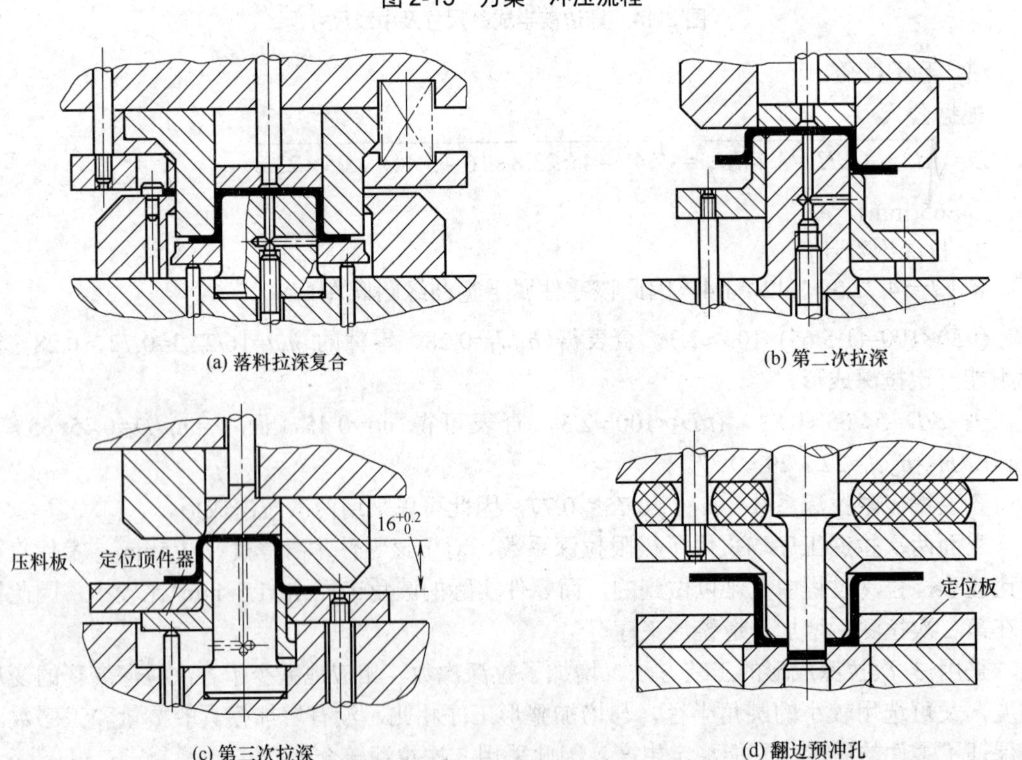

图2-16　方案一各工序的模具结构与工作原理

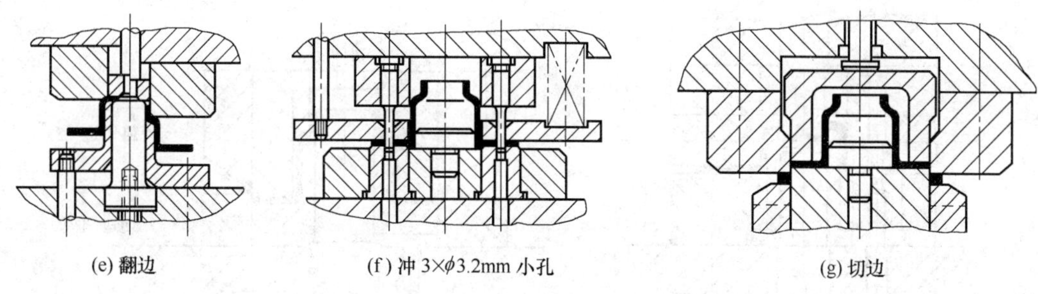
(e) 翻边　(f) 冲 3×ϕ3.2mm 小孔　(g) 切边

图 2-16　方案一各工序的模具结构与工作原理(续)

方案二：落料与第一次拉深复合；翻边预冲底孔ϕ11mm 与翻边复合；冲 3×ϕ3.2mm 孔与切边复合；其余按照单工序进行。图 2-17 所示为方案二冲压流程图。图 2-18 所示为方案二部分工序的模具结构工作原理简图，其余各工序的模具结构及工作原理同方案一。

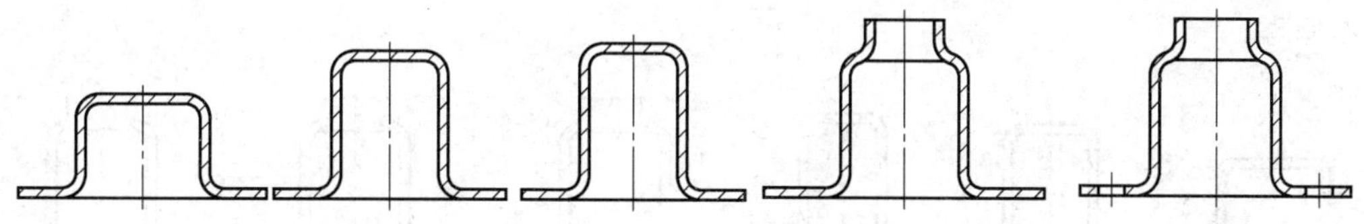

图 2-17　方案二冲压流程

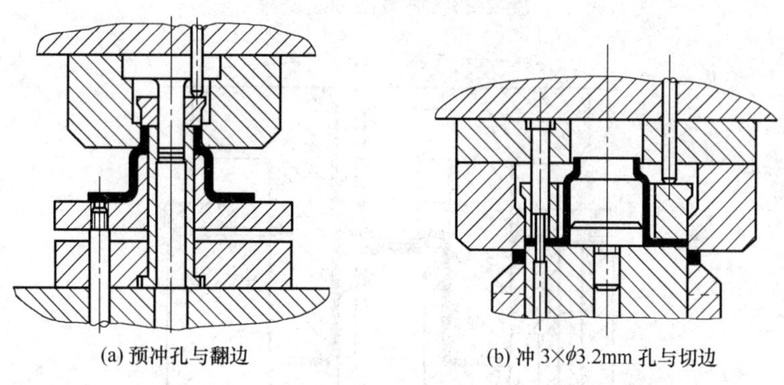
(a) 预冲孔与翻边　(b) 冲 3×ϕ3.2mm 孔与切边

图 2-18　方案二部分工序的模具结构与工作原理

方案三：落料与第一次拉深复合；预冲翻边底孔ϕ11mm 与冲 3×ϕ3.2mm 孔复合；翻边与切边复合；其余按照单工序进行。图 2-19 所示为方案三冲压流程，图 2-20 所示为方案三部分工序的模具结构及工作原理。

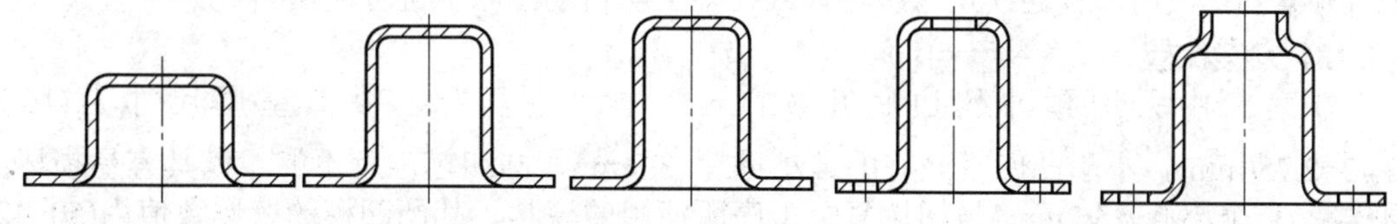

图 2-19　方案三冲压流程

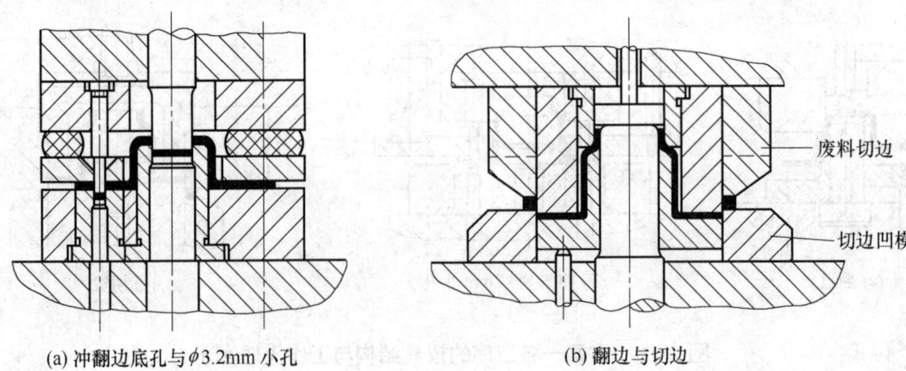

(a) 冲翻边底孔与ϕ3.2mm 小孔　　(b) 翻边与切边

图 2-20　方案三部分工序的模具结构与工作原理

方案四：落料、第一次拉深与预冲翻边底孔ϕ11mm 复合，其余按照单工序进行。图 2-21 所示为方案四冲压流程。图 2-22 所示为方案四第一道工序用复合模的模具结构及工作原理。

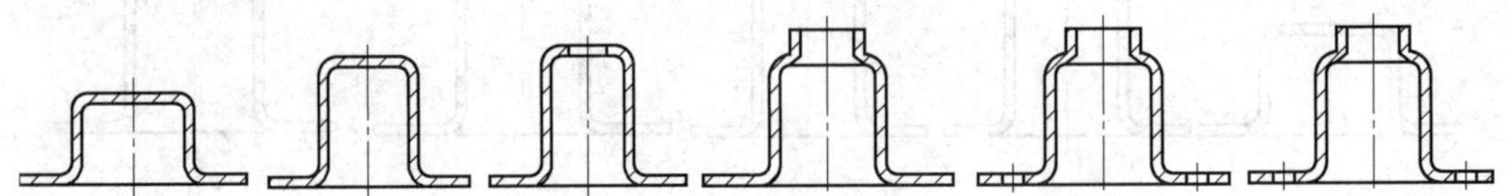

图 2-21　方案四冲压流程

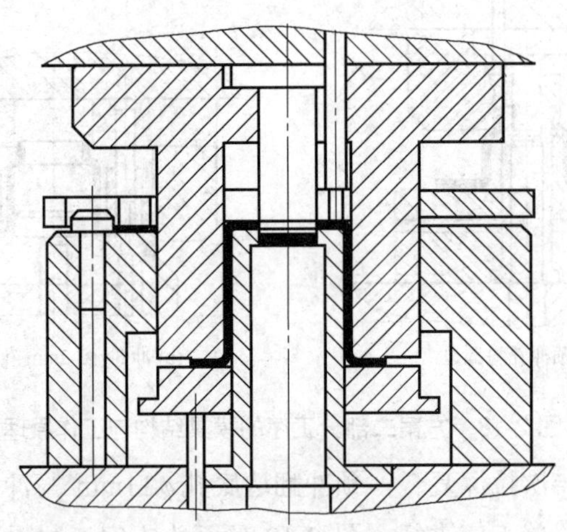

图 2-22　方案四工序模具结构及工作原理

方案五：采用带料连续拉深级进模或在多工位自动冲床上进行冲压。

(3) 方案比较。

方案二中采用预冲翻边底孔ϕ11mm 与翻边复合，模具壁厚尺寸为(16.5−11)/2=2.75(mm)，小于凸凹模允许的最小壁厚 3.8mm，凸凹模强度不够，模具容易损坏；同样冲 3 个小孔ϕ3.2mm 与切边复合工序所使用的模具，其凸凹模的壁厚数值为(50−42−3.2)/2=2.4(mm)，同样存在凸凹模强度不够，模具容易损坏的问题。

方案三解决了模具工作部分壁厚太薄、强度不够、容易损坏的问题，但又存在新的问题。由于冲小孔与预冲翻边底孔复合模中，两个刃口不在同一高度，受力不同，使用中磨损的快慢也会不同，刃磨时保持两个刃口相对高度较困难，这给模具的使用和维修带来不便；对于翻边与切边复合工序也存在同样的问题。

方案四中落料拉深与冲翻边底孔复合模具中，落料凸模与冲孔凸模高度不一致，落料凹模与冲孔凹模高度也不一致，都会造成刃磨困难。存在更大的问题是翻边底孔经过两次拉深以后，孔径必然变形、变大，使拉深无法进行。

方案五采用级进模或自动冲模方式，生产效率高、操作安全，适用于大批量生产。但需要专用压力机或自动送料装置，以及模具设计与制造技术水平要求高；模具的使用、保养与维修技术均要求较高，而且模具结构复杂，制造周期长，模具和生产成本高。

方案一不存在上述缺点，除落料拉深工序外，均使用了单工序简单模具，存在工序组合少、生产效率低的特点；对于中小批量零件的生产，出于试生产的考虑，单工序模具生产风险较小，因此决定采用方案一。在第三次拉深及翻边工序中，通过合理控制模具闭合高度，在压力机行程终了时，使模具对工件产生刚性锤击而起到整形的作用，可以将整形工序去掉。

3. 工艺参数计算

1) 零件排样

毛坯直径为ϕ65mm，若双排排样，调料宽度达到 136mm，将会增加操作人员的劳动强度，操作也不方便，因此采用单排方式。图 2-23 所示为零件的排样图。

搭边值查表选取 a=2mm，a_1=1.5mm；步距 $L=D+a_1$=65+1.5=66.5(mm)。

条料宽度 $b=D+2a$=65+2×2=69(mm)。

2) 条料尺寸

根据零件图和板料规格拟选用板料为 1.5mm×1000mm×2000mm，如图 2-23 所示。板料横裁时条料过长(达 2000mm)，操作困难，因此采用纵裁。

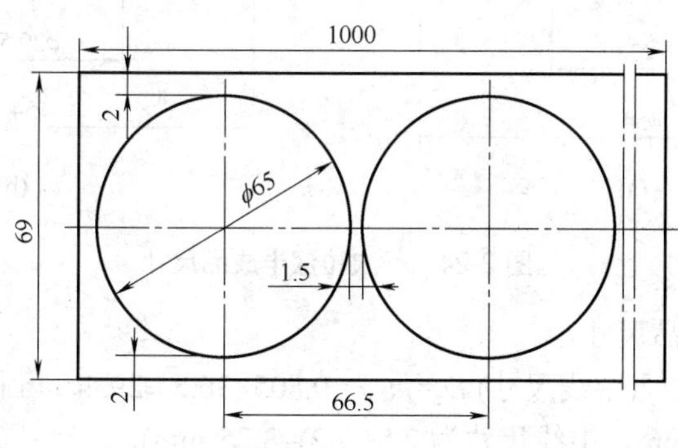

图 2-23　外壳排样

3) 板料利用率

条料数 n_1=2000/69 ≈29(条)。

每条件数 $n_2=(A-a_1)/L$=(1000−1.5)/66.5 ≈15(件)。

每张板料可冲零件数 n=29×15 ≈435(件)。

材料利用率

$\eta=[n\pi(D^2-d^2)]/(4A\times B)\times100\%=[435\pi(65^2-11^2)]/(4\times1000\times2000)\times100\%$

$\approx70.1\%$

4) 中间工序半成品尺寸

(1) 一次拉深半成品尺寸。

一次拉深半成品直径 $d_1=m_1\times D=0.56\times65=36.4(\text{mm})$。

圆整为 36.5 mm(中线尺寸)，则内径为 35 mm，便于生产和检验。

一次拉深凹模圆角半径查表选取 5.5mm，由于增加了一道拉深工序，拉深变形程度有所减小，可选用较小的圆角半径。取凹模圆角半径 $R_{凹}=5\text{mm}$；取凸模圆角半径 $R_{凸}=4\text{mm}$。

一次拉深后半成品高度尺寸为

$$h_1=\frac{0.25}{d_1}(D^2-d^2{}_{凸})+0.43(r_{凹1}+r_{凸1})-\frac{0.14}{d_1}(r_{凹1}-r_{凸1})$$

$$=\frac{0.25}{36.5}\times(65^2-54^2)+0.43\times(5.75+4.75)-\frac{0.14}{36.5}\times(5.75^2-4.75^2)$$

$$\approx13(\text{mm})$$

图 2-24(a)所示为一次拉深后半成品的形状和尺寸，图 2-24(b)所示为中线计算尺寸。

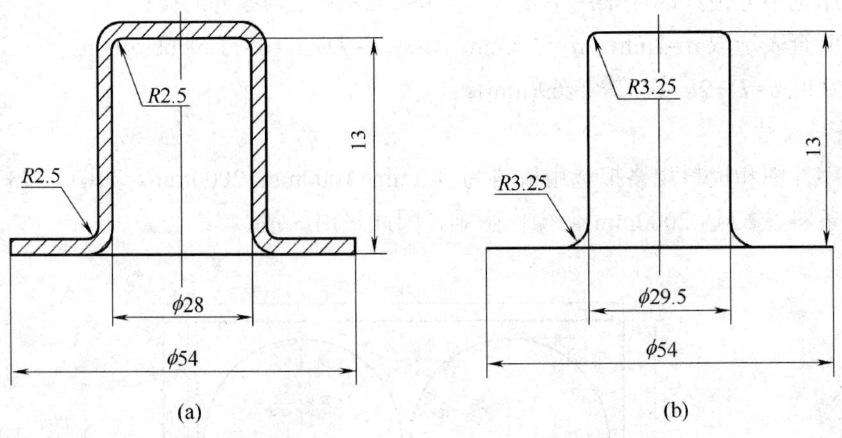

图 2-24　一次拉深半成品尺寸

(2) 二次拉深半成品尺寸。

二次拉深半成品直径(中线尺寸) $D_2=m_2d_1=0.805\times36.5\approx29.4(\text{mm})$(中线尺寸)。

选取 $R_{凸2}=R_{凹2}=2.5\text{mm}$，中线尺寸为 $2.5+(t/2)=3.25(\text{mm})$。

图 2-25(a)所示为二次拉深后半成品的形状和尺寸，图 2-25(b)所示为中线计算尺寸。

$$h_2=\frac{0.25}{d_2}(D^2-d^2{}_{凸})+0.43(r_{凹2}+r_{凸2})$$

$$=\frac{0.25}{29.5}\times(65^2-54^2)+0.43\times(3.25+3.25)$$

$$\approx13.9(\text{mm})$$

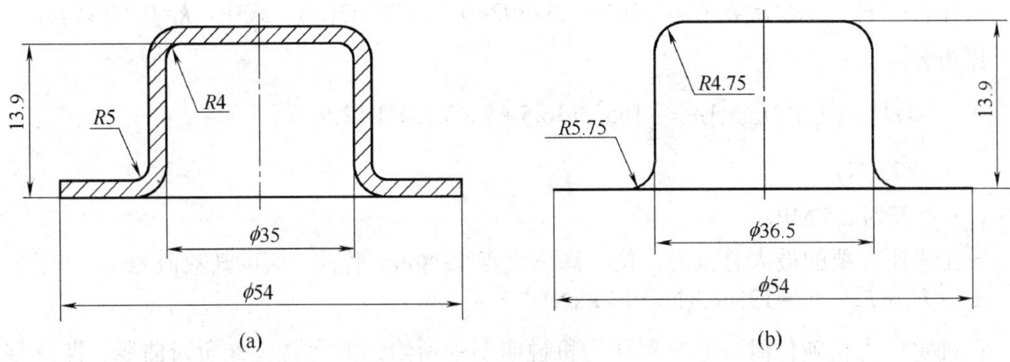

图 2-25　二次拉深半成品尺寸

(3) 第三次拉深半成品尺寸。

第三次拉深半成品直径(中线尺寸) $d_3=m_3 d_2=0.81\times29.5=23.9$(mm)。

第三次拉深对零件有整形作用，故选取凸凹模圆角半径等于零件成品尺寸。取 $R_{凸3}=R_{凹3}=1.5$mm，中线尺寸为 $1.5+(t/2)=2.25$；高度尺寸等于零件成形尺寸，取 h_3=16mm，如图 2-26(c)所示。

根据以上计算结果及零件产品图，各工序半成品的形状和尺寸如图 2-26 所示。

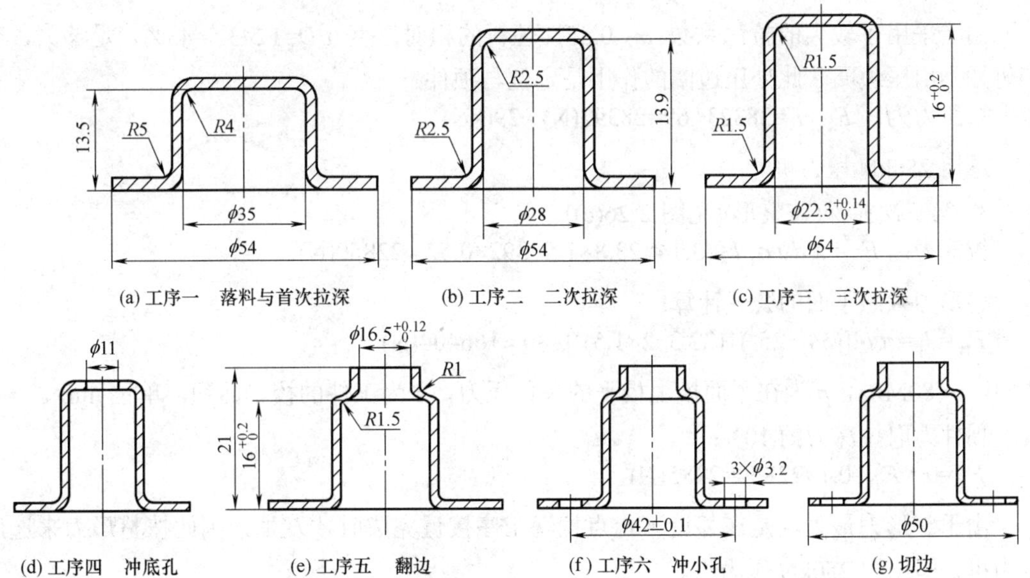

图 2-26　外壳冲压工序图

4. 各工序冲压力及压力机选取

1) 落料拉深工序[见图 2-26(a)]

由材料力学性能表 7-17 查得 τ=294MPa，σ_b=392 MPa，σ_s=196 MPa。

落料力：$F_{落}=1.3\pi Dt\tau=1.3\times3.14\times65\times1.5\times294\approx117011$(N)。

落料的卸料力：$F_{卸}=F_{落}\times K_{卸}=117011\times0.04\approx4680$(N)。

拉深力：$F_{拉}=\pi d_1 t\sigma_b k_1=3.14\times36.5\times1.5\times392\times0.75\approx50543$(N)。式中，$k_1$=0.75(查表)。

压边力：

$$F_{压}=\frac{\pi}{4}[D^2-(d_1+2r_{凹1})^2]p=\frac{\pi}{4}[65^2-(36.5+2\times5.75)^2]\times2.5$$
$$\approx3772(\text{N})$$

式中，p 查表为 2.5 MPa。

该工序所需要的最大总压力，位于离下止点 13.8mm 稍后一点，其数值为

$F_{总}=F_{落}+F_{卸}+F_{压}$=125463(N) ≈130(kN)

在确定压力机吨位时，应核对压力机说明书中所给出的允许工作负荷曲线，即在整个冲压过程中所需要的冲压力都在压力机的许可压力范围内。假设车间现有压力机的规格为 250 kN、400 kN、630 kN、800 kN，如果选用 250 kN 的压力机，则冲压所需要的总压力只有压力机公称压力的 52%。

2) 第二次拉深工序[见图 2-26(b)]

拉深力：$F_{拉}=\pi d_2 t\sigma_b k_2=3.14\times29.5\times1.5\times392\times0.52\approx28323$(N)。式中，$k_2$=0.52(查表)。

压边力：

$$F_{压}=\frac{\pi}{4}[d_1-(d_2+2r_{凹2})^2]p=\frac{\pi}{4}[35^2-(29.5+5)]\times2.5\approx69(\text{N})$$

由于采用了较大的拉深系数 m_2=0.85，坯料的相对厚度 t/D=1.5/3.5=43%，足够大，查表可知不用压边圈。此处压边圈的作用是定位与顶件。

总压力为：$F_{拉}+F$=28323+69=28392(N) ≈29(kN)。

选用 250kN 压力机。

3) 第三次拉深(兼整形)[见图 2-26(c)]

拉深力：$F_{拉}=\pi d_3 t\sigma_b k_2=3.14\times23.8\times1.5\times392\times0.52\approx22850$(N)。

整形力按照下面的公式计算：

$F_{整}=A_p=\pi/4[(54^2-25^2)+(22.3-2\times1.5)^2]\times80\approx166404$(N)

式中，p=80MPa，p 为在平面模上校平的单位压力；A 为工件的校平面积，单位 mm^2。

顶件力取拉深力的 10%：

$F_{顶}=0.1F_{拉}=0.1\times22850=2285$(N)

由于整形力最大，是在邻近下止点拉深工序接近完成时才发生，因此按整形力来选用压力机，即选取 250kN 压力机。

4) 预冲翻边底孔 ϕ11mm 工序[见图 2-26(d)]

冲孔力：$F_{冲}=1.3\pi Dt\tau=1.3\times3.14\times11\times1.5\times294\approx19802$(N)。

卸料力：$F_{卸}=K_{卸}F_{冲}=0.04\times19802\approx792$(N)。

推料力：$F_{推}=nK_{推}F_{冲}=5\times0.055\times19802\approx5446$(N)。式中，$n$=5，表示留在凹模洞口里面的废料片数(设凹模洞口高度 h=8 mm，则 $n=h/t=8/1.5\approx5$)。$K_{推}$=0.055。

冲孔总压力：$F_{总}=F_{冲}+F_{卸}+F_{推}$=19802+792+5446=26040(N) ≈30(kN)。

选用 250 kN 压力机。

5) 翻边工序[见图 2-26(e)]

翻边力：$F=1.1\pi(D-d)t\sigma_s=1.1\times3.14\times(18-11)\times1.5\times196\approx7108(N)$

顶件力取翻边力的 10%：

$F_{顶}=0.1\times F=0.1\times7108=711(N)$

整形力：$F_{整}=Sp_1=\pi/4(22.3^2-16.5^2)\times80\approx14140(N)$。

整形力最大，且是在压力机快接近下止点时产生，按整形力选择压力机，选取 250 kN 压力机。

6) 冲 3 个小孔 ϕ3.2 mm 工序[见图 2-26(f)]

冲孔力：$F_{冲}=1.3\pi Dt\tau\times3=1.3\times3.14\times3.2\times1.5\times294\times3\approx17282(N)$。

卸料力：$F_{卸}=K_{卸}\ F_{冲}=0.04\times17282\approx691(N)$。

推料力：$F_{推}=n\,K_{推}\ F_{冲}=5\times0.055\times17282\approx4753(N)$。

冲小孔总压力：$F_{总}=F_{冲}+F_{卸}+F_{推}=17282+691+4753=22726(N)\approx23(kN)$。

选用 250kN 压力机。

7) 切边工序[见图 2-26(g)]

$F_{冲}=1.3\pi Dt\tau=1.3\times3.14\times50\times1.5\times294\approx90008(N)$。

两把废料刀切断废料所需要的压力：

$F_1=2\times1.3\times(54-50)\times1.5\times294\approx4586(N)$。

总压力：

$F_{总}=F_{冲}+F_1=90008+4586=94594(N)$

选用 250 kN 压力机。

需要说明的是，以上选用的压力机只是初步根据冲压力条件来选取，还需要根据现有设备状况以及模具的闭合高度、模具的外形与安装配合尺寸、零件加工的工艺流程、设备使用的负荷情况等因素，进一步合理安排。

5. 填写冲压工艺卡片

由上面分析和计算，填写冲压工艺卡，如表 2-9 所示。

表 2-9　升降器外壳冲压工艺卡

<table>
<tr><td rowspan="2">标记</td><td>产品名称</td><td>汽车</td><td rowspan="2" colspan="2">冷冲压工艺规程卡</td><td>零件名称</td><td>升降器外壳</td><td>年产量</td><td>第 1 页</td></tr>
<tr><td>产品图号</td><td></td><td>零件图号</td><td></td><td>20 万件</td><td>共 1 页</td></tr>
<tr><td>材料牌号及技术条件</td><td>08 钢</td><td>毛坯形状及尺寸</td><td colspan="2"></td><td colspan="4">选用板料 2000mm×1000mm×1.5mm
横裁尺寸 1000mm×67.5mm×1.5mm</td></tr>
<tr><td>工序号</td><td>工序名称</td><td colspan="2">工序草图</td><td>工装名称及图号</td><td>设备</td><td colspan="2">检验要求</td><td>备注</td></tr>
<tr><td>1</td><td>落料拉深</td><td colspan="2">R4　R4　13　φ35　φ54</td><td>落料拉深复合模 CM1—100</td><td>J23—35</td><td colspan="2">按草图检验</td><td></td></tr>
</table>

续表

工序号	工序名称	工序草图	工装名称及图号	设备	检验要求	备注
2	二次拉深	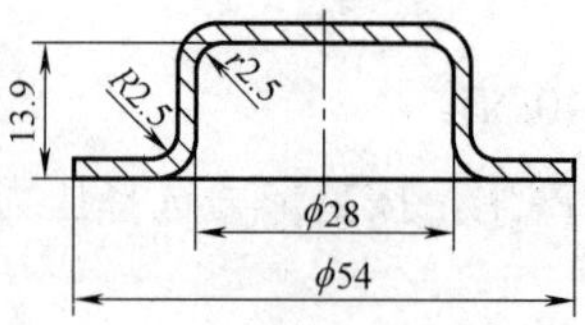 13.9　R2.5　r2.5　φ28　φ54	拉深模 CM1—200	J23—25	按草图检验	
3	三次拉深带整形	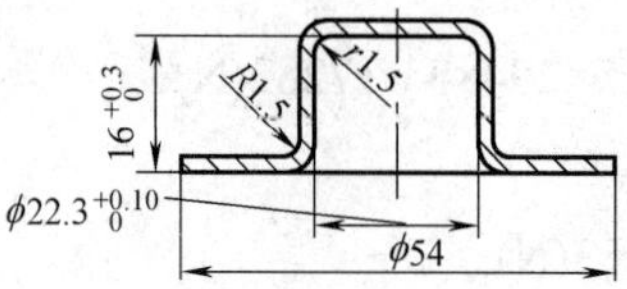 $16^{+0.3}_{0}$　R1.5　r1.5　$\phi22.3^{+0.10}_{0}$　φ54	拉深模 CM1—300	J23—25	按草图检验	
4	冲翻边底孔	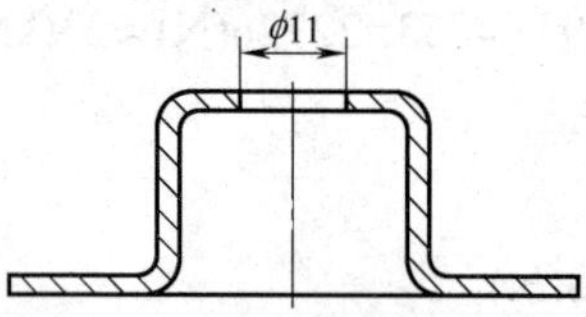 φ11	冲孔模 CM1—400	J23—25	按草图检验	冲底孔 φ11mm
5	翻边	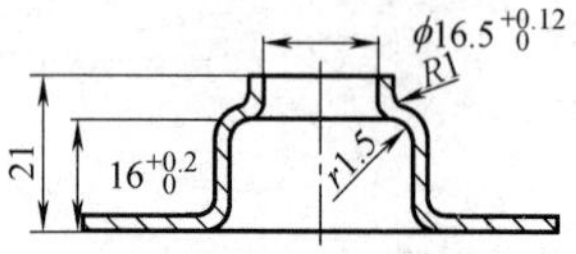 $\phi16.5^{+0.12}_{0}$　R1　21　$16^{+0.2}_{0}$　r1.5	翻边模 CM1—500	J23—25	按草图检验	翻边带整形
6	冲小孔	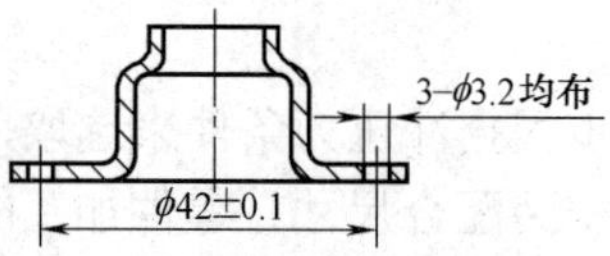 3–φ3.2均布　φ42±0.1	翻边模 CM1—600	J23—25	按草图检验	冲 3×φ3.2 孔
7	切边	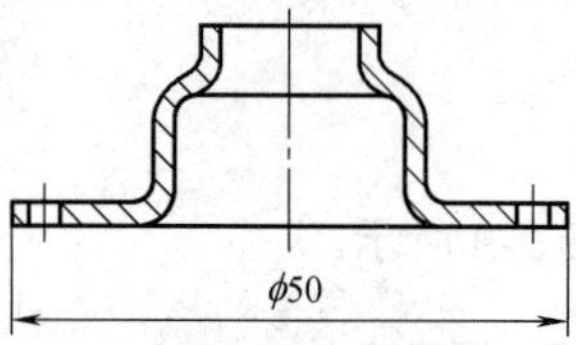 φ50	翻边模 CM1—700	J23—25	按草图检验	
8	检验		游标卡尺	125mm	按产品零件图做最终检验	

原底图总号		日期		更改标记						编制		校对	核对
				文件号						姓名			
底图总号		签字		签字						签名			
				日期						日期			

2.2.2 玻璃升降器外壳冲压模具结构设计

根据已确定的冲压工艺方案及各工序半成品的形状、尺寸、精度要求、选用压力机的主要技术参数、模具的制造条件及安全生产等因素，确定具体各工序模具的结构类型和结构形式。本处以第一道工序所采用的落料拉深复合模为例进行介绍。

1．模具结构形式

采用落料拉深复合模时，模具的凸凹模壁厚不能太薄，避免模具零件强度不够。对于落料直径一定时，确定凸凹模壁厚的关键在于拉深件的高度，拉深件高度越大，则说明拉深成形的直径比也越大(即细长)，凸凹模壁厚就会越厚；而拉深件太浅时，凸凹模壁厚可能太薄。该模具的凸凹模壁厚 b=(65−38)/2=13.5(mm)，满足强度要求。

模具结构简图如图 2-16(a)所示，模具采用了落料正装，拉深倒装的结构形式有以下特点：标准弹顶器位于模座下方，起压边和下顶件的作用。冲压后卡在凸凹模上的条料由上弹性卸料装置卸料，而零件留在上模时则由刚性推件装置从拉深凹模内推落，零件留在下模时则由下顶件块从拉深凸模上推出。

该模具的优点是操作方便、出件可靠、生产效率高。缺点主要是采用了上弹性卸料装置导致模具结构复杂，模具轮廓增大。拉深件外形尺寸、拉深高度和材料厚度越大，所需要的卸料力也越大，需要的弹簧越多、弹簧的长度越长，使得模架轮廓尺寸过分庞大，所以弹性卸料装置只适用于拉深件深度不大、材料较薄、所需要的卸料力较小的情况。

为操作方便，该模具采用后侧导柱导向模架。

2. 卸料弹簧选取

弹簧的选用与计算方法按照机械设计中弹簧的计算内容和步骤进行，此方法比较烦琐。实际模具设计中常采用计算出弹簧相关参数以后，根据弹簧的相关标准直接选用的方法。

拉深件高度为 13mm，弹簧预压量和压缩量超过 20mm，因此宜选用压缩量大、弹力高的矩形弹簧，查表 4-32 和表 4-33 所示的中负荷红色弹簧，弹簧允许的最大变形量为 38%。

前面工艺计算中已计算出卸料力 $F_{卸}$=4680N，拟选用 6 根弹簧，因此每根弹簧负担的卸料力为 4680/6=780(N)。

1) 每根弹簧工作压缩量

$h_{工}=13+a+b=13+1+0.5=14.5$(mm)

式中，a 为落料凹模刃口平面高出拉深凸模上平面的高度，为保证先落料后拉深，取 a=1 mm；b 为卸料时卸料板超过凸凹模刃口平面的距离，为保证零件彻底从凸凹模上卸掉，取 b=0.5mm。

2) 弹簧规格选用

图 2-27 所示为弹簧压缩量计算示意图。

根据每根弹簧承受的卸料力选取弹簧。查表 4-33 选取弹簧外径 D=30mm，内孔 d=16mm，H=80mm，该弹簧最大工作负荷下的总变形量为 38%。根据每根弹簧须承受 780N 和弹簧的压力特性曲线，取弹簧的预压缩量为 8～10mm，总变形量约为 25mm。变形率 25/80×100%=31.3%，理论上可使用 30 万次。

此处没有考虑凸模修磨后会增大弹簧的压缩量，可以采取挖深弹簧的沉孔或在凸凹模底部加垫片，增大凸凹模高度的方法来解决。

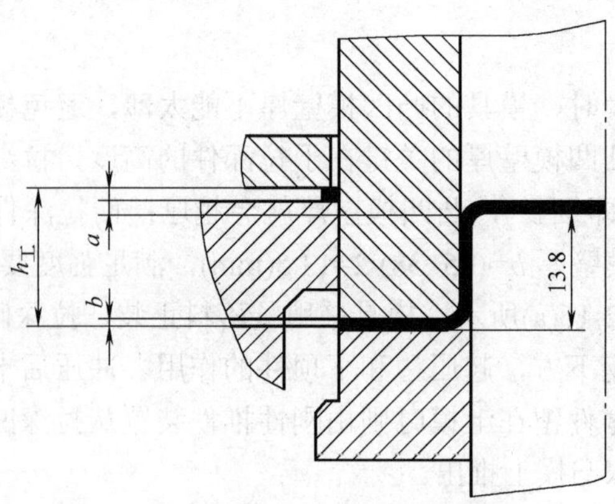

图 2-27　弹簧压缩量计算示意图

3. 模具工作部分尺寸计算

1) 落料模(采取凸模和凹模互换加工法)刃口尺寸计算

(1) 落料凹模刃口尺寸计算。

落料尺寸按未注公差计算，落料件尺寸为$\phi 65_{-0.74}^{\ 0}$ mm。

$$D_{凹}=(D-X\Delta)_{\ 0}^{+\delta_{凹}}=(65-0.5\times0.74)_{\ 0}^{+0.03}=64.63_{\ 0}^{+0.03}\ (\text{mm})$$

式中，X=0.5mm，$\delta_{凹}$=0.03mm，分别查表得到及按 IT7 级制造精度确定。

(2) 落料凸模刃口尺寸计算。

$$D_{凸}=(D-X\Delta-Z_{\min})_{-\delta_{凸}}^{\ 0}=(65-0.5\times0.74-0.132)_{-0.02}^{\ 0}=64.498_{-0.02}^{\ 0}\ (\text{mm})$$

查表 $Z_{\min}$=0.132mm，$Z_{\max}$=0.24mm，$\delta_{凸}=0.02$ 按 IT7 级制造精度确定。

验算：$|\delta_{凹}|+|\delta_{凸}|=0.03+0.02=0.05\leqslant Z_{\max}-Z_{\min}=0.24-0.132=0.108$(mm)

凹模壁厚按公式进行计算后选取 32.5mm，凹模外径 65+32.5×2=130(mm)。由于凹模内藏有压边圈，因此厚度应适当加厚。根据拉深件高度、压边圈高度，凹模厚度取 56mm。

2) 拉深模尺寸计算

按标注内形尺寸及未注公差进行计算，工序件尺寸为$\phi 35_{\ 0}^{+0.62}$ mm。

由表查得 $Z=1.2t$，由表查得 $\delta_{凹}$=+0.09mm，$\delta_{凸}$=−0.06，Δ=0.62mm。

拉深凹模尺寸计算：

$$D_{凹}=(d+0.4\Delta+2Z)_{\ 0}^{+\delta_{凹}}=(35+0.4\times0.62+2\times1.8)_{\ 0}^{+0.09}=38.85_{\ 0}^{+0.09}\ (\text{mm})$$

拉深凸模尺寸计算：

$$D_{凸}=(d+0.4\Delta)_{-\delta_{凸}}^{\ 0}=(35+0.4\times0.62)_{-0.06}^{\ 0}=35.25_{-0.06}^{\ 0}\ (\text{mm})$$

凸凹模高度确定：本模具是把凸凹模固定板钻穿用以定位弹簧，根据弹簧压缩量、固定板厚度、拉深零件高度，确定凸凹模高度 h=80mm。

3) 模架选择

选择操作方便的标准后侧导柱铸铁模架，由模具零件尺寸，查表 3-15，选择 160mm×160mm×255mm，上模座尺寸 160mm×160mm×45mm，下模座尺寸 160mm×160mm×

55mm，最大闭合高度 255mm。

4．其他零件结构尺寸计算

1）闭合高度

$H_{模}$=上模座厚度+上垫板厚度+凸凹模高度+凹模高度+凸模固定板厚度+下垫板厚度+下模座厚度=45+10+80+55+25+10+55=280(mm)，模架超过标准高度，需定做模架。

根据设备的负荷状况，选用 J23－40 型压力机，其闭合高度为 220～300mm。

模具闭合高度满足 $H_{min}+10 \leqslant H_{模} \leqslant H_{max}-10$，即 $220+10 \leqslant H_{模}=280 \leqslant 300-10$。

2）上模座卸料螺钉沉孔深度

采用 M10 标准卸料螺钉，查表 4-23 可知卸料螺钉及孔各参数。螺钉沉孔钻 ϕ17mm×30mm。

3）卸料螺钉长度

L=(45−30)+12+58+0.5=85.5(mm)，选用标准尺寸 85mm。

5. 模具结构设计

由以上分析与计算可绘制模具装配图，如图 2-28 所示。标题栏与明细表格式参见表 2-2，填写模具相关内容后的标题栏与明细如表 2-10 所示。

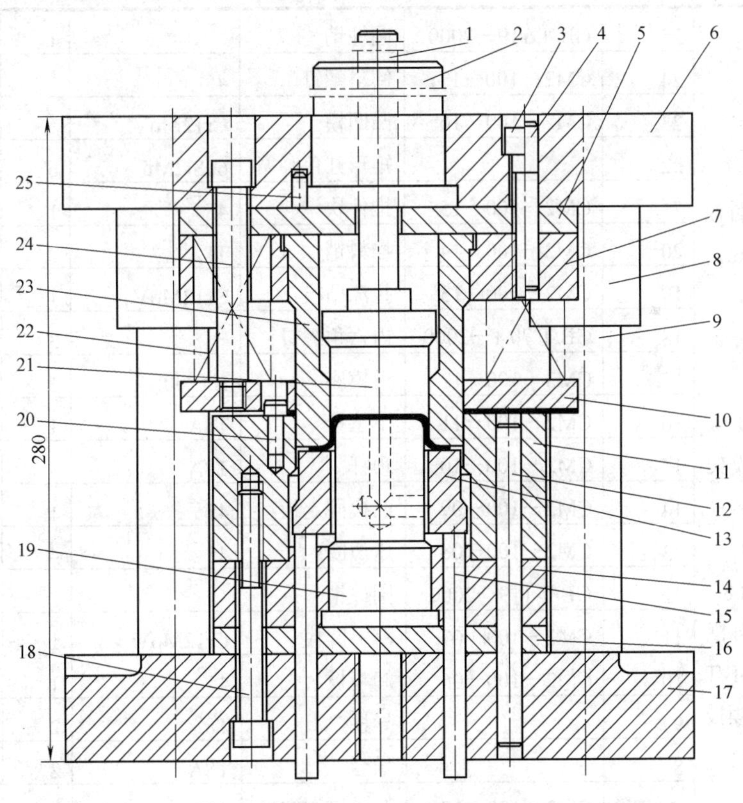

图 2-28　外壳落料拉深复合模

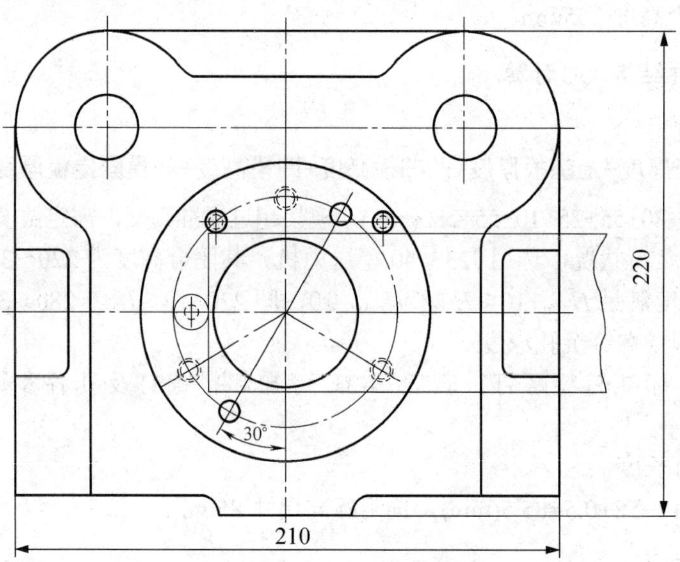

图 2-28　外壳落料拉深复合模(续)

表 2-10　外壳落料拉深复合模标题栏与明细表

<table>
<tr><td rowspan="21">技术条件：
1. 冲裁刃口间隙(双面)Z_{min}=0.132 nm，Z_{max}=0.24mm。
2. 制件毛刺高度不得大于 0.15mm。
3. 本模具选用 I 级精度后侧导柱模架 160mm×160mm×280mm(需定做) GB/T 2851—2008 (冲模滑动导向模架标)，并按 GB/T 14662—2006(冲模技术条件标准)验收。</td><td>25</td><td>GB/T 119－2000</td><td>圆柱销</td><td></td><td>1</td><td>ϕ 5×15</td></tr>
<tr><td>24</td><td>CM2－100－17</td><td>卸料螺钉</td><td>45</td><td>6</td><td>35—40HRC</td></tr>
<tr><td>23</td><td>CM2－100－16</td><td>凸凹模</td><td>Cr12MoV</td><td>1</td><td>58—62HRC</td></tr>
<tr><td>22</td><td></td><td>矩形红色弹簧</td><td>60Si2Mn</td><td>6</td><td>ϕ 30× ϕ 16×80</td></tr>
<tr><td>21</td><td>CM2－100－15</td><td>推件块</td><td>45</td><td>1</td><td>35—40HRC</td></tr>
<tr><td>20</td><td>CM2－100－14</td><td>挡料销</td><td>T8A</td><td>3</td><td>50—55HRC</td></tr>
<tr><td>19</td><td>CM2－100－13</td><td>拉深凸模</td><td>Cr12MoV</td><td>1</td><td>58—62HRC</td></tr>
<tr><td>18</td><td>GB/T 70.1－2000</td><td>内六角螺钉</td><td></td><td>3</td><td>M10×80</td></tr>
<tr><td>17</td><td>CM3－100－12</td><td>下模座</td><td>HT200</td><td>1</td><td></td></tr>
<tr><td>16</td><td>CM2－100－11</td><td>下垫板</td><td>T8A</td><td>1</td><td>50—55HRC</td></tr>
<tr><td>15</td><td>CM2－100－10</td><td>顶杆</td><td>T8A</td><td>3</td><td>50—55HRC</td></tr>
<tr><td>14</td><td>CM2－100－09</td><td>凸模固定板</td><td>45</td><td>1</td><td>30—35HRC</td></tr>
<tr><td>13</td><td>CM2－100－08</td><td>压边圈</td><td>45</td><td>4</td><td>35—40HRC</td></tr>
<tr><td>12</td><td>GB/T 119－2000</td><td>圆柱销</td><td></td><td>2</td><td>ϕ 10×85</td></tr>
<tr><td>11</td><td>CM2－100－07</td><td>落料凹模</td><td>Cr12MoV</td><td>1</td><td>58—62HRC</td></tr>
<tr><td>10</td><td>CM2－100－06</td><td>卸料板</td><td>45</td><td>1</td><td>35—40HRC</td></tr>
<tr><td>9</td><td></td><td>导柱</td><td>T8A</td><td>2</td><td>56—60HRC</td></tr>
<tr><td>8</td><td></td><td>导套</td><td>T8A</td><td>2</td><td>56—60HRC</td></tr>
<tr><td>7</td><td>CM2－100－05</td><td>凸凹模固定板</td><td>45</td><td>1</td><td>30—35HRC</td></tr>
<tr><td>6</td><td>CM2－100－04</td><td>上模座</td><td>HT200</td><td>1</td><td></td></tr>
<tr><td>5</td><td>CM2－100－03</td><td>上垫板</td><td>T8A</td><td>1</td><td>50—55HRC</td></tr>
</table>

续表

	序号	图号	名称	材料	数量	备注
	4	GB/T 119－2000	圆柱销		2	ϕ 10×65
	3	GB/T 70.1－2000	内六角螺钉		3	M10×60
	2	CM2－100－02	模柄	45	1	
	1	CM2－100－01	打料杆	45	1	35—40HRC

标记	处数	分区	更改	签名	年 月 日	外壳落料拉深复合模装配图			(单位名称)
设计			标准化			阶段标记	质量	比例	
设计								1∶1	
审核									CM2－100－00
工艺			批准			共 18 张	第 1 张		

2.2.3　玻璃升降器外壳冲压模具主要零件制造

由装配图拆画模具零件图，如图 2-29～图 2-33 所示。根据模具零件图内容编制机械加工工艺规程，如表 2-11～表 2-15 所示。

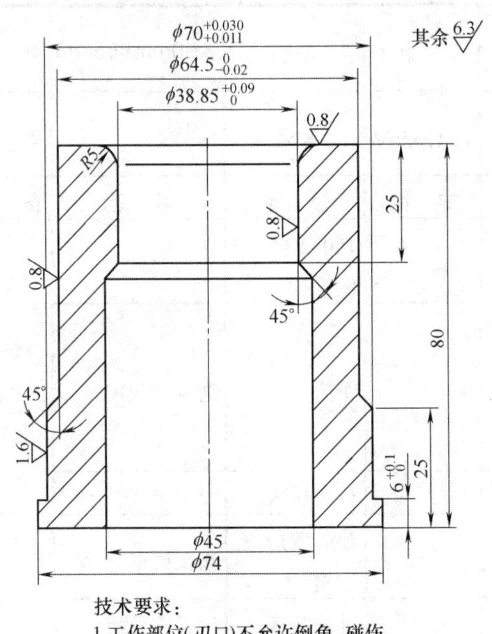

图 2-29　凸凹模

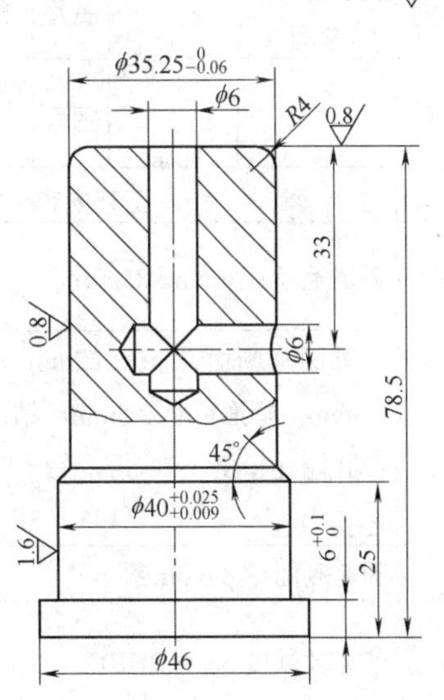

图 2-30　拉深凸模

表 2-11　凸凹模加工工艺规程卡

车间	模具制造车间	工艺规程	名称	凸凹模	数量	1	毛坯	ϕ 80mm ×85mm	共　页
编号			图号	CM2－100－16	材料	Cr12MoV	重量		第　页
序号	工艺内容					定额	设备	检验	备　注
1	锻造毛坯 ϕ 78mm×86mm						空气自由锻锤	钢板尺	
2	车外圆与内孔，ϕ 64.5mm 与 ϕ 70mm 留磨 0.5mm；端面留磨 0.5mm，内孔留磨 0.3～0.4mm，其余车到尺寸						车床	游标卡尺	
3	热处理硬度 58—62HRC						热处理炉、油槽	洛氏硬度计	
4	磨外圆与内孔至图纸尺寸，保证同轴度要求						内外圆磨床	外径、内径千分尺	
5	在车床上用合金刀和砂轮修正 *R*5mm 并抛光						车床		
编制		校对		审核			批准		

表 2-12　拉深凸模加工工艺规程卡

车间	模具制造车间	工艺规程	名称	拉深凸模	数量	1	毛坯	ϕ 80mm×85mm	共　页
编号			图号	CM2－100－13	材料	Cr12MoV	重量		第　页
序号	工艺内容					定　额	设　备	检　验	备　注
1	锻造毛坯 ϕ 50mm×85mm						150kg 自由锻锤	钢板尺	
2	车外圆与断面，ϕ 32.25mm 与 ϕ 40mm 留磨 0.5mm；端面留磨 0.5mm，钻内孔 ϕ 6mm 孔，带孔端孔口倒 60° 角，另一端打 ϕ 2.5mm 中心孔						车床	游标卡尺	
3	钳工侧面钻 ϕ 6mm 孔						台式钻床	游标卡尺	
4	热处理硬度 58—62HRC						热处理炉、油槽	洛氏硬度计	
5	磨外圆至图纸尺寸，保证同轴度要求						外圆磨床	外径千分尺	
6	在车床上用合金刀和砂轮修正 *R*4mm 并抛光						车床	R 规	
编制		校对		审核			批准		

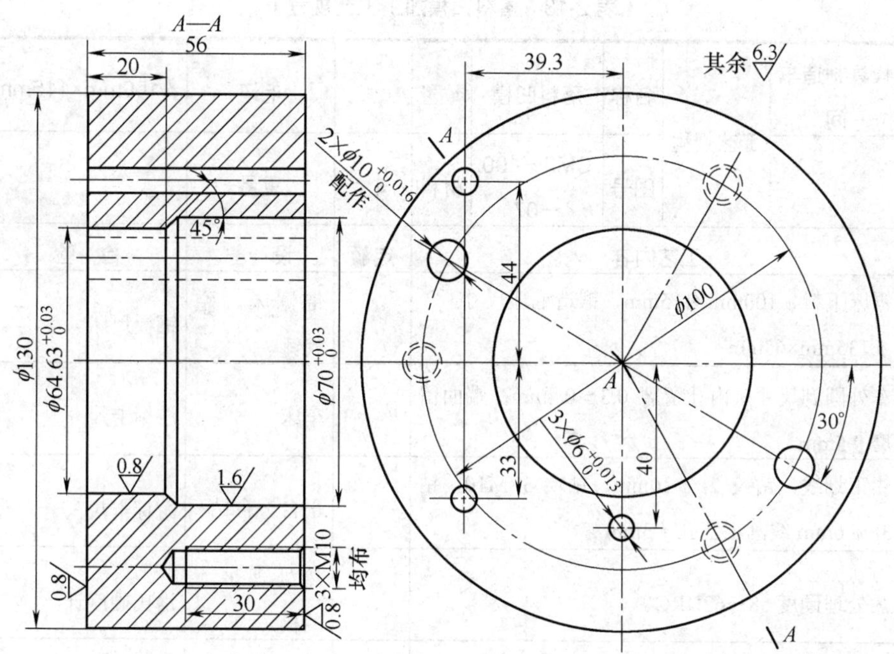

图 2-31　落料凹模

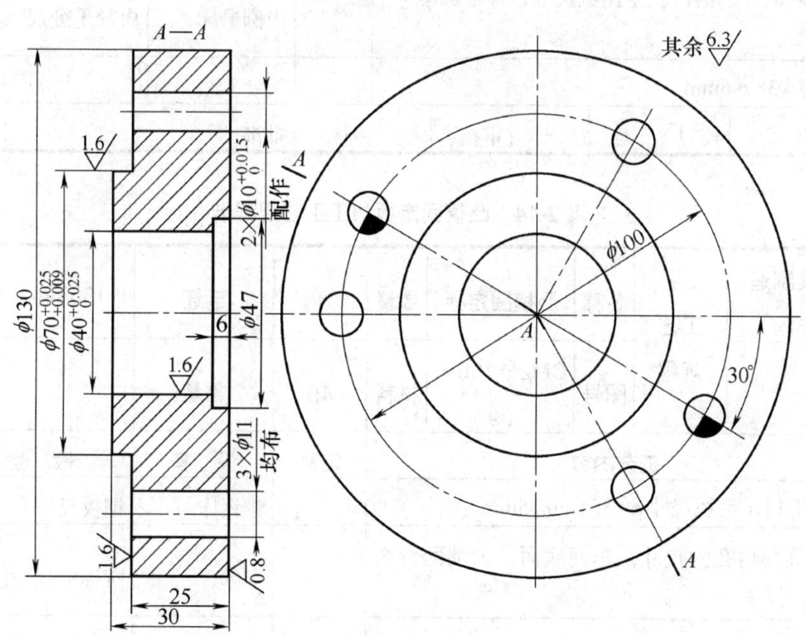

图 2-32　凸模固定板

表 2-13　落料凹模加工工艺规程卡

车间	模具制造车间	工艺规程	名称	落料凹模	数量	1	毛坯	ϕ100mm×115mm	共　页
编号			图号	CM2－100－07	材料	45	重量		第　页

序号	工艺内容	定额	设　备	检　验	备　注
1	锯床下料 ϕ100mm×115mm，锻造毛坯尺寸 ϕ135mm×63mm		带锯床、空气锤	钢板尺	
2	车外圆到尺寸，内孔留磨 0.3～0.4mm；端面留磨 0.5mm		车床	游标卡尺	
3	钳工划线，钻铰 2×ϕ10mm，钻攻 3×M10，钻 3×ϕ6mm 线割工艺孔 ϕ3mm		平台、台钻	游标卡尺	
4	热处理硬度 58—62HRC		热处理炉、油槽	洛氏硬度计	
5	先吸基准面平磨一端面，翻转磨另一端面			游标卡尺	
6	找正断面，圆磨内孔至图纸尺寸，保证圆度要求		内圆磨床	内径千分尺	
7	线切割 3×ϕ6mm		线切割机		

编制		校对		审核		批准	

表 2-14　凸模固定板加工工艺规程卡

车间	模具制造车间	工艺规程	名称	凸模固定板	数量	1	毛坯	ϕ135mm×26mm	共　页
编号			图号	CM2－100－09	材料	45	重量		第　页

序号	工艺内容	定额	设　备	检　验	备　注
1	锯床下料，毛坯尺寸 ϕ135mm×35mm		带锯床	钢板尺	
2	车外圆与内孔到尺寸；车两底面，大端面留磨 0.4mm		车床	游标卡尺	
3	平面磨床磨大端面		平面磨床		
4	钳工划线，钻 3×ϕ11mm，配钻铰 2×ϕ10mm		平台、钻床	游标卡尺	
5	热处理硬度 30—35HRC		热处理炉、油槽	洛氏硬度计	

编制		校对		审核		批准	

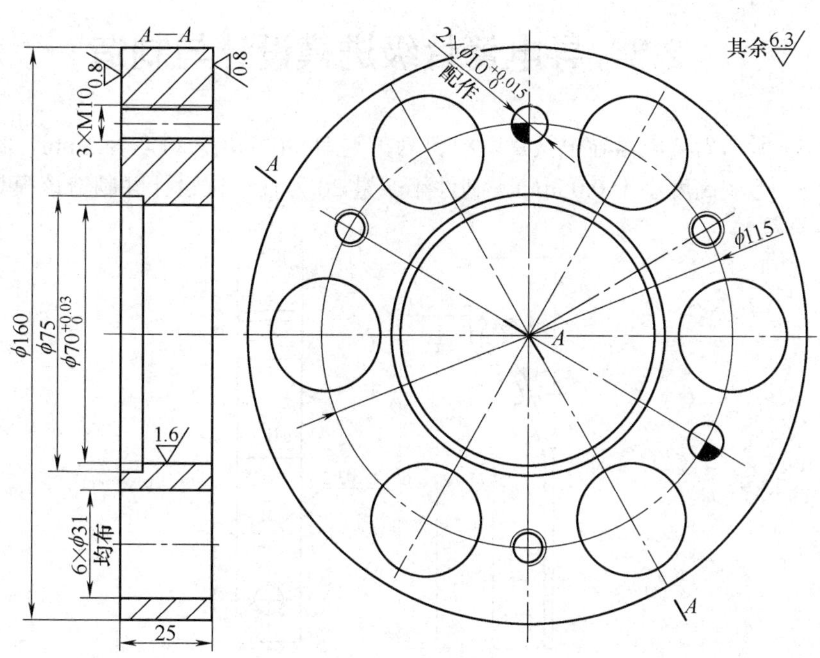

图 2-33　凸凹模固定板

表 2-15　凸凹模固定板加工工艺规程卡

<table>
<tr><td>车间</td><td>模具制造车间</td><td rowspan="2">工艺规程</td><td>名称</td><td>凸凹模固定板</td><td>数量</td><td>1</td><td>毛坯</td><td>ϕ165mm×31mm</td><td>共　页</td></tr>
<tr><td>编号</td><td></td><td>图号</td><td>CM2－100－05</td><td>材料</td><td>45</td><td>重量</td><td></td><td>第　页</td></tr>
<tr><td>序号</td><td colspan="5">工艺内容</td><td>定额</td><td>设　备</td><td>检　验</td><td>备　注</td></tr>
<tr><td>1</td><td colspan="5">锯床下料尺寸ϕ165mm×31mm</td><td></td><td>带锯床</td><td></td><td></td></tr>
<tr><td>2</td><td colspan="5">车外圆与内孔到尺寸；车两端面，留磨 0.5～0.6mm</td><td></td><td>车床</td><td>钢板尺</td><td></td></tr>
<tr><td>3</td><td colspan="5">平面磨床磨端面</td><td></td><td>平面磨床</td><td>游标卡尺</td><td></td></tr>
<tr><td>4</td><td colspan="5">钳工划线，钻攻 3×M10，配钻铰 2×ϕ10mm，钻 6×ϕ31mm</td><td></td><td>平台、钻床</td><td>游标卡尺</td><td></td></tr>
<tr><td>5</td><td colspan="5">热处理调质硬度 28—32HRC</td><td></td><td>热处理炉、油槽</td><td>洛氏硬度计</td><td></td></tr>
<tr><td>编制</td><td></td><td>校对</td><td></td><td>审核</td><td colspan="2"></td><td>批准</td><td colspan="2"></td></tr>
</table>

模具装配与试模参见“2.1.3　洗衣机异形垫圈冲压模具制造与试模”内容，此处不再赘述。

2.3 导电簧片级进模设计与制造

图 2-34 所示为某电器导电簧片，材料为黄铜 H68(半硬)，料厚为 1mm，制件尺寸精度为 IT14 级，毛刺高度小于 0.05mm，制件年产量 20 万件。试设计并制造该模具。

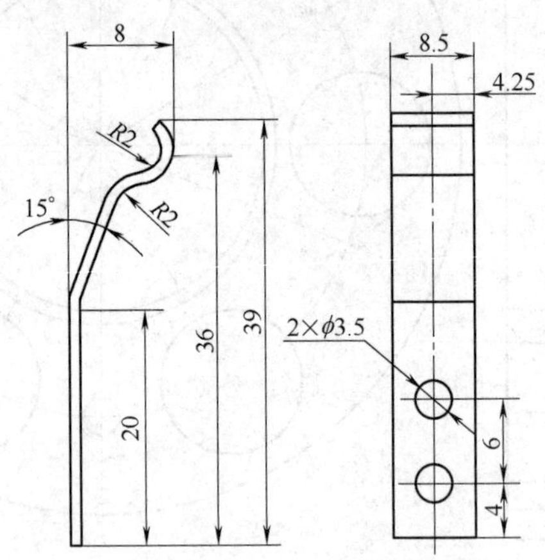

图 2-34 导电簧片

2.3.1 导电簧片工艺分析与工艺方案制定

1. 工艺分析

该制件形状简单，尺寸较小，厚度适中，中批量，属于普通冲压件，但有以下几点应注意。

(1) 2×ϕ3.5mm 两孔之间 2.25mm，孔与边距仅 2.5mm，在设计模具时应加以注意。

(2) 制件头部有 15°的非对称弯曲，控制回弹是关键。

(3) 制件较小，夹持不便，从安全角度考虑要采取适当的送件与取件方式。

(4) 有一定的批量，应重视模具材料和结构的选择，保证一定的模具寿命。

2. 工艺方案的确定

根据制件工艺性分析，基本工序有落料、冲孔和弯曲 3 种。按其先后顺序组合，有以下 5 种方案。

(1) 落料—弯曲—冲孔，单工序冲压。

(2) 落料—冲孔—弯曲，单工序冲压。

(3) 冲孔—切口—弯曲—落料，单件复合冲压。

(4) 冲孔—切口—弯曲—切断—落料，两件连冲复合。

(5) 冲孔—切口—弯曲—切断，两件连冲级进冲压。

方案(1)、(2)属于单工序冲压。由于制件生产批量较大，尺寸较小，这两种方案生产率较低，操作不安全，不宜采用。

方案(3)、(4)属于复合式冲压。由于制件结构尺寸小，壁厚小，复合模装配较困难，强度差，寿命不高；又因冲孔在前，落料在后，以凸模插入材料和凹模内进行落料，必然受到材料的切向流动压力，有可能使ϕ3.5mm 凸模侧向弯曲，因此采用复合冲压，虽然解决了操作安全性和生产率等问题，但又有新的难题，也不宜采用。

方案(5)属于级进冲压，既解决了方案(1)、(2)的问题，又不存在方案(3)、(4)的难点，故此方案较合适。

2.3.2　导电簧片级进模模具结构设计

制件材料较薄，为保证制件平整，采用弹压卸料装置，卸料板可对冲孔小凸模起导向作用和保护作用。为方便操作和取件，选用双柱可倾压力机，纵向送料。因制件薄而窄，故进距采用侧刃定位，生产率高，定位准确。

综上所述，由本书"4.3.2 节中的 2. 冷冲模弹压卸料典型组合中的 1)纵向送料典型组合"，选用弹压卸料纵向送料典型组合结构形式，对角导柱滑动导向模架。

1. 工艺设计

1) 计算毛坯尺寸

相对弯曲半径为：R/t=2/1=2mm＞0.5mm。式中，R 为弯曲半径，单位为 mm；t 为料厚，单位为 mm。

因此制件属于圆角半径较大的弯曲件，先求弯曲变形区中性层曲率半径 ρ (mm)。

中性层位置计算公式：$\rho=R+Xt$。式中，X 为由实验测定的应变中性层位移系数。

查表得应变中性层位移系数 X=2+0.38×1=2.38(mm)。

圆角半径较大(R＞0.5t)的弯曲件毛坯长度计算公式：

$$l_0=\sum l_{直}+\sum l_{弯} \qquad l_{弯}=\frac{180^\circ-\alpha}{180^\circ}\pi\rho$$

式中，l_0 为弯曲件毛坯展开长度，单位为 mm；$\sum l_{直}$ 为弯曲件各直线段长度总和，单位为 mm；$\sum l_{弯}$ 为弯曲件各弯曲部分中性层展开长度之和，单位为 mm。

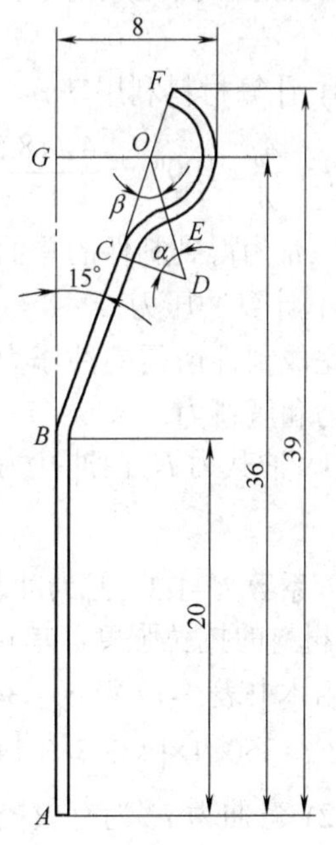

图 2-35　导电弹簧片几何关系

由图 2-35 可知：

$\sum l_{直}=\overline{AB}+\overline{BC}$；$\sum l_{弯}=\overline{CE}+\overline{EF}$

$\overline{AB}=20$mm；$\overline{BG}$=(36－20)mm=16mm；

$\overline{CD}$=(2＋1)mm=3mm；$\overline{OD}$=(2+1+2)mm=5mm；

$\overline{OC}=\sqrt{5^2-3^2}$ mm=4mm；

$\overline{BO}=\dfrac{16}{\cos 15^\circ}$ mm = 16.56mm；

$\overline{BC}=\overline{BO}-\overline{OC}$=(16.56−4)mm=12.56mm

β=arccos 4/5=36.87°；α=90°−36.87°=53.13°

则 l_0=$l_{直}$+$l_{弯}$=32.56+8.14=40.7mm，圆整为41mm。

2) 画排样图

因 2×ϕ3.5mm 的孔壁距较小，考虑到凹模强度，将两小孔分两步冲出，冲孔与切口工序之间留一空位工步，故该制件需 6 个工步完成。

切断工序中工艺废料的标准值、切口工序中工艺废料的标准值、条料宽度公差$\varDelta$、侧刃冲裁的条料的口宽 F，查表得到以下参数：F=1.5mm，S=3.5mm，$\varDelta$=0.5mm，C=3mm(考虑到凸模强度，实取 C=5mm)。

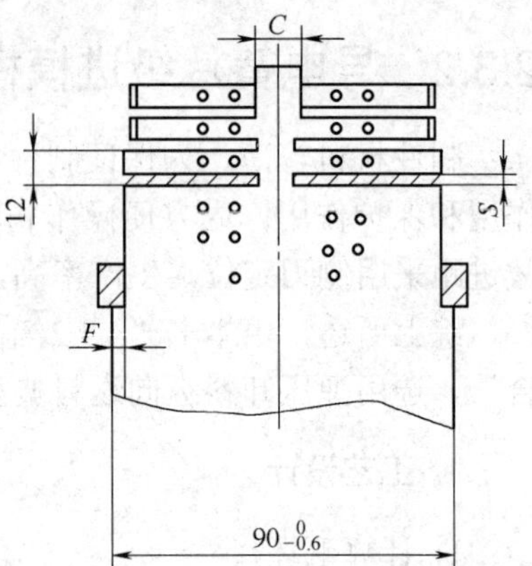

图 2-36　零件排样图

采用侧刃条料宽度尺寸公式：$B=(L+1.5a+nF)_{-\varDelta}^{\ 0}$，得条料宽度 B。

$$\sum l_{直}=(20+12.56)\text{mm}=32.56(\text{mm})$$

$$\sum l_{弯}=\pi\rho\left(\frac{53.13^{\circ}}{180^{\circ}}+\frac{180^{\circ}-36.87^{\circ}}{180^{\circ}}\right)\text{mm}=8.14\text{mm}$$

B=(2l_0+C+2F)=(2×41+5+2×1.5)=90mm，代入公差值，取 $B=90_{-0.5}^{\ 0}\text{mm}$。

由上面分析与计算，画出排样图，如图 2-36 所示。

查本书表 7-9 选板料规格：

1500mm×600mm×1mm，每块可剪 600mm×90mm 规格条料 16 条，材料剪裁利用率达 96%。

3) 计算材料利用率η

$$\eta=\frac{A_0}{A}\times100\%=\frac{41\times8.5\times2}{12\times9}\times100\%=65\%$$

式中，A_0为得到制件的总面积；A 为各步距的条料面积(L×B)。

4) 计算冲压力

完成制件所需的冲压力由冲裁力、弯曲力及卸料力、推料力组成，不需计算弯曲时的顶料力和压料力。

(1) 冲裁力 $F_{冲}$ 由冲孔力、切口力、切断力和侧刃冲压力 4 部分组成。

$$F_{冲}=KLt\tau \text{ 或 } F_{冲}=Lt\sigma_b$$

式中，系数 K=1.3；L 为冲裁周边长度，单位为 mm；τ 为材料的抗剪强度，单位为 MPa；σ_b 为材料的抗拉强度，单位为 MPa。

由本书表 7-17 得 σ_b=343MPa(为计算方便，圆整为 350MPa)。

$F_{冲}$=350×1×[4×3.5×3.14+2×(3.5+41×2)+2×(12+1.5)+2×8.5+5]=92393(N) ≈92.4(kN)

(2) 弯曲力 $F_{弯}$为有效控制回弹，采用校正弯曲。

$F_{弯}$=Ap=2×8.5×39×60=39780 ≈39.8(kN)

式中，p 为单位校正压力，单位为 MPa；A 为工件变形区投影面积，单位为 mm。

(3) 卸料力 $F_{卸}$ 和推料力 $F_{推}$ 的计算。

$F_{卸}=K_{卸}\ F_{冲}$=0.05×92.4=4.62(kN)

$F_{推}=K_{推}\ F_{冲}=5\times0.05\times92.4=23.1(kN)$

总冲压力 $F=F_{冲}+F_{弯}+F_{卸}+F_{推}=(92.4+39.8+4.62+23.1)=159.92(kN)$

(4) 初选压力机。

查本书表 8-5 开式双柱可倾压力机(部分)参数，初选压力机型号规格为 J23－25。

(5) 压力中心计算。

本例由于图形规则，两件对排，左右对称，故采用解析法求压力中心较为方便。建立坐标系如图 2-37 所示。

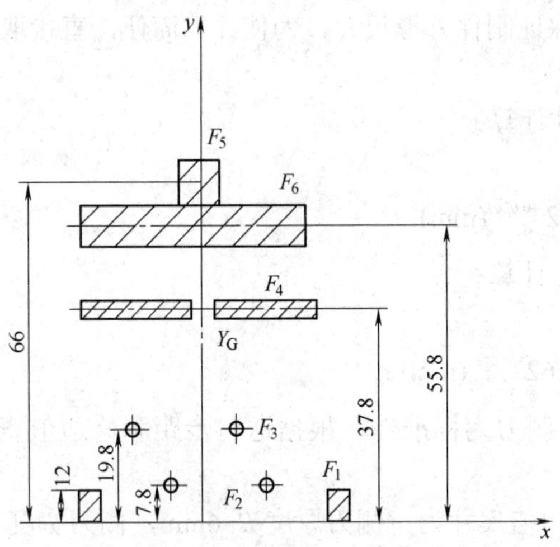

图 2-37　冲模压力中心

因为左右对称，所以 $X_G=0$，只需求 Y_G。

根据合力矩定理有

$$Y_G=\frac{Y_1F_1+Y_2F_2+Y_3F_3+Y_4F_4+Y_5F_5+Y_6F_6}{F_1+F_2+F_3+F_4+F_5+F_6}$$

$$=\frac{2\times1\times350\times(6\times12+7.8\times3.5\times3.14+19.8\times3.14\times3.5)}{(93.1+39.8)\times1000}\text{mm}$$

$$+\frac{37.8\times(3.5+2\times41.5^{*})+66\times(8.5+2)+55.8\times39800}{(93.1+39.8)\times1000}\text{mm}$$

$$=\frac{4877430}{132900}\text{mm}=36.7\text{mm}\approx37(\text{mm})$$

上式中注有*的尺寸比制件展开毛坯尺寸大 0.5mm，目的是避免在切口工序时模具或条料的误差引起制件边缘毛刺的增大。

(6) 计算凸、凹模刃口尺寸。

该制件形状简单，按互换加工法计算刃口尺寸。

查材料抗剪强度与间隙值的关系表及规则形状(圆形、方形)冲裁凸、凹模的制造公差表。

Z_{min}=0.12mm，Z_{max}=0.20mm，δ_p=0.020mm，δ_d=0.020mm。

$\delta_p+\delta_d$=0.020+0.020=0.040(mm)

$Z_{min}-Z_{max}$=0.20−0.12=0.08(mm)

满足 $\delta_p+\delta_d \leqslant Z_{min}-Z_{max}$，所以可用分注尺寸法计算。

查冲模磨损系数表，得 X=0.5；ϕ3.5 孔的 IT14 级公差值 Δ=0.30mm。

① 冲孔凸模、凹模刃口尺寸计算：

$d_p=(d_{min}+x\Delta)_{-\delta_d}^{\ 0}=(3.5+0.5\times0.30)_{-0.020}^{\ 0}=3.65_{-0.020}^{\ 0}$ (mm)

$d_d=(d_p+Z_{min})_{\ 0}^{\delta_d}=(3.65+0.12)_{\ 0}^{+0.020}=3.77_{\ 0}^{+0.020}$ (mm)

② 切口和切断刃口尺寸：在切口和切断工序中，凸、凹模只在 3 个方向与板料作用使之分离，由排样图 2-36 知，尺寸 C 和 S 既不是冲孔尺寸也不是落料尺寸，要正确控制 C 和 S 两个尺寸才能间接保证制件外形尺寸，为使计算简便，直接取 C 和 S 值为凸模基本尺寸，间隙取在凹模上。

切断凸模和凹模尺寸计算：

$d_p=5_{-0.020}^{\ 0}$ (mm)

$d_d=(5+0.12)_{\ 0}^{+0.020}=5.12_{\ 0}^{+0.020}$ (mm)

切口凸模和凹模尺寸计算：

$d_p=3.5_{-0.020}^{\ 0}$ (mm)

$d_d=(3.5+0.12)_{\ 0}^{+0.020}=3.62_{\ 0}^{+0.020}$ (mm)

③ 侧刃尺寸计算：侧刃为标准件，根据送料步距和修边值查侧刃值表，按标准取侧刃尺寸。

查表 4-24 得侧面切口值尺寸为：侧刃厚度 B=6mm，侧刃宽度 S=步距=12mm。

间隙取在凹模上，故侧刃孔口尺寸为：$B=6.12_{\ 0}^{+0.020}$ mm，$L=12.12_{\ 0}^{+0.020}$ mm。

2. 模具零件关键尺寸确定

1) 凹模各孔口位置尺寸

本例中这类尺寸较多，包括两侧刃孔位置尺寸、4 个小孔位置尺寸、两切口模孔位置及切断孔口位置尺寸。本例送进工步数为 6，工步累积误差较大，会造成凸、凹模间隙不均，影响冲裁质量和模具寿命，故而应将模具制造精度提高。考虑到加工经济性，在送料方向的尺寸按 IT7 级制造，其他位置尺寸按 IT8～IT9 级制造，凸模固定板与凹模配制，具体尺寸参照图 2-38。

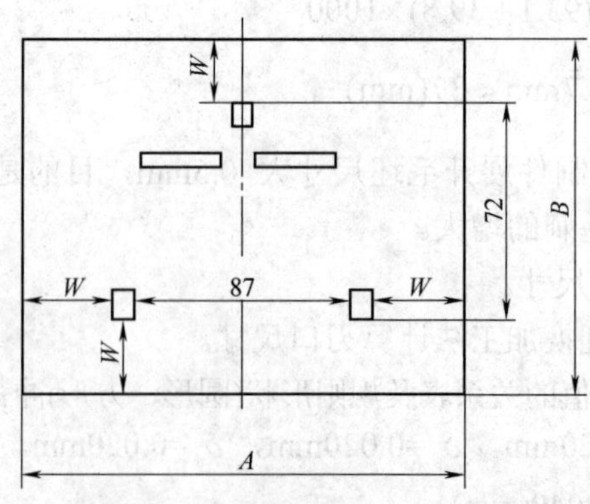

图 2-38　凹模孔口到凹模周界尺寸

2) 卸料板各孔口尺寸

卸料板各型孔应与凸模保持 $0.5Z_{min}$ 间隙，并且卸料板应有导向装置，有利于保护凸、凹模刃口不被“啃”伤，参见图 2-45 所示的卸料板各尺寸。

3) 凸模固定板固定孔尺寸

凸模固定板各孔与凸模配合，通常按照 H7/n6 或 H7/m6 选取，本例选 H7/n6 配合。查公差表得各孔尺寸公差，如图 2-46 所示。

4) 回弹值

由工艺分析可知，制件弯曲回弹影响最大的部位是在 15° 角处，R/t=2＜5。此处属小圆角 V 形弯曲，只考虑回弹值。回弹值可查相关图表进行估算。如手边无该种材料的回弹值数据，也可根据材料的 σ_b 值，查与其相近材料的回弹值作为参考。弯曲后由于回弹，角度小于 15° 。但回弹值不会很大，故弯曲凸、凹模均可按制件基本尺寸标注，在试模后若尺寸变化，应做修整，直到尺寸符合图纸要求。

3. 填写冲压工艺卡

按表 2-16 的要求，将以上有关结果、数据填入。

表 2-16　冲压工艺卡

标记		产品名称	电器元件	冷冲压工艺规程卡		零件名称	导电簧片	年产量	第 1 页
		产品图号				零件图号		80 万件	共 1 页
材料牌号及技术条件		H68(半硬)	毛坯形状及尺寸			选用板料 1500mm×600mm×1mm 横裁尺寸 600mm×90mm×1mm			
工序号	工序名称	工序草图		工装名称及图号	设　备	检验要求			备　注
1	下料	600mm×90mm			Q11.6×2500				
2	多工位冲压	8　R2　R2　15°　36　39　20		冲孔弯曲级进模 CM3—100	J23—25	按草图检验			冲孔、切口、弯曲、切断连续冲压

续表

工序号	工序名称	工序草图	工装名称及图号	设 备	检验要求	备 注
2	多工位冲压	8.5 4.25 2×ϕ3.5 6 4.6	冲孔弯曲级进模 CM3—100	J23—25	按草图检验	冲孔、切口、弯曲、切断连续冲压
3	检验		游标卡尺、专用检具	125mm	按产品零件图做最终检验	

原底图总号		日期		更改标记						编制		校对	核对
				文件号						姓名			
底图总号		签字		签字						签名			
				日期						日期			

4. 模具工作零件设计

1) 凹模设计

(1) 材料选择。

制件形状简单，虽有 6 个工步，但总体尺寸并不大，选用整体式矩形凹模较为合理。生产批量较大，应选用具有较高硬度和强度及耐磨性的材料，查表 7-1，选用 Cr12MoV 材料较合适。

(2) 确定凹模厚度 H 值。

$H=Kb=0.22\times(41+41)=18.04$mm，圆整为 20mm。

(3) 确定凹模周界尺寸 $A\times B$。

凹模孔口轮廓线为直线时：$W=1.5H=1.5\times20=30$(mm)。

由图 2-38 得：$A=87+2\times6+2W=87+12+2\times30=159$(mm)

$B=72+2W=72+2\times30=132$(mm)

由表 4-35 矩形凹模标准，可查到靠近的凹模周界尺寸为 160mm×140mm×20mm。

2) 选择模架及确定其他零件尺寸

选用导向较好的对角导柱模架，由凹模周界尺寸，查本书表 3-14，模架闭合高度为 140～170mm，标记为 160×140×170(GB/T 2851.1－2008)，根据此标准画出模架图。

5. 模具整体结构设计

按第 1 章模具装配图的绘制要求，设计并绘制装配图，如图 2-39 所示。填写标题栏与明细表，如表 2-17 所示。

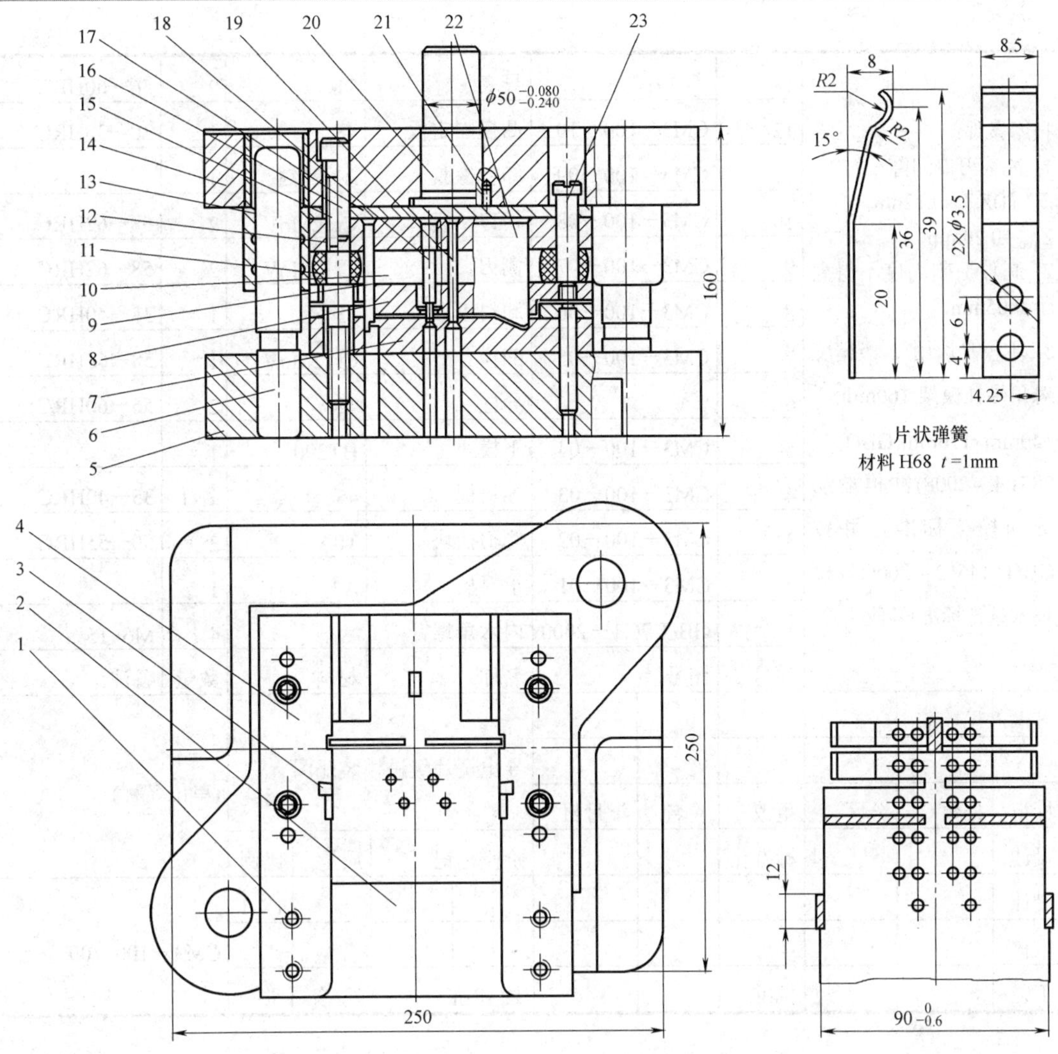

图 2-39　导电簧片装配图

表 2-17　导电簧片冲压模标题栏与明细表

技术条件：	23	CM3－100－17	卸料螺钉	45	4	35—40HRC
1. 冲裁刃口间隙	22	CM3－100－16	压弯凸模	Cr12MoV	1	58—62HRC
(双面)Z_{min}=0.12nm，	21	GB/T 119－2000	圆柱销		1	ϕ 4×10
Z_{max}=0.20mm。	20	CM3－100－15	模柄	45	1	
2. 制件毛刺高度不得大于 0.05mm。	19	CM3－100－14	切断凸模	Cr12MoV	1	58—62HRC
3. 本模具选用 I 级精度	18	CM3－100－13	冲孔凸模	Cr12MoV	4	58—62HRC
对角导柱模架 160mm×	17	CM3－100－12	上垫板	T8A	1	50—55HRC
140mm×170mm(GB/T 2851.1—2008)冲模滑动	16	GB/T 119－2000	圆柱销		4	ϕ 8×50
导向模架标准，并按	15	GB/T 70.1－2000	内六角螺钉		8	M10×45
GB/T 14662—2006(冲模技术条件标准)验收	14	CM3－100－11	上模座	HT200	1	

续表

技术条件：

1. 冲裁刃口间隙(双面)Z_{min}=0.12nm，Z_{max}=0.20mm。
2. 制件毛刺高度不得大于0.05mm。
3. 本模具选用Ⅰ级精度对角导柱模架160mm×140mm×170mm(GB/T 2851.1—2008)冲模滑动导向模架标准，并按GB/T 14662—2006(冲模技术条件标准)验收

序号	图号	名称	材料	数量	备注
13		导套	T8A	2	56—60HRC
12	CM3－100－10	凸模固定板	45	1	30—35HRC
11	CM3－100－09	卸料橡胶	耐油橡胶	1	
10	CM3－100－08	切口凸模	Cr12MoV	2	58—62HRC
9	CM3－100－07	侧刃	Cr12MoV	2	58—62HRC
8	CM3－100－06	卸料板	45	1	35—40HRC
7	CM3－100－05	凹模	Cr12MoV	1	58—62HRC
6		导柱	T8A	2	56—60HRC
5	CM3－100－04	下模座	HT200	1	
4	CM3－100－03	导料板	45	各1	35—40HRC
3	CM3－100－02	侧刃挡块	T8A	2	50—55HRC
2	CM3－100－01	承料板	A3	1	
1	GB/T 70.1－2000	内六角螺钉		4	M6×15

标记	处数	分区	更改	签名	年月日	导电簧片级进模装配图			(单位名称)
设计			标准化			阶段标记	质量	比例	
设计								1∶1	
审核									CM3－100－00
工艺			批准			共18张	第1张		

2.3.3 导电簧片级进模零件制造与装配及试模

1. 模具零件设计与制造

按第1章模具零件图的绘制要求，由装配图拆画零件图，如图2-40～图2-46所示。编制机械加工工艺，参见表2-18～表2-24。零件加工后，经测量合格，根据装配图组装模具，选压力机J23－25，上机安装试模。检查冲压件尺寸、公差及毛刺，各项指标合格后，配做上下模ϕ8销钉。

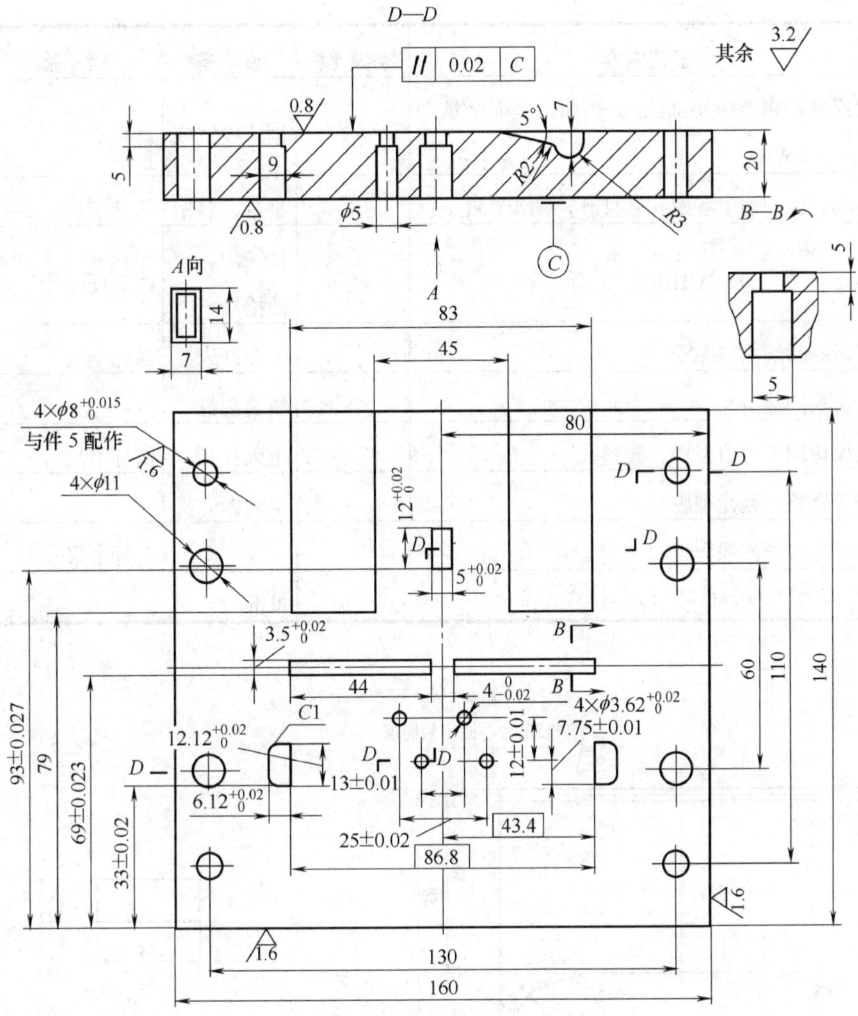

技术要求：

1. 弯曲型槽深度尺寸 7mm 和15°斜面待试弯后修正，试弯合格后凹模淬硬。
2. 刃口不允许倒角、碰伤，未注明圆角为 $R1$，未注明倒角均为 $C1$。
3. 其余按 JB T1653—1994 条件验收。

图 2-40　凹模

表 2-18　凹模加工工艺规程卡

车间	模具制造车间	工艺规程	名称	凹模	数量	1	毛坯	166mm×146mm×25mm	共　页
编号			图号	CM3－100－05	材料	Cr12MoV	重量		第　页
序号	工艺内容					定　额	设　备	检　验	备　注
1	锻造毛坯 166mm×146mm×25mm						150kg 自由锻锤	钢板尺	

续表

序号	工艺内容	定　额	设　备	检　验	备　注
2	刨或铣：粗、半精加工 6 个面，单面余量为 0.3～0.4mm		刨床或铣床	游标卡尺	
3	钳工划线，加工各螺孔、型孔，钻铰销孔		平台、台钻	游标卡尺	
4	热处理硬度 58—62HRC		加热炉、油槽	洛氏硬度计	
5	平面磨两端面至图纸尺寸		平面磨床	游标卡尺	
6	线切割冲裁型孔		线切割机		
7	电火花加工弯曲型槽、漏料孔		电火花机	游标卡尺	
8	钳工修整、抛光型腔		电动抛光机		
9	按图样检验外观与尺寸			游标卡尺	
编制	校对	审核	批准		

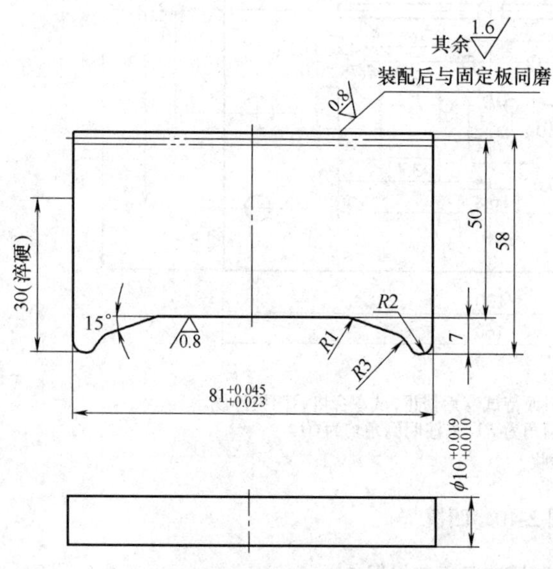

图 2-41　弯曲凸模

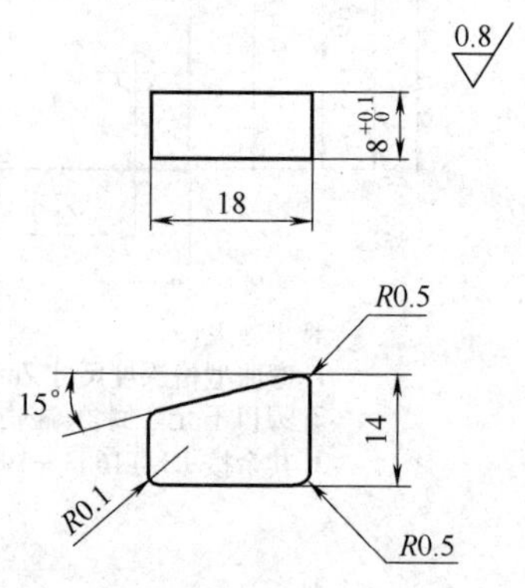

图 2-42　侧刃挡块

表 2-19　弯曲凸模加工工艺规程卡

车间	模具制造车间	工艺规程	名称	压弯凸模	数量	1	毛坯	ϕ50mm×45mm	共　页
编号			图号	CM3－100－16	材料	Cr12MoV	重量		第　页
序号	工艺内容					定　额	设　备	检　验	备　注
1	锻造毛坯 88mm×65mm×15mm						自由锻锤	钢板尺	
2	刨或铣：粗、半精加工 6 个面，单面余量为 0.3～0.4mm						刨床或铣床	游标卡尺	
3	热处理硬度 58—62HRC，尾部退火 30—35HRC						加热炉、油槽	洛氏硬度计	
4	平面磨 6 面，高度 58mm，留 2～3mm 线切割余量，其他磨到尺寸						平面磨床	游标卡尺	
5	线切割弯曲成形部位						线切割机		
编制		校对		审核			批准		

表 2-20　侧刃挡块加工工艺规程卡

车间	模具制造车间	工艺规程	名称	侧刃	数量	2	毛坯	ϕ30mm×20mm	共　页
编号			图号	CM3－100－07	材料	T8A	重量		第　页
序号	工艺内容					定额	设　备	检　验	备　注
1	锻造毛坯 35mm×22mm×12mm						自由锻锤	钢板尺	
2	刨或铣：粗加工 6 个面至 30mm×18mm×8.5mm						刨床或铣床	游标卡尺	
3	热处理硬度 50—55HRC						加热炉、油槽	洛氏硬度计	
4	平面磨，8.5～8mm						平面磨床	游标卡尺	
5	线切割外形						线切割机		
编制		校对		审核			批准		

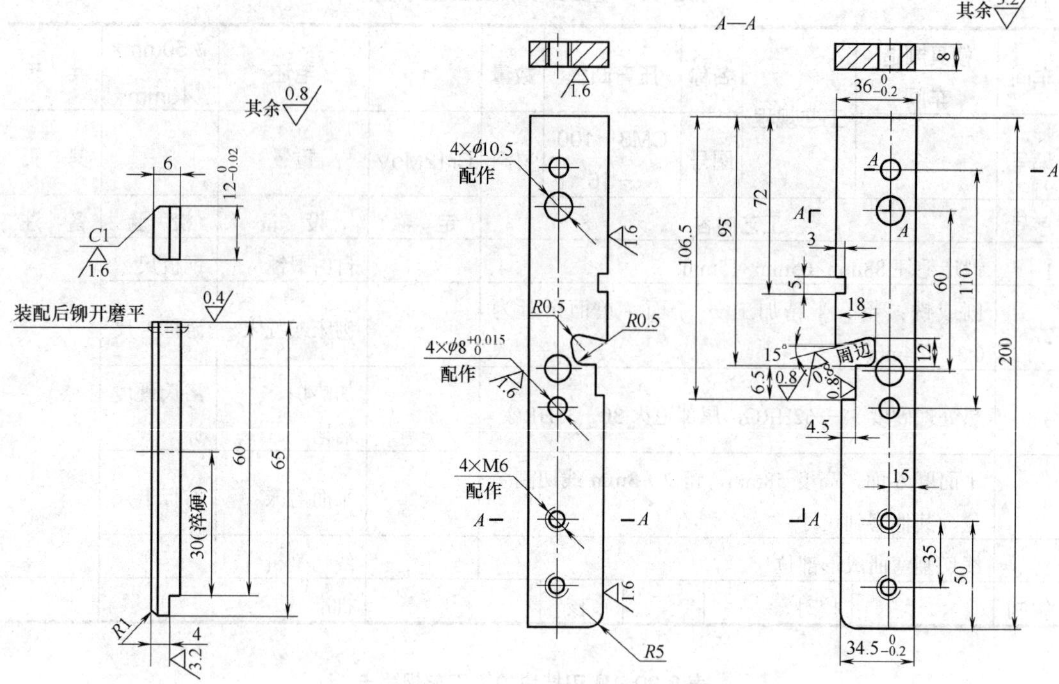

技术要求：

1. 与凸模固定板按 H7/n6 配合；
2. 热处理硬度为58—62HRC；
3. 其余按 JB/T 1653—1994 条件验收。

图 2-43　侧刃

技术要求：

1. 侧刃挡块缺口 (15°角处) 与斜刃成 H7/m6 配合；
2. 未注圆角均为 R0.2，倒角为 C0.5；
3. 其余按 JB/T 1653—1994 条件验收。

图 2-44　导料板

表 2-21　侧刃加工工艺规程卡

车间	模具制造车间	工艺规程	名称	侧刃	数量	2	毛坯	φ 30mm×36mm	共　页
编号			图号	CM3－100－07	材料	Cr12MoV	重量		第　页
序号	工艺内容					定　额	设　备	检　验	备　注
1	锻造毛坯 78mm×20mm×16mm						自由锻锤	钢板尺	
2	刨或铣：粗、半精加工 6 个面至 75mm×16mm×12.4mm						刨床或铣床	游标卡尺	
3	热处理硬度 58—62HRC，尾部退火 30—35HRC						加热炉、油槽	洛氏硬度计	
4	平面磨 12.4mm 两面至图纸要求						平面磨床	游标卡尺	
5	线切割外形						线切割机		
6	装配后尾部铆开磨平								
编制		校对		审核			批准		

表 2-22　导料板加工工艺规程卡

车间	模具制造车间	工艺规程	名称	导料板	数量	各 1	毛坯	205mm×40mm×12mm	共　页
编号			图号	CM3－100－03	材料	45	重量		第　页

序号	工艺内容	定额	设　备	检　验	备　注
1	等离子切割机开料 205mm×40mm×12mm		等离子切割机	卷尺	
2	刨或铣：加工 6 个面，厚度 12mm，两面留余量为 0.6～0.7mm		刨床或铣床	游标卡尺	
3	平面磨底面，留二次磨量 0.4～0.5mm		平面磨床	游标卡尺	
4	钳工画线，作各孔，销孔配钻铰		平台、钻床	游标卡尺	
5	热处理硬度 30—35HRC，校直		加热炉、油槽	洛氏硬度计	
6	平面磨底面 8mm		平面磨床	游标卡尺	
7	线切割缺口部位		线切割机		
编制		校对	审核	批准	

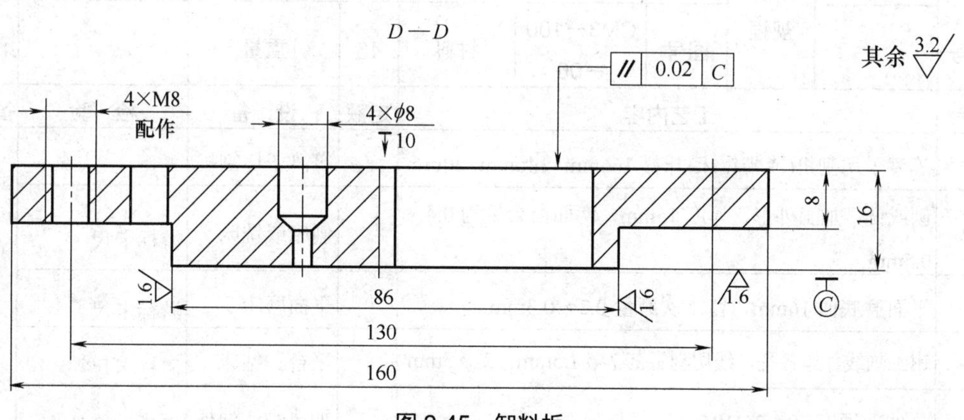

图 2-45　卸料板

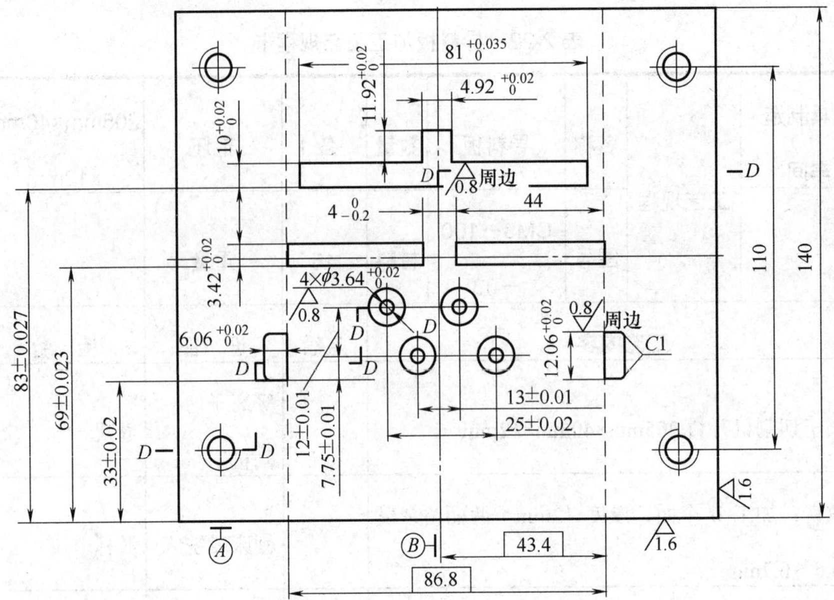

技术要求：

1. 未注明圆角为 $R1$，未注明倒角均为 $C1$；
2. C 面工作型孔不允许倒角；
3. 各型孔对基准 A、B 的位置度公差均为 0.02，对 C 的垂直度公差为 0.02；
4. 热处理硬度 35—40HRC；
5. 其余按 JB/T 7653—1994 条件验收。

图 2-45　卸料板(续)

表 2-23　卸料板加工工艺规程卡

车间	模具制造车间	工艺规程	名称	卸料板	数量	1	毛坯	166mm×146mm×20mm	共　页
编号			图号	CM3－100－06	材料	45	重量		第　页
序号	工艺内容					定额	设　备	检　验	备　注
1	等离子切割机(或带锯床)开料 166mm×146mm×20mm						等离子切割机	卷尺	
2	刨或铣：加工外形，厚度 15mm，两面留余量为 0.4～0.5mm						刨床或铣床	游标卡尺	
3	平面磨底面 16mm，留二次磨量 0.2～0.3mm						平面磨床	游标卡尺	
4	钳工画线，作各孔，线切割工艺 7-ϕ 1.5mm，2-ϕ 3mm						平台、钻床	游标卡尺	
5	热处理硬度 30—35HRC						加热炉、油槽	洛氏硬度计	
6	平面磨底面至 16mm						平面磨床	游标卡尺	
7	线切割各孔						线切割机		
编制		校对		审核			批准		

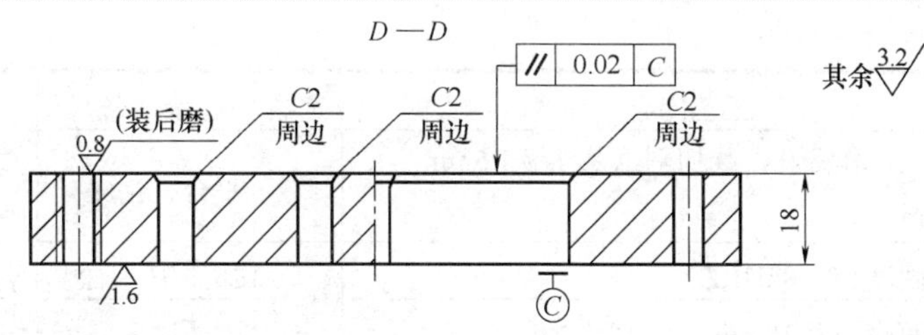

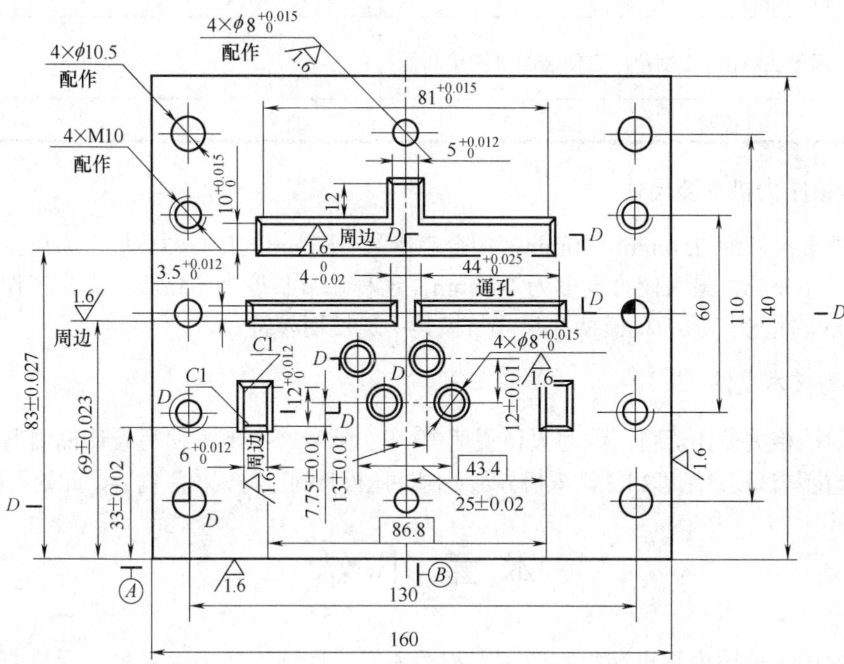

技术要求：

1. 未注明圆角为 *R*1，未注明倒角均为 *C*1；
2. 各凸模安装孔对基准 *A*、*B* 的位置公差均为 0.02，对 *C* 垂直度公差为 0.02；
3. 其余按 JB/T 7653—1994 条件验收。

图 2-46　凸模固定板

表 2-24　凸模固定板加工工艺规程卡

车间	模具制造车间	工艺规程	名称	凸模固定板	数量	1	毛坯	166mm×146mm×24mm	共　页
编号			图号	CM3—100—10	材料	45	重量		第　页
序号	工艺内容					定额	设　备	检　验	备　注
1	等离子切割机(或带锯床)开料 166mm×146mm×24mm						等离子切割机	卷尺	
2	刨或铣：加工外形，厚度 15mm，两面留余量为 0.4～0.5mm						刨床或铣床	游标卡尺	
3	平面磨底面 18mm，留二次磨量 0.2～0.3mm						平面磨床	游标卡尺	

续表

序号	工艺内容	定额	设 备	检 验	备 注
4	钳工画线，作各孔，线切割工艺 7-ϕ 1.5mm，2-ϕ 3mm		平台、钻床	高度尺、游标卡尺	
5	热处理硬度 30—35HRC		加热炉、油槽	洛氏硬度计	
6	平面磨两底面至 18mm		平面磨床	游标卡尺	
7	线切割各型孔		线切割机		
8	钳工用磨头修出 *C*2 倒角，方便装配时铆接凸模		气动或电动工具		
编制	校对	审核	批准		

2. 校核压力机安装尺寸

模座外形尺寸为 250mm×230mm，闭合高度为 160mm。J23－25 型压力机工作台尺寸为 370mm×560mm，最大闭合高度为 270mm，连杆调节长度为 55mm，需在工作台上加装 50～100mm 的垫板，压力机模柄孔尺寸与模具所选模柄相符。

3. 编写技术文件

整理归档相关设计资料，编写设计说明书(在实际生产中不需编写设计说明书)。

模具装配与试模参见“2.1.3 洗衣机异形垫圈冲压模具制造与试模”内容，此处不再赘述。

本 章 小 结

本章简述了冲压模具设计与制造实训相关内容，详细论述了洗衣机异形垫圈冲压模具设计与制造、汽车升降器落料拉深模具设计与制造、导电簧片级进模设计与制造，使学生对冲压模具设计与制造有了一定的理解。通过本章的学习，引导学生能独立设计与制造中等复杂程度的冲压模具。

思考与练习

一、简答题

1. 为什么要对冲压零件进行工艺分析？
2. 为什么要对初选压力机进行校核？
3. 模具试模合格后，为什么要对上、下模配做销钉？
4. 冲模装配有哪些注意事项？
5. 冲模试模有哪些注意事项？

二、分析题

说出图 2-47～图 2-50 所示的冲压模具各零件的名称、作用及材料、热处理要求，并简述模具工作原理。

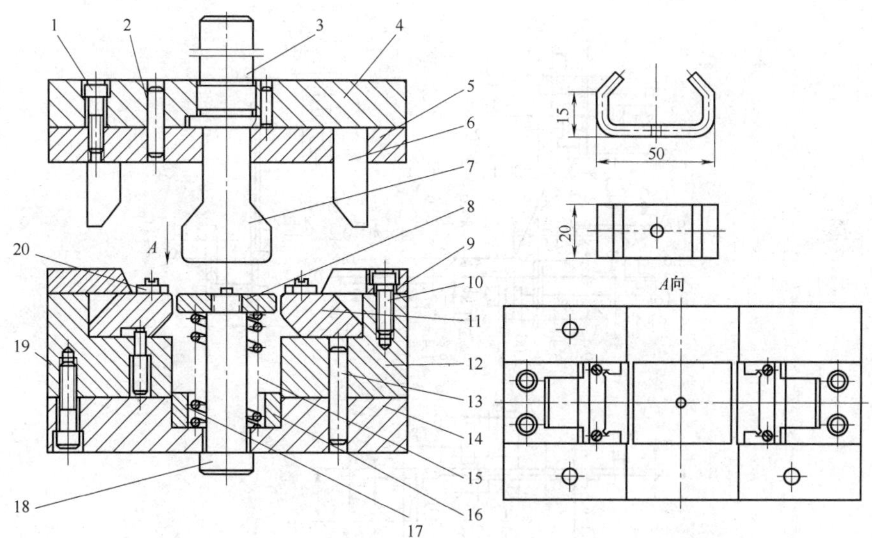

图 2-47　支架弯曲模

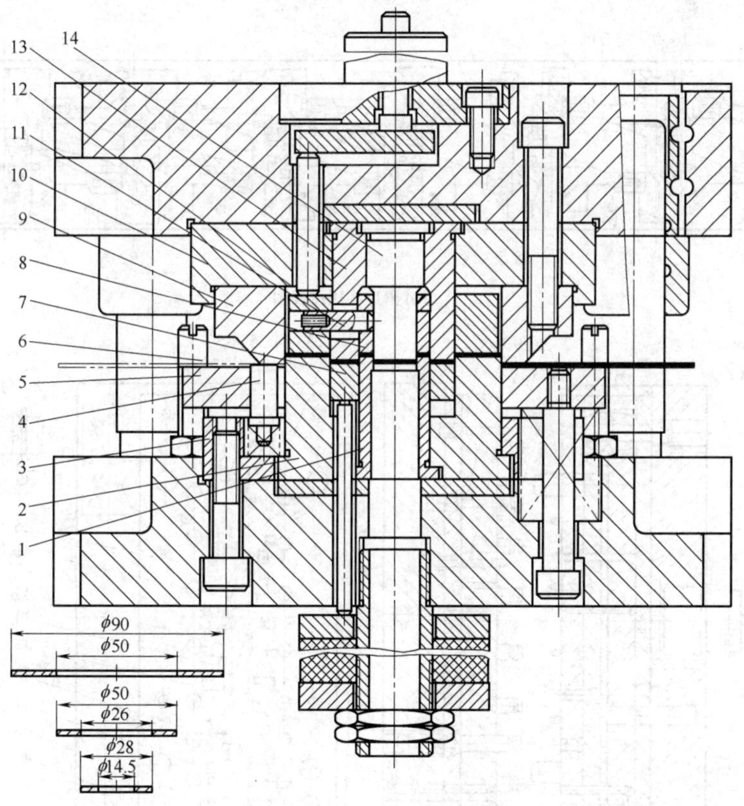

图 2-48　三垫圈复合冲模

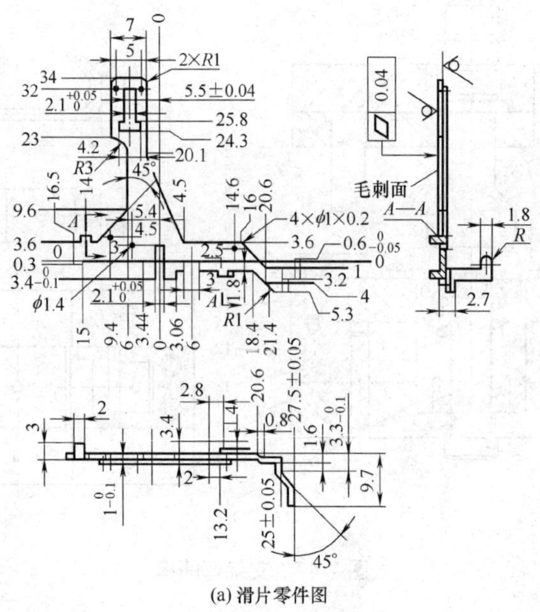

(a) 滑片零件图

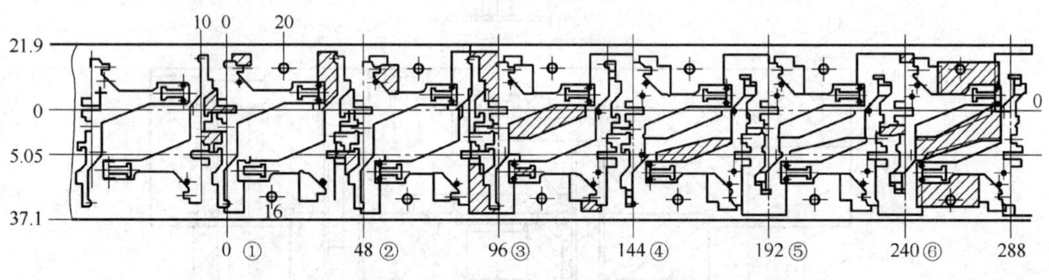

(b) 滑片冲压排样图

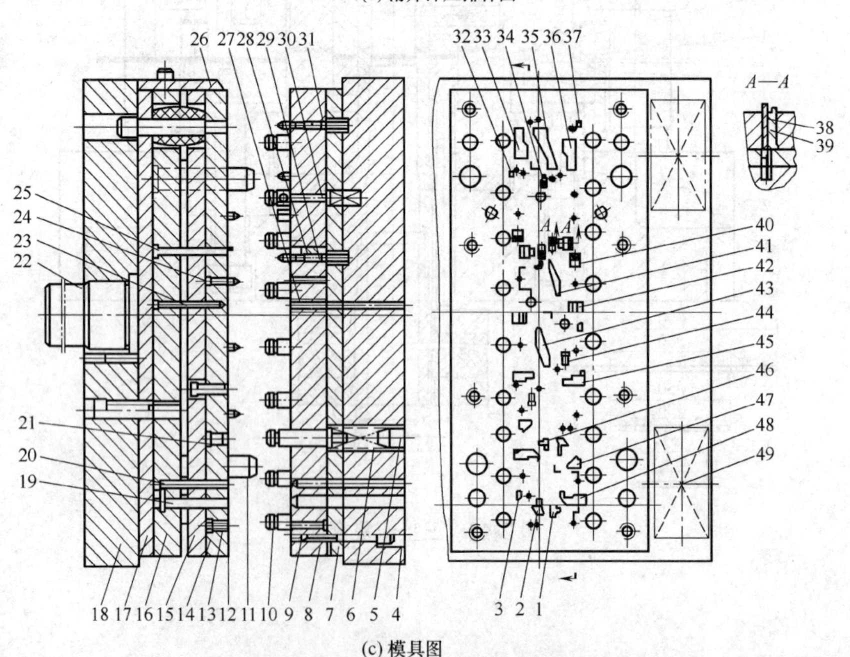

(c) 模具图

图 2-49　滑片冲压排样与多工位级进模

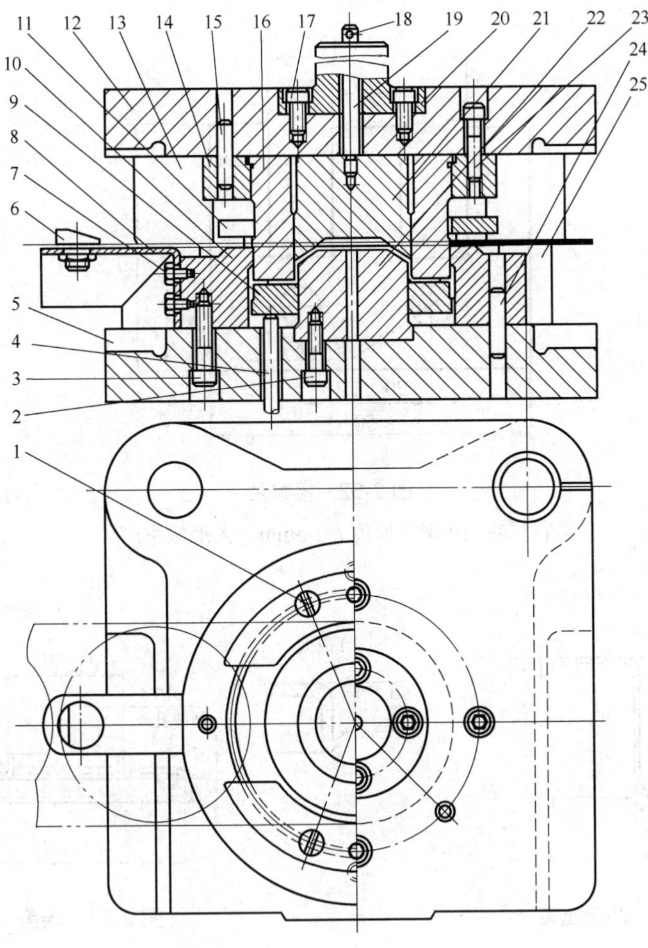

图 2-50　罩盖落料拉深模

三、综合应用题

设计如图 2-51～图 2-54 所示零件的冲压模具，并编制工作零件及固定板、卸料板机械加工工艺规程。

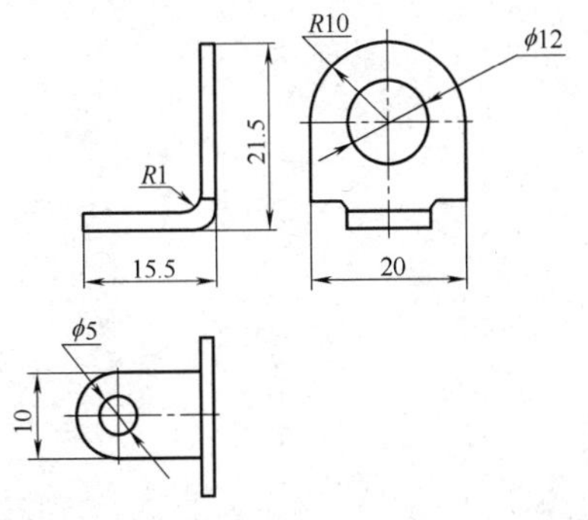

图 2-51　铁芯冲片

（材料：D21 硅钢片，厚度 t=0.5mm，大批量生产）

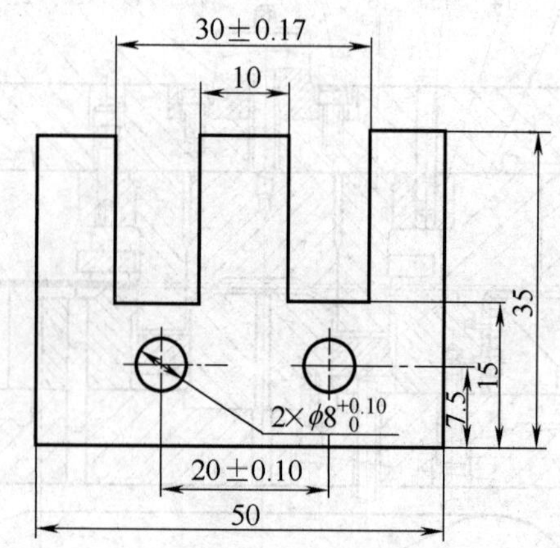

图 2-52　接触片

(材料：10 钢，厚度 t=1.5mm，大批量生产)

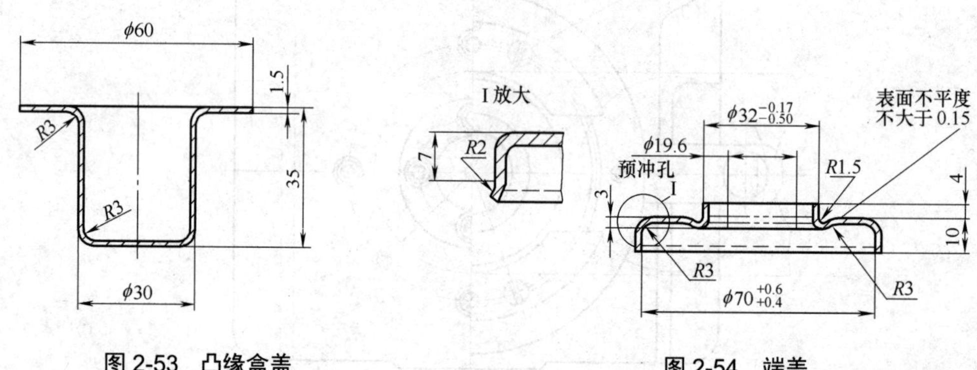

图 2-53　凸缘盒盖

(材料：Q235，厚度 t=1.5mm，大批量生产)

图 2-54　端盖

(材料：08F 钢，厚度 t=1.0mm，大批量生产)

第 3 章　冲模架标准及设计资料

技能目标

- 掌握冲模技术条件。
- 掌握冲模模架技术条件与标准。
- 由冲压件能合理选择模架型号与规格。

模具标准是指在冲压模具设计和制造中必须或应该遵循的技术规范、基准和准则，是采用现代先进生产技术和装备，实现模具的计算机辅助设计和辅助制造，充分使用高效、高精度模具加工设备和加工工艺，提高模具设计和制造质量与寿命，大幅度提高生产效率，降低模具设计与制造成本的有效手段和途径。

国外发达国家模具标准件的采用率达到 80%，而我国还不到 50%，差距比较明显。

3.1　冲模术语与技术条件

GB/T 8845—2011、GB/T 14662—2006 和 JB/T 7653—2008 中分别规定了《模具术语》《冲模技术条件》和《冲模零件技术条件》。

3.1.1　冲模术语标准

GB/T 8845—2017 标准中规定了冲压模具的常用术语，相对于旧标准对术语结构进行了重新分类与编排。

1. 适用范围

GB/T 8845—2017 标准中规定了冲模常用术语，适用于冲模常用术语的理解和使用。

2. 冲模类型

GB/T 8845—2017 标准规定了冲模的各种类型，如表 3-1 所示。

表 3-1　冲模类型

标准条目	术语(英文)	定　义
2. 冲模类型		
2.1	冲模(stamping die)	通过加压将金属、非金属板料或型材分离、成形或接合而制得制件的工艺装备
2.2	冲裁模(blanking die)	分离出所需形状与尺寸制件的冲模
2.2.1	落料模(blanking die)	分离出带封闭轮廓制件的冲裁模(见图 3-1)
2.2.2	冲孔模(piercing die)	沿封闭轮廓分离废料而形成带孔制的冲裁模

续表

标准条目	术语(英文)	定　义
2.2.3	修边模(trimming die)	切去制件边缘多余的冲裁模
2.2.4	切口模(notching die)	沿不封闭轮廓冲切出制件边缘切口的冲裁模
2.2.5	切舌模(lancing die)	沿不封闭轮廓将部分板料切开并使其折弯的冲裁模
2.2.6	剖切模(parting die)	沿不封闭轮廓冲切分离出两个或多个制件的冲裁模
2.2.7	整修模(shaving die)	沿制件被冲裁外缘或内孔修切掉少量材料，以提高制件尺寸精度和降低冲裁截面粗糙度值的冲裁模
2.2.8	精冲模(fine blanking die)	使板料处于三向受压状态下冲裁，可冲制出冲裁截面光洁、尺寸精度高的制件的冲裁模
2.2.9	切断模(cut-off die)	将板料沿不封闭轮廓分离的冲裁模
2.3	弯曲模(bending die)	将制件弯曲成一定角度和形状的冲模(见图 3-2)
2.3.1	预弯模(pre-bending die)	预先将坯料弯曲成一定形状的弯曲模
2.3.2	卷边模(curling die)	将制件边缘卷曲成接近封闭圆筒的冲模
2.3.3	扭曲模(twisting die)	将制件扭转成一定角度和形状的冲模
2.4	拉深模(drawing die)	将制件拉压成空心体，或进一步改变空心体形状和尺寸的冲模(见图 3-3)
2.4.1	反拉深模(reverse redrawing die)	把空心体制件内壁外翻的拉深模
2.4.2	正拉深模(obverse redrawing die)	完成与前次拉深相同方向的再拉深工序的拉深模
2.4.3	变薄拉深模(ironing die)	把空心制件拉压成侧壁厚度更小的薄壁制件的拉深模
2.5	成形模(forming die)	使板料产生局部塑性变形，按凸凹模形状直接复制成形冲模
2.5.1	胀形模(bulging die)	使空心制件内部在双向拉应力作用下产生塑性变形，以获得凸肚形制件的成形模
2.5.2	压筋模(stretching die)	在制件上压出凸包或筋的成形模
2.5.3	翻边模(flanging die)	使制件的边缘翻起呈竖立或一定角度直边的成形模
2.5.4	翻孔模(burring die)	使制件的孔边缘翻起呈竖立或一定角度直边的成形模
2.5.5	缩口模(necking die)	使空心或管状制件端部的径向尺寸缩小的成形模
2.5.6	扩口模(flaring die)	使空心或管状制件端部的径向尺寸扩大的成形模
2.5.7	整形模(restriking die)	校正制件呈准确形状与尺寸的成形模
2.5.8	压印模(printing die)	在制件上压出各种花纹、文字和商标等印记的成形模
2.6	复合模(compound die)	在压力机的一次行程中，同时完成两道或两道以上冲压工序的单工序模(见图 3-4)
2.6.1	正装复合模(obverse compound die)	凹模和凸模装在下模，凸凹摸装在上模的复合模
2.6.2	倒装复合模(inverse compound die)	凹模和凸模装在上模，凸凹模装在下模的复合模
2.7	级进模(progressing die)	压力机的一次行程中，在送料方向连续排列的多个工位上同时完成多道冲压工序的冲模(见图 3-5)

续表

标准条目	术语(英文)	定　义
2.8	单工序模(single-operation die)	压力机的一次行程中，只完成一道冲压工序的冲模
2.9	无导向模(open die)	上、下模之间不设导向装置的冲模
2.10	导板模(guide plate die)	上、下模之间由导板导向的冲模
2.11	导柱模(guide pillar die)	上、下模之间由导柱、导套导向的冲模
2.12	通用模(universal die)	通过调整，在一定范围内可完成不同制件的同类冲压工序的冲模
2.13	自动模(automatic die)	送料、取出制件及排除废料完全自动化的冲模
2.14	组合冲模(combined die)	通过模具零件的拆装组合，以完成不同冲压工序或冲制不同制件的冲模
2.15	传递模(transfer die)	多工序冲压中，借助机械手实现制件传递，以完成多工序冲压的成套冲模
2.16	镶块模(insert die)	工作主体或刃口由多个零件拼合而成的冲模
2.17	柔性模(flexible die)	通过对各工位状态的控制，以生产多种规格制件的冲模
2.18	多功能模(multifunction die)	具有自动冲切、叠压、铆合、计数、分组、扭斜和安全保护等多种功能的冲模
2.19	简易模(low-cost die)	结构简单、制造周期短、成本低、适于小批量生产或试制生产的冲模
2.19.1	橡胶冲模(rubber die)	工作零件采用橡胶制成的简易模
2.19.2	钢带模(steel-strip die)	采用淬硬的钢带制成刃口，嵌入用层压板、低熔点合金或塑料等制成的模体中的简易模
2.19.3	低熔点合金模(low-melting-point alloy die)	工作零件采用低熔点合金制成的简易模
2.19.4	锌基合金模(zinc-alloy based die)	工作零件采用锌基合金制成的合金模
2.19.5	薄板模(laminate die)	凹模、固定板和卸料板均采用薄钢板制成的简易模
2.19.6	夹板模(template die)	由一端连接的两块钢板制成的简易模
2.20	校平模(planishing die)	用于完成平面校正或校平的冲模
2.21	齿形校正模(roughened lanishing die)	上模、下模为带齿平面的校正模
2.22	硬质合金模(carbide die)	工作零件采用硬质合金制成的冲模

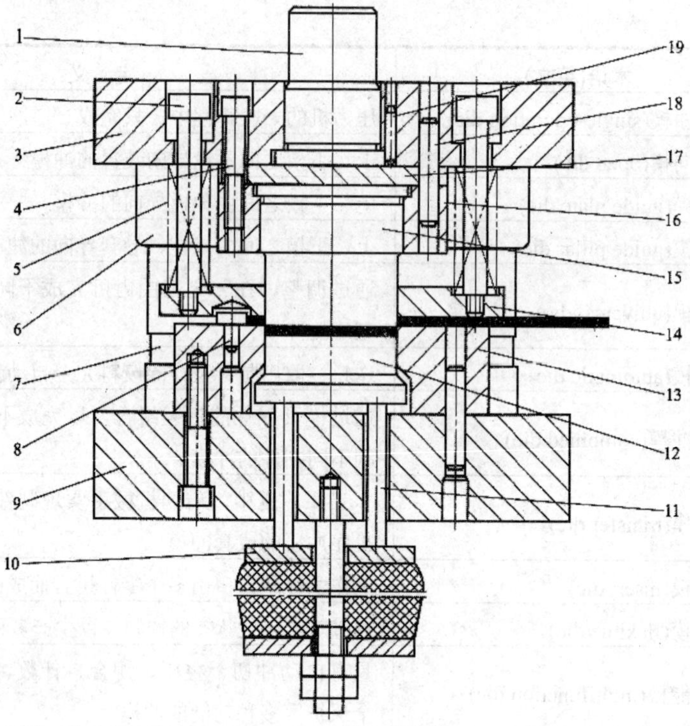

图 3-1　落料模

1—模柄；2—卸料螺钉；3—上模座，4—内六角螺钉；5—弹簧，6—导套；7—导柱；8—挡料销；9—下模座；10—托板；11—顶杆，12—顶件块；13—凹模；14—卸料板；15—凸模；16—凸模固定板；17—垫板；18、19—圆柱销

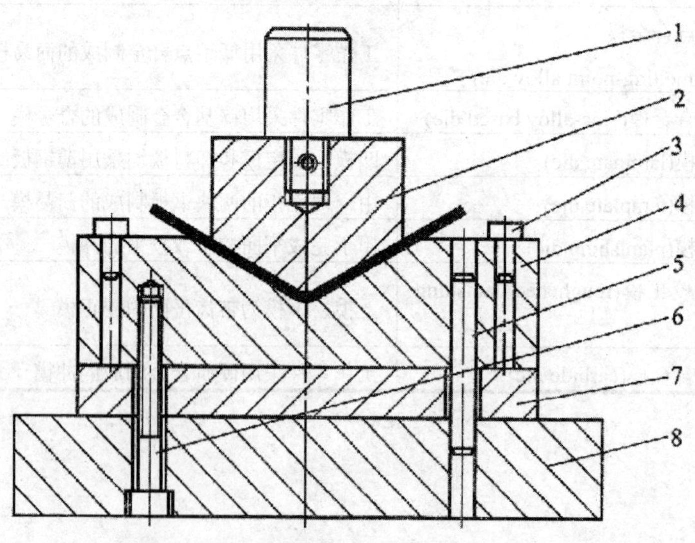

图 3-2　弯曲模

1—模柄；2—凸模；3—定位销；4—凹模；5—圆柱销；6—内六角螺钉；7—垫板；8—下模座

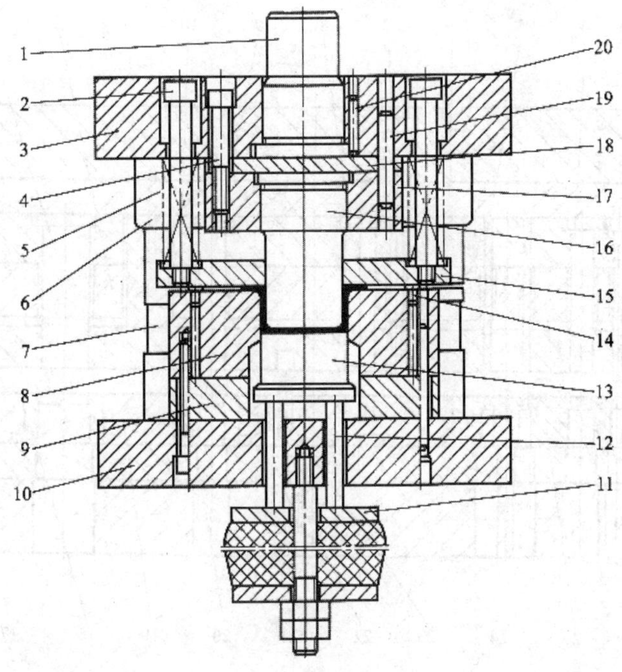

图 3-3　拉深模

1—模柄；2—卸料螺钉；3—上模座；4—内六角螺钉；5—弹簧；6—导套；7—导柱；8—凹模；9、18—垫板；10—下模座；11—弹顶装置；12—顶杆；13—顶件块；14—定位销；15—卸料板；16—凸模；17—凸模固定板；19、20—圆柱销

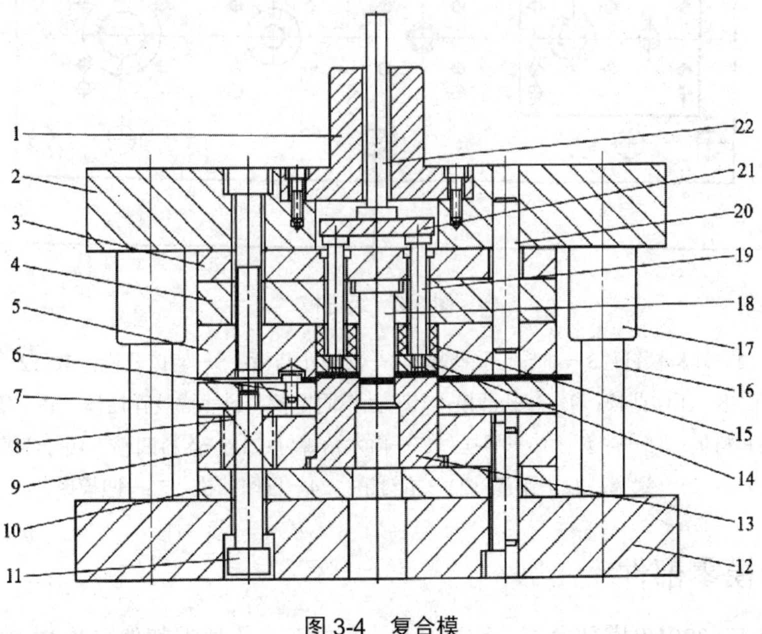

图 3-4　复合模

1—模柄；2—上模座；3—垫板；4、9—固定板；5—凹模；6—定位销；7—卸料板；8—弹簧；10—垫板；11—卸料螺钉；12—下模座；13—凸凹模；14—卸料板；15—橡胶弹性体；16—导柱；17—导套；18—凸模；19—连接推杆；20—圆柱销；21—推板；22—打杆

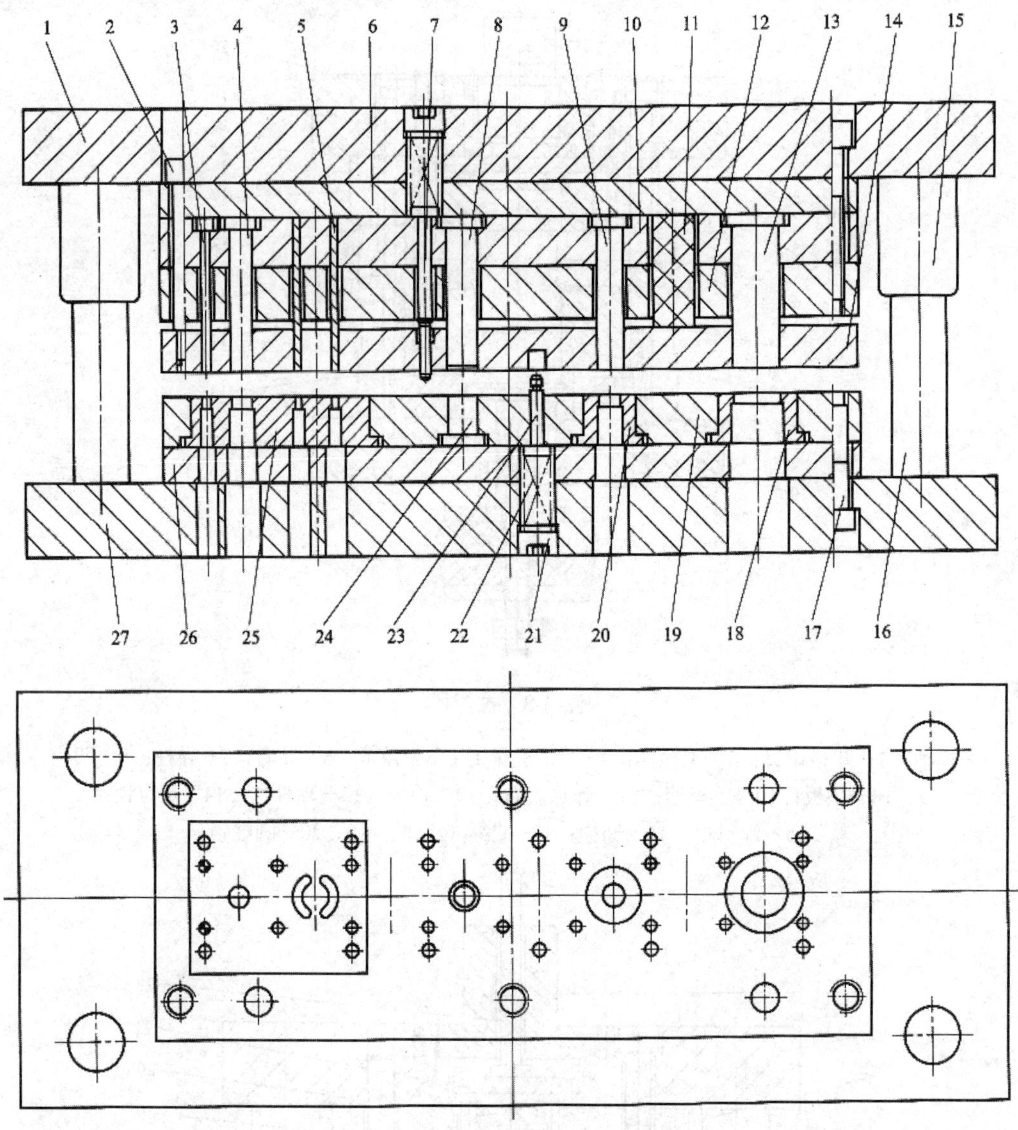

图 3-5 级进模

1—上模座；2—卸料螺钉；3—冲导正孔凸模；4—预冲孔凸模；5—切口凸模；6、12、26—垫板；7—导正销；8—压印凸模；9—冲孔凸模：10—凸模固定板；11—橡胶弹性体；13—落料凸模；14—弹性卸料板；15—导套；16—导挂；17—内六角螺钉；18—落料凹模；19—凹模固定板；20—冲孔凹模；21—螺塞；22—弹簧；23—抬料销；24—压印凹模；25—凹模镶件，27—下模座

3.1.2 冲模零部件

GB/T 8845—2017(模具术语)标准中规定了冲模的各种零部件名称与定义，如表 3-2 所示。

表 3-2　冲模零部件名称与定义

标准条目	术语(英文)	定　义
3. 冲模零部件		
3.1	上模(upper die)	安装在压力机上滑块上的模具部分
3.2	下模(lower die)	安装在压力机工作台面上的模具部分
3.3	模架(die set)	上、下模座与导向件的组合件
3.3.1	通用模架(universal die)	通常指应用量大面广、已形成标准化的模架
3.3.2	快换模架(quick change die set)	通过快速更换凸模、凹模和定位零件，以完成不同冲压工序和冲制多种制件，并对需求做出快速响应的模架
3.3.3	后侧导柱模架(back-pillar die set)	导向件安装于上、下模座后侧的模架
3.3.4	对角导柱模架(diagonal pillar die set)	导向件安装于上、下模座对角点上的模架
3.3.5	中间导柱模架(center-pillar die set)	导向件安装于上、下模座左右对角点上的模架
3.3.6	精冲模架(fine blanking die set)	适用于精冲、刚性好、导向精度高的模架
3.3.7	滑动导向模架(sliding guide die set)	上、下模采用滑动导向件导向的模架
3.3.8	滚动导向模架(ball bearing die set)	上、下模采用滚动导向件导向的模架
3.3.9	弹压导板模架(die set with spring guide plate)	上、下模采用带有弹压装置导板导向的模架
3.4	工作零件(working component)	直接对板料进行冲压加工的零件
3.4.1	凸模(punch)	一般冲压加工制件内孔或内表面的工作零件
3.4.2	定距侧刃(pitch punch)	级进模中，为确定板料的送进步距，在其侧边冲切出一定形状缺口的工作零件
3.4.3	凹模(die)	一般冲压加工制件外形或外表面的工作零件
3.4.4	凸凹模(main punch)	同时具有凸模和凹模作用的工作零件
3.4.5	镶件(insert)	分离制造并镶嵌在主体上的局部工作零件
3.4.6	拼块(section)	分离制造并镶嵌成凹模或凸模的工作零件
3.4.7	软模(soft die)	由液体、气体、橡胶等柔性物质构成的凸模或凹模
3.5	定位零件(locating component)	确定板料、制件或模具零件在冲模中正确位置的零件
3.5.1	定位销(locating pin)	确定板料或制件正确位置的圆柱形零件
3.5.2	定位板(locating plate〉	确定板料或制件正确位置的板状零件
3.5.3	挡料销(stop pin)	确定板料送进距离的圆柱形零件
3.5.4	始用挡料销(finger stop pin)	确定板料进给起始位置的圆柱形零件
3.5.5	导正销(pilot pin)	与导正空配合，确定制件正确位置和消除送料误差的圆柱形零件
3.5.6	抬料销(lifter pin)	具有抬料作用，有时兼具板料送进导向作用的圆柱形零件
3.5.7	导料板(stock guide rail)	确定板料送进方向的板料零件

续表

标准条目	术语(英文)	定　义
3.5.8	侧刃挡板(stop block for pitch punch)	承受板料对定距侧刃的侧压力，并起挡料作用的板块状零件
3.5.9	止退键(stop key)	支撑受侧向力的凸凹模的块状零件
3.5.10	侧压板(side-push plate)	消除板料与导料板侧面间隙的板状零件
3.5.11	限位块(limit block)	限制冲压行程的块状零件
3.5.12	限位柱(limit post)	限制冲压行程的柱状零件
3.6	压料、卸料、送料零件(components for clamping，stripping and feeding)	压住板料和卸下或推出制件与废料的零件
3.6.1	卸料板(stripper plate)	从凸模或凸凹模上卸下制件与废料的板状零件
3.6.1.1	固定卸料板(fixed stripper plate)	固定在冲模上位置不动，有时兼具凸模导向作用的卸料板
3.6.1.2	弹性卸料板(spring stripper plate)	借助弹性零件起卸料、压料作用，有时兼具保护凸模并对凸模起导向作用的卸料板
3.6.2	推件块(ejector block)	从上凹模中推出制件或废料的块状零件
3.6.3	顶尖块(kicker block)	从下凹模中顶出制件或废料的块状零件
3.6.4	顶杆(kicker pin)	直接或间接向上顶出制件或废料的杆状零件
3.6.5	推板(ejector plate)	在打杆与连接推杆间传递推力的板状零件
3.6.6	推杆(ejector pin)	向下推出制件或废料的杆状零件
3.6.7	连接推杆(ejector tie rod)	连接推板与推件块并传递推力的杆状零件
3.6.8	打杆(knock-out pin)	穿过模柄孔，把压力机滑块上打杆横梁的力传给推板的杆状零件
3.6.9	卸料螺钉(stripper bolt)	连接卸料板并调节卸料板卸料行程的杆状零件
3.6.10	拉杆(tie rod)	固定于上模座并向托板传递卸料行程的杆状零件
3.6.11	托杆(cushion pin)	连接托板并向托板传递卸料力的杆状零件
3.6.12	托板(support plate)	装于下模座并将弹顶器或拉杆的力传递给顶杆和托杆的板状零件
3.6.13	废料切断刀(scrap cutter)	冲压过程中切断废料的零件
3.6.14	弹顶器(cushion)	向压边圈或顶件块传递顶出力的装置
3.6.15	承料板(stoc-supporting plate)	对装入模具之前的板料起支承作用的板状零件
3.6.16	压料板(pressure plate)	把板料压贴在凸模或凹模上的板状零件
3.6.17	压边圈(blanker holder)	拉深模或成形模中，为调节材料流动阻力，防止起皱而压紧板料边缘的零件
3.6.18	齿圈压板(ver-ring plate)	精冲模中，为形成很强的三向压应力状态，防止板料在冲切层上滑动和冲裁表面出现撕裂现象而采用的齿形强力压圈零件
3.6.19	推料板(slide feed plate)	将制件推入下一工位的板状零件

续表

标准条目	术语(英文)	定　义
3.6.20	自动送料装置(automatic feeder)	将板料连续定距送进的装置
3.7	导向零件(guide component)	保证运动导向和确定上、下模相对位置的零件
3.7.1	导柱(guide pillar)	与导套配合，保证运动导向和确定上、下模相对位置的圆柱形零件
3.7.2	导套(guide bush)	与导柱配合，保证运动导向和确定上、下模相对位置的圆套形零件
3.7.3	滚珠导柱(ball-bearing guide pillar)	通过钢珠保护圈与滚珠导套配合，保证运动导向和确定上、下模相对位置的圆柱形零件
3.7.4	滚珠导套(ball-bearing guide bush)	与滚珠导柱配合，保证运动导向和确定上、下模相对位置的圆套形零件
3.7.5	钢珠保护圈(cage)	保持钢珠均匀排列，实现滚珠导柱与导套滚动配合的圆套型零件
3.7.6	止动件(retainer)	将钢球保持圈限制在导柱上或导套内的限位零件
3.7.7	导板(guide plate)	为导正上、下模各零件相对位置而采用的淬硬或嵌有润滑材料的板状零件
3.7.8	滑块(slide block)	在斜楔的作用下沿变换后的运动方向做往复滑动的零件
3.7.9	耐磨板(wear plate)	镶嵌在某些运动零件导滑面上的淬硬或嵌有润滑材料的板状零件
3.7.10	凸模保护套(punch protecting bushing)	小孔冲裁时，用于保护细长凸模的衬套零件
3.8	固定零件(retaining component)	将凸凹模固定于上、下模，以及将上、下模固定在压力机上的零件
3.8.1	上模座(punch holder)	用于装配与支撑上模所有零部件的模架零件
3.8.2	下模座(die holder)	用于装配与支撑下模所有零部件的模架零件
3.8.3	凸模固定板(punch plate)	用于安装和固定凸模的板状零件
3.8.4	凹模固定板(die plate)	用于安装和固定凹模的板状零件
3.8.5	预应力圈(shrinking ring)	为提高凹模强度，在其外部与之过盈配合的圆套形零件
3.8.6	垫板(bolster plate)	设在凸凹模与模座之间，承受和分散冲压负荷的板状零件
3.8.7	模柄(die shank)	使模具与压力机的中心线重合，并把上模固定在压力机滑块上的连接零件
3.8.8	浮动模柄(self-centering shank)	可自动定心的模柄
3.8.9	斜楔(cam driver)	通过斜面变换运动方向的零件

3.1.3　冲模设计要素

GB/T 8845—2017(模具术语)标准规定了冲模的设计要素，包括模具间隙、压力中心计算、工艺力等，如表 3-3 所示。

表 3-3　冲模设计要素

标准条目	术语(英文)	定　义
4. 冲模设计要素		
4.1	模具间隙(clearance)	凸模与凹模之间缝隙的间距
4.2	模具闭合高度(die shut height)	模具在工作位置下极点时，下模座下平面与上模座上平面之间的距离
4.3	压力机最大闭合高度(press maximum shut height)	压力机闭合高度调节机构处于上极限位置和滑块处于下极点时，滑块下表面至工作台上表面之间的距离
4.4	压力机闭合高度调节量(adjustable distance of press shut height)	压力机闭合高度调节机构允许的调节距离
4.5	冲模寿命(die life)	冲模从开始使用到报废所能加工的制件总数
4.6	压力中心(load center)	冲压合力的作用点
4.7	冲模中心(die center)	冲模的几何中心
4.8	冲压方向(pressing direction)	冲压力作用的方向
4.9	送料方向(feed layout)	板料送进模具的方向
4.10	排样(blank layout)	制件或毛坯在板料上的排列与设置
4.11	搭边(web)	排样时，制件与制件之间或制件与板料边缘之间的工艺余料
4.12	步距(feed pitch)	级进模中被加工的板料或制件每道工序在送料方向移动的方向
4.13	切边余料(trimming allowance)	拉深或成形后制件边缘需切除的多余材料的宽度
4.14	毛刺(burr)	在制件冲裁截面边缘产生的竖立尖状凸起物
4.15	塌角(die roll)	在制件冲裁截面边缘产生的微圆角
4.16	光亮带(smooth cut zone)	制件冲裁截面的光亮部分
4.17	冲裁力(blanking force)	冲裁时所需的压力
4.18	弯曲力(bending force)	弯曲时所需的压力
4.19	拉深力(drawing force)	拉深时所需的压力
4.20	卸料力(stripping force)	从凸模或凸凹模上将制件或废料卸下来所需的力
4.21	推件力(ejecting force)	从凹模内顺冲裁方向将制件或废料推出所需的力
4.22	顶件力(kicking force)	从凹模内逆冲裁方向将制件或废料推出所需的力
4.23	压料力(pressure plate force)	压料板作用于板料的力
4.24	压边力(blank holer force)	压边圈作用于板料边缘的力
4.25	毛坯(blank)	前道工序完成需后续工序进一步加工的制件
4.26	中性层(neutral line)	弯曲变形区的切向应力为零或切向应变为零的金属层
4.27	弯曲角(bending angle)	制件被弯曲加工的角度，即弯曲后制件直边夹角的补角
4.28	弯曲线(bending line)	板料产生弯曲变形时相应的直线或曲线

续表

标准条目	术语(英文)	定　义
4.29	回弹(spring back)	弯曲和成形加工中，制件在去除载荷并离开模具后产生的弹性回复现象
4.30	弯曲半径(bending radius)	弯曲制件内侧的曲率半径
4.31	相对弯曲半径(relative bending radius)	弯曲制件的曲率半径与板料厚度的比值
4.32	最小弯曲半径(mininum bending radius)	弯曲时板料最外层纤维濒于拉裂时的曲率半径
4.33	展开长度(blank length of a bend)	弯曲制件直线部分与弯曲部分中性层长度之和
4.34	拉深系数(drawing coefficient)	拉深制件的直径与毛坯直径的比值
4.35	拉深比(drawing ratio)	拉深系数的倒数
4.36	拉深次数(drawing number)	受极限拉深系数的限制，制件拉深成形所需的次数
4.37	缩口系数(necking coefficient)	缩口制件的管口缩径后与缩径前直径的比值
4.38	扩口系数(flaring coefficient)	扩口制件的管口扩径后的最大直径与扩口前直径的比值
4.39	胀形系数(bulging coefficient)	筒形制件胀形后的最大直径与胀形前直径的比值
4.40	胀形深度(stretching height)	板料局部胀形的深度
4.41	翻孔系数(burring coefficient)	翻孔制件翻孔前、后孔径的比值
4.42	扩孔率(expanding ratio)	扩孔前、后孔径之差与扩孔前孔径的比值
4.43	最小冲孔直径(minimum diameter for plercing)	一定厚度的某种板料所能冲压加工的最小孔直径
4.44	转角半径(radius)	盒形制件横截面上的圆角半径
4.45	相对转角半径(relative radius)	盒形制件转角半径与其宽度的比值
4.46	相对高度(relative height)	盒形制件高度与宽度的比值
4.47	相对厚度(relative thickness)	毛坯厚度与直径的比值
4.48	成形极限图(forming limit diagram)	板料在外力作用下发生塑性变形，其极限应变值所构成的曲线图

3.1.4　零件结构要素

GB/T 8845－2017(模具术语)标准规定了冲模零件的结构要素，如表 3-4 所示。

表 3-4　冲模零件的结构要素

标准条目	术语(英文)	定　义
5．零件结构要素		
5.1	圆凸模(round punch)	圆柱形的凸模，如图 3-6 所示
5.1.1	头部(punch head)	凸模上比杆直径大的圆柱体部分(图 3-6 中 11)

续表

标准条目	术语(英文)	定 义
5.1.2	头部直径(punch head diameter)	凸模圆柱头或圆锥头的最大直径(图 3-6 中 1)
5.1.3	头厚(punch head thickness)	凸模头部的厚度(图 3-6 中 2)
5.1.4	刃口(point)	直接对板料进行冲切加工，使其达到所需形状和尺寸的凸模工作段(图 3-6 中 6)
5.1.5	刃口直径(point diameter)	凸模的刃口部直径(图 3-6 中 5)
5.1.6	刃口长度(point length)	凸模工作段长度(图 3-6 中 4)
5.1.7	杆(shank)	凸模与固定板相应孔配合的圆柱体部分(图 3-6 中 10)
5.1.8	杆直径(shank diameter)	与凸模固定板相应孔配合的杆部直径(图 3-6 中 9)
5.1.9	引导直径(leading diameter)	为便于凸模正确压入固定板而在杆压入端设计的一段圆柱直径(图 3-6 中 8)
5.1.10	过渡半径(radius blend)	连接刃口直径和杆直径的圆弧直径(图 3-6 中 7)
5.1.11	凸模圆角半径(punch radius)	成形模中凸模工作端面向侧面过渡的圆角半径
5.1.12	凸模总长(punch overall length)	凸模的全部长度(图 3-6 中 3)
5.2	圆凹模(round die)	圆柱形的凹模，如图 3-7 所示
5.2.1	头部(die head)	凹模上比模体直径大的圆柱体部分(图 3-7 中 9)
5.2.2	头部直径(die head diameter)	凹模圆柱头或圆锥头的最大直径(图 3-7 中 8)
5.2.3	头厚(die head thickness)	凹模头部的厚度(图 3-7 中 6)
5.2.4	刃口(die point)	直接对板料进行冲切加工，使其达到所需形状和尺寸的凹模工作段(图 3-7 中 4)
5.2.5	刃口直径(hole diameter)	凹模的刃口部直径(图 3-7 中 3)
5.2.6	刃口长度(land length)	凹模工作段长度(图 3-7 中 12)
5.2.7	刃口斜度(cutting edge angle)	锥形凹模的刃口斜角度值
5.2.8	模体(die body)	凹模与固定板相应孔配合的圆柱体部分(图 3-7 中 5)
5.2.9	凹模外径(die body diameter)	凹模的模体直径(图 3-7 中 1)
5.2.10	引导直径(leading diameter)	为便于凹模正确压入固定板，在模体压入端设计的一段圆柱直径(图 3-7 中 2)
5.2.11	凹模圆角半径(die radius)	成形模中凹模工作端面向内侧面过渡的圆角半径
5.2.12	凹模总长(die overall length)	凹模的全部长度(图 3-7 中 11)
5.2.13	排料孔(relief hole)	凹模及相连的模具零件上使废料排出的孔(图 3-7 中 10)
5.2.14	排料孔直径(relief hole diameter)	直排料孔的直径与斜排料孔的最大直径(图 3-7 中 7)

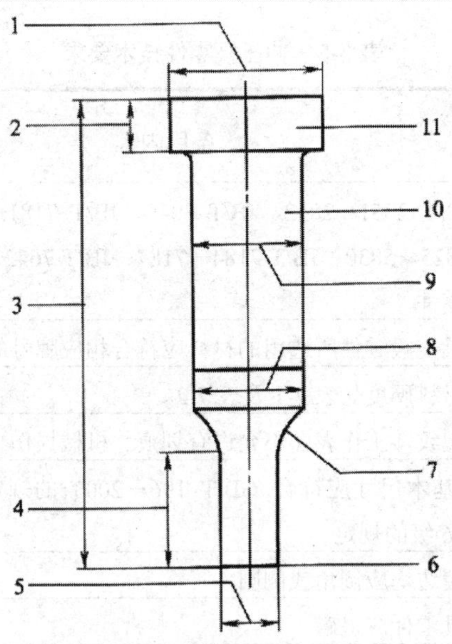

图 3-6 圆凸模

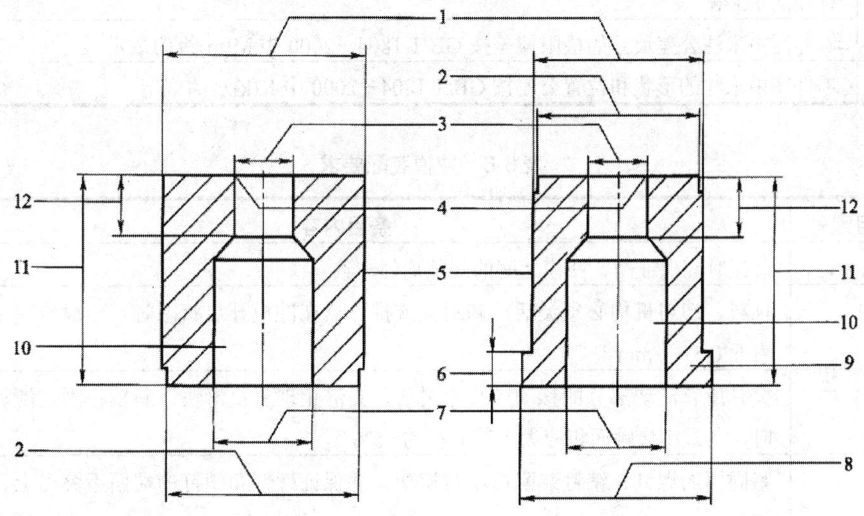

图 3-7 圆凹模

3.1.5 冲模零件技术条件标准

GB/T 14662－2006 中分别规定了冲模要求、验收、标志、包装、运输和储存，适用于冲模设计、制造和验收。

1. 零件要求

GB/T 14662－2006 标准规定的冲压模零件技术要求如表 3-5 所示。

2. 装配要求

GB/T 14662－2006 标准规定的冲模装配要求如表 3-6 所示。

表 3-5　冲压模零件技术要求

标准条目编号	条目内容
3.1	设计冲模宜选用 GB/T 2851—2852、JB/T 8049、JB/T 7181—7182 和 GB/T 2855—2856、GB/T 2861、JB/T 5825—5830、JB/T 7184—7187、JB/T 7642—7652、JB/T 8054、JB/T 8057 规定的标准模架和零件
3.2	模具工作零件和模具一般零件所选用的材料应符合相应牌号的技术标准
3.3	模具工作零件推荐材料硬度见表 7-1 及表 7-2
3.4	模具零件不允许有裂纹，工作表面不允许有划痕、机械损伤、锈蚀等缺陷
3.5	模具零件中螺纹的基本尺寸应符合 GB/T 196—2003 的规定，选用的公差与配合应符合 GB/T 197—2006 中 6 级的规定
3.6	零件除刃口外所有棱边均应倒角或倒圆
3.7	经磁力磨削后的模具零件应退磁
3.8	零件上销钉与孔的配合长度应大于等于销钉直径的 1.5 倍，螺纹孔的深度应大于等于螺纹直径的 1.5 倍
3.9	零件图中未注公差尺寸的极限偏差按 GB/T 1804—2000 中 M(m)级的规定
3.10	零件图中未注的形状和位置公差按 GB/T 1804—2000 中 K(k)级的规定

表 3-6　冲模装配要求

标准条目编号	条目内容
4.1	装配时应保证凸、凹模之间的间隙均匀一致
4.2	推料、卸料机构必须灵活，卸料板或推件器在冲模开启状态时，一般应突出凸凹模表面 0.5～1 mm
4.3	模具所有活动部分的移动应平稳灵活，无滞止现象；滑块、斜楔在固定滑动面移动时，其最小接触面积应大于其面积的 75%
4.4	紧固用的螺钉、销钉装配后不得松动，并保证螺钉和销钉的端面不突出上、下模座平面
4.5	凸模装配后的垂直度应符合相关规定
4.6	凸模、凸凹模等与固定板的配合一般按 GB/T 1800.4—1999 中的 H7/n6 或 H7/m6 选取
4.7	质量超过 20 kg 时，应设吊环螺钉或起吊孔，确保安全吊装。起吊时模具应平稳，便于装模。吊环螺钉应符合 GB/T 825—1988 的规定

凸模装配后的垂直度要求

间隙值/mm	垂直度公差等级(GB/T 1184—1996)	
	单凸模	多凸模
≤0.02	5	6
0.02～0.06	6	7
＞0.06	7	8

3. 验收

GB/T 14662—2006(冲模技术条件)标准规定的冲模验收内容与要求如表 3-7 所示。

表 3-7 冲模验收内容与要求

标准条目编号	条目内容
5.1	验收应包括以下内容： ①外观检查；②尺寸检查；③模具材质和热处理要求检查；④试模和冲件质量符合性检查；⑤质量稳定性检查
5.2	模具供方应按模具图纸和本技术条件对模具零件及模具进行外观与尺寸检查
5.3	经 5.2 条检查合格的模具可进行试模，试模用的冲压设备应符合要求，试模所用材质应与冲件材质相符
5.4	冲压工艺稳定后，应连续提取 20～1000 件(精密多工位级进冲模必须试冲 1000 件以上)冲件，对于大型覆盖件模具要求连续提取 5～10 件冲件进行检验。模具供方与顾客确认冲件合格后，由模具供方开具合格证并将模具交付顾客
5.5	模具质量稳定性检查应为在正常生产条件下连续批量生产 8h，或由模具供方与顾客协商确定
5.6	顾客在验收期间应按图样和本技术条件要求对模具主要零件的材质、热处理、表面处理情况进行检查和抽查

4. 标志、包装、运输及储存

GB/T 14662－2006(冲模技术条件)标准规定的冲模标志、包装、运输及储存要求如表 3-8 所示。

表 3-8 冲模标记、包装、运输、储存要求

标准条目编号	条目内容
6.1	在模具非工作面的明显处做出标志，标志一般包含以下内容：模具号、出厂日期、供方名称
6.2	模具交付前应擦洗干净，表面应涂覆防锈剂
6.3	出厂的模具根据运输要求进行包装，应防潮、防止磕碰，保证正常运输中冲模完好无损

5. 使用规定

新标准没有使用规定，而旧的国家标准中的冲模使用规定如表 3-9 所示。

6. 冲模设计的审核项目

新标准没有规定审核项目，而旧的国家标准规定的冲模的审核项目如表 3-10 所示。

7. 冲模制造者的保证

新标准没有规定制造者的保证，旧的国家标准规定的冲模制造者的保证如表 3-11 所示。

表 3-9　冲模使用规定

标准条目编号	条目内容
7.1	冲模应安装在相应精度等级的压力机上，并使用专用工具将其紧固。选用压力机的公称压力必须符合设计要求。若无相应的压力机，其公称压力应超过计算力的 30%
7.2	冲压前，冲制的材料应擦拭干净
7.3	冲模的工作部分应经常刃磨或抛光。在刃磨时，刃磨量不应超过刃口的变钝半径；抛光时，抛光量小于 0.01 mm
7.4	在压力机上同时安装若干副冲模时，各冲模的闭合高度不能相差过大。当只安装冲裁模或冲裁模和一副成形模时，其闭合高度之差不大于 1mm；当只安装成形模时，其闭合高度之差不大于 0.2 m
7.5	应定期检查压力机的精度，使之符合有关规定
7.6	冲模安装在垫板上，垫板间的距离尺寸可比冲模模座上的开孔尺寸大，但不超过 20%
7.7	当从冲模上将条料送入、送出时，应避免冲切外形不完整的冲件

表 3-10　冲模设计的审核项目

标准条目编号	条目内容
A1	冲模质量及冲件、压力机方面的审核包括的内容为：
A1.1	冲模各零件的材质、硬度、精度、结构是否符合用户的要求；模具的压力中心是否与压力机的压力中心相重合；卸料机构能否正确工作，冲件能否卸出
A1.2	是否对影响冲件质量的各因素进行了研究；是否注意到在不妨碍使用和冲压工艺等前提下尽量简化加工；冲压工艺参数的选择是否正确，冲件是否会产生变形(翘曲、回弹)
A1.3	冲压力(包括冲裁力、卸料力、推件力、顶件力、弯曲力、压料力、拉伸力等)是否超过压力机的负载能力；冲模的安装方式是否正确
A2	有关基本结构的审核包括的内容为：
A2.1	冲压工艺的分析和设计、排样图是否合理
A2.2	定位、导正机构(系统)的设计
A2.3	卸料系统的设计
A2.4	凸、凹模等工作零件的设计
A2.5	压料、卸料和出料的方式及防止废料上冒的措施
A2.6	送料系统的设计
A2.7	安全防护措施的设计
A3	设计图的审核包括的内容为：
A3.1	在装配图上的各零件排列是否适当；装配位置是否明确；零件是否已全部标出；必要的说明是否明确
A3.2	零件的编号、名称、数量是否确切标注，是本厂制造还是外购；是否遗漏配合精度、配合符号，冲件的高精度部位能否进行修整、有无超精要求；是否采用适于零件性能的材料，是否标注了热处理、表面处理、表面加工的要求
A3.3	是否符合制图标准和有关规定，加工者是否容易理解
A3.4	加工者是否可以不进行计算，数字是否在适当的位置上明确无误地标注
A3.5	设计的内容是否符合有关的基础标准

续表

标准条目编号	条目内容
A4	加工工艺审核的内容为： 对于加工方式是否进行了研究；零件加工工艺是否与加工设备相适应，现有设备能否满足要求；与其他零件配合的部位是否明确做了标注；是否考虑了调整余量；有无便于装配、分解的撬杠槽、装卸孔、牵引螺钉等标注，是否标注了在装配时应注意的事项；是否把热处理或其他原因所造成的变形控制在最小限度

表 3-11　冲模制造者的保证

标准条目编号	条目内容
B1	在遵守用户使用和保存条件的前提下，制造者应保证按本标准的要求出售冲模
B2	除用户特殊要求外，冲裁模的首次刃磨寿命应达到表 B1 的要求。（见表 B1、表 B2、表 B3）
B3	除用户特殊要求外，冲裁模的总寿命应达到表 B4 的要求。（见表 B4）

表 B1　冲裁模的首次刃磨寿命(万次)

工作部分材料	单工序模(万次)	级进模(万次)	复合模(万次)
碳素工具钢	2	1.5	1
合金工具钢	2.5	2	1.5
硬质合金	40	30	20

注：表中的特定条件为：冲件材料厚度 t=1mm，抗拉强度σ_b=500MPa；当条件不同时，表 B1 所列的寿命数值用表 B2、表 B3 中的系数 K_b、K_a 与之相乘，以进行修正。

表 B2　K_b 值

冲件材料	σ/MPa	K_b
结构钢、碳钢	≤500	1.0
	＞500	0.8
合金钢	≤900	0.7
	＞900	0.6
软青铜、青铜	—	1.8
硬青铜	—	1.5
钴	—	2.0

表 B3　K_a 值

t/mm	K_a
≤0.3	0.5
0.3～1.0	1.0
1.0～3.0	0.8
＞3.0	0.5

表 B4　冲裁模的总寿命(万次)

工作零件材料	单工序模(万次)	级进模(万次)	复合模(万次)
碳素工具钢	20	15	10
合金工具钢	50	40	30
硬质合金	1000		

3.2 冲模模架技术条件与标准

国标中已规定冲模模架的技术条件与标准，使用时可查阅相关参数与技术要求。

3.2.1 冲模模架的技术条件

1. 主题内容与适用范围

标准规定了冲模模架的技术条件。

标准适用于冲模滑动导向模架和冲模滚动导向模架。

2. 引用标准

《形状和位置公差未注公差的规定》(GB/T 1184—2008)。

《逐批检查计数抽样程序和抽样表》(GB/T 2828—2012)。

《冲模模架精度检查》(JB/T 8071—2008)。

3. 技术要求

(1) 组成模架的零件，必须符合相应的标准要求和技术条件规定。

(2) 滑动导向模架的精度分为Ⅰ级和Ⅱ级；滚动导向模架的精度分为0Ⅰ级和0Ⅱ级。各级精度的模架必须达到表3-12所规定的各项技术指标。

表 3-12 模架分级技术指标

条 目	检查项目	被测尺寸	模架精度等级	
			0Ⅰ、Ⅰ级	0Ⅱ、Ⅱ级
A	上模座上平面对下模座下平面的平行度	≤400	5	6
		>400	6	7
B	导柱轴心线对下模座下平面的垂直度	≤160	4	5
		>160	5	6

注：公差等级按《形状和位置公差未注公差的规定》(GB/T 1184—2008)。

(3) 装入模架的每对导柱和导套(包括可卸导柱和导套)的配合间隙值(或过盈量)应符合表3-9所示的规定。

① Ⅰ级精度的模架必须符合导套、导柱的配合精度H6/h5，才能选用表3-13给定的配合间隙值。

② Ⅱ级精度的模架必须符合导套、导柱的配合精度H7/h6，才能选用表3-13给定的配合间隙值。

(4) 装配后的模架，其上模座沿导柱上、下移动时应平稳和无滞住现象。

(5) 装配后的导柱，其固定端面与下模座下平面应保留1～2mm的距离。选用B型导套时，装配后其固定端面应低于上模座上平面1～2mm。

表 3-13　导柱、导套配合间隙(或过盈量)　　单位：mm

配合形式	导柱直径	模架精度等级		配合后的过盈量
		Ⅰ级	Ⅱ级	
		配合后的间隙		
滑动配合	≥18	≤0.010	≤0.015	
	>18～30	≤0.011	≤0.017	
	>30～50	≤0.014	≤0.021	
	>50～80	≤0.016	≤0.025	
滚动配合	>18～35	—	—	0.01～0.02

(6) 模架的各零件工作表面不允许有裂纹和影响使用的砂眼、缩孔、机械损伤等缺陷。

(7) 在保证本标准规定质量的情况下，允许用其他工艺方法(如环氧树脂、厌氧胶、低熔点合金浇注等)固定导柱、导套，其零件结构尺寸允许做相应改动。

(8) 成套模架一般不装配模柄。

(9) 上述规定以外的技术要求由供需双方协定。

4. 验收规则

模架验收规则如表 3-7 所示。

5. 标记、包装、运输及储存

模架标记、包装、运输及储存要求如表 3-8 所示。

3.2.2　冲模滑动导向模架标准

本节主要列出了冲模滑动导向的对角导柱模架(见表 3-14)、后侧导柱模架(见表 3-15)、中间导柱圆形模架(见表 3-16)、四导柱模架(见表 3-17)等。

1. 滑动导向对角导柱模架

GB/T 2851—2008《冲模滑动导向模架》标准规定的对角导柱模架结构如图 3-8 所示。模架规格如表 3-14 所示。

标记示例：

L=200mm、B=125mm，H=170～205mm，I 级精度的冲模滑动导向对角导柱标记为

滑动导向模架 对角导柱 200×125×170～205　I　GB/T 2851—2008。(冲模滑动导向模架标准)

2. 滑动导向后侧导柱模架

GB/T 2851—2008《冲模滑动导向模架》标准规定的后侧导柱模架的结构如图 3-9 所示。模架规格如表 3-15 所示。

标记示例：

L=200mm、*B*=125mm，*H*=170～205mm，I 级精度的冲模滑动导向后侧导柱模架标记为

滑动导向模架 后侧导柱 200×125×170～205 I GB/T 2851—2008(冲模滑动导向模架标准)。

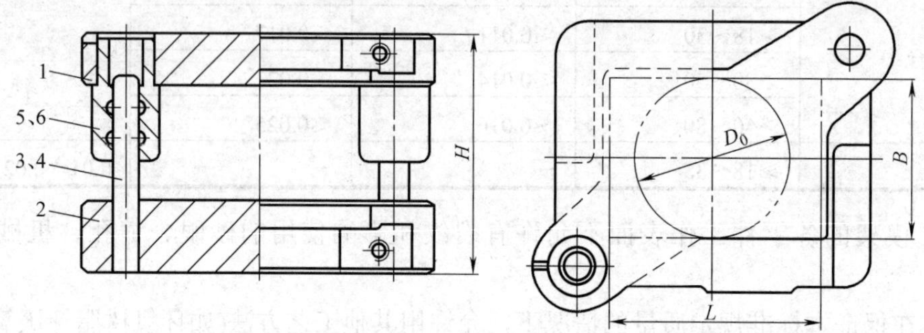

图 3-8 滑动导向对角导柱模架

表 3-14 冲模滑动导向对角导柱模架(摘自 GB/T 2851—2008) 单位：mm

<table>
<tr><th colspan="2" rowspan="4">凹模
周界</th><th colspan="2" rowspan="4">闭合高度
(参考)H</th><th colspan="10">零件件号、名称及标准编号</th></tr>
<tr><th>1</th><th>2</th><th colspan="2">3</th><th colspan="2">4</th><th colspan="2">5</th><th colspan="2">6</th></tr>
<tr><th>上模座
(GB/T 2855.1)</th><th>下模座
(GB/T 2855.2)</th><th colspan="4">导柱
(GB/T 2861.1)</th><th colspan="4">导套
(GB/T 2861.3)</th></tr>
<tr><th colspan="10">数量</th></tr>
<tr><th rowspan="2">L</th><th rowspan="2">B</th><th rowspan="2">最小</th><th rowspan="2">最大</th><th>1</th><th>1</th><th>1</th><th>1</th><th>1</th><th>1</th><th>1</th><th>1</th><th>1</th><th>1</th></tr>
<tr><th colspan="10">规格</th></tr>
<tr><td rowspan="4">63</td><td rowspan="4">50</td><td>100</td><td>115</td><td rowspan="2">63×50×20</td><td rowspan="2">63×50×25</td><td rowspan="8">16×</td><td>90</td><td rowspan="8">18×</td><td>90</td><td rowspan="8">16×</td><td rowspan="2">60×18</td><td rowspan="8">18×</td><td rowspan="2">60×18</td></tr>
<tr><td>110</td><td>125</td><td>100</td><td>100</td></tr>
<tr><td>110</td><td>130</td><td rowspan="2">63×50×25</td><td rowspan="2">63×50×30</td><td>100</td><td>100</td><td rowspan="2">65×23</td><td rowspan="2">65×23</td></tr>
<tr><td>120</td><td>140</td><td>110</td><td>110</td></tr>
<tr><td rowspan="4">63</td><td rowspan="8">63</td><td>100</td><td>115</td><td rowspan="2">63×63×20</td><td rowspan="2">63×63×25</td><td>90</td><td>90</td><td rowspan="2">60×18</td><td rowspan="2">60×18</td></tr>
<tr><td>110</td><td>125</td><td>100</td><td>100</td></tr>
<tr><td>110</td><td>130</td><td rowspan="2">63×63×25</td><td rowspan="2">63×63×30</td><td>100</td><td>100</td><td rowspan="2">65×23</td><td rowspan="2">65×23</td></tr>
<tr><td>120</td><td>140</td><td>110</td><td>110</td></tr>
<tr><td rowspan="4">80</td><td>110</td><td>130</td><td rowspan="2">80×63×25</td><td rowspan="2">80×63×30</td><td rowspan="4">18×</td><td>100</td><td rowspan="4">20×</td><td>100</td><td rowspan="4">18×</td><td rowspan="2">65×23</td><td rowspan="4">20×</td><td rowspan="2">65×23</td></tr>
<tr><td>130</td><td>150</td><td>120</td><td>120</td></tr>
<tr><td>120</td><td>145</td><td rowspan="2">80×63×30</td><td rowspan="2">80×63×40</td><td>110</td><td>110</td><td rowspan="2">70×28</td><td rowspan="2">70×28</td></tr>
<tr><td>140</td><td>165</td><td>130</td><td>130</td></tr>
</table>

续表

凹模周界		闭合高度(参考)*H*		零件件号、名称及标准编号											
				1	2	3		4		5		6			
				上模座(GB/T 2855.1)	下模座(GB/T 2855.2)	导柱(GB/T 2861.1)				导套(GB/T 2861.3)					
				数量											
L	*B*	最小	最大	1	1	1	1	1	1	1	1	1	1		
				规格											
100	63	110	130	100×63×25	100×63×30	18×	110	20×	110	18×	65×23	20×	65×23		
		130	150				130		130						
		120	145	100×63×30	100×63×40		130		130		70×28		70×28		
		140	165				100		100						
80	80	110	130	80×80×25	80×80×30		100		100		65×23		65×23		
		130	150				120		120						
		120	145	80×80×30	80×80×40		110		110		70×28		70×28		
		140	165				130		130						
100		110	130	100×80×25	100×80×30	20×	100	20×	100	20×	65×23	20×	65×23		
		130	150				120		120						
		120	145	100×80×30	100×80×40		110		110		70×28		70×28		
		140	165				130		130						
125		110	130	125×80×25	125×80×30		100		100		65×23		65×23		
		130	150				120		120						
		120	145	125×80×30	125×80×40		110		110		70×28		70×28		
		140	165				130		130						
100	100	110	130	100×100×25	100×100×30		100		100		65×23		65×23		
		130	150				120		120						
		120	145	100×100×30	100×100×40		110		110		70×28		70×28		
		140	165				130		130						
125		120	150	125×100×30	100×100×35	22×	110	25×	110	22×	80×28	25×	80×28		
		140	165				130		130						
		140	170	125×100×35	100×100×45		130		130		80×33		80×33		
		160	190				150		150						
160		140	170	160×100×35	160×100×40	25×	130	28×	130	25×	85×33	28×	85×33		
		160	190				150		150						
		160	195	160×100×40	160×100×50		150		150		90×38		90×38		
		190	225				180		180						

续表

凹模周界		闭合高度(参考)H		零件件号、名称及标准编号									
				1	2	3		4		5		6	
				上模座(GB/T 2855.1)	下模座(GB/T 2855.2)	导柱(GB/T 2861.1)				导套(GB/T 2861.3)			
				数量									
L	B	最小	最大	1	1	1	1	1	1	1	1	1	1
				规格									
200	100	140	170	200×100×35	200×100×40	25×	130	25×	130	25×	85×38	28×	85×38
		160	190				150		150				
		160	195	200×100×40	200×100×50		150		150		90×38		90×38
		190	225				180		180				
125	125	120	150	63×63×20	63×63×25	22×	110	25×	110	22×	80×28	25×	80×28
		140	165				130		130				
		140	170	63×63×25	63×63×30		130		130		85×33		85×33
		160	190				150		150				
160		140	170	160×125×35	160×125×40	25×	130	28×	130	25×	85×33	28×	85×33
		160	190				150		150				
		170	205	160×125×40	160×125×50		160		160		95×38		95×38
		190	225				180		180				
200		140	170	200×125×35	200×125×40	25×	130	28×	130	25×	85×33	28×	85×33
		160	190				150		150				
		170	205	200×125×40	200×125×50		160		160		95×38		95×38
		190	225				180		180				
250		160	200	250×125×40	250×125×45	28×	150	32×	150	28×	100×38	32×	100×38
		180	220				170		170				
		190	235	250×125×45	250×125×55		180		180		110×43		110×43
		200	255				200		200				
160	160	160	200	160×160×40	160×160×45	28×	150	32×	150	28×	100×38	32×	100×38
		180	220				170		170				
		190	235	160×160×45	160×160×55		180		180		110×43		110×43
		210	255				200		200				
200		160	200	200×160×40	200×160×45		150		150		100×38		100×38
		180	220				170		170				
		190	235	200×160×45	200×160×55		180		180		110×43		110×43
		210	255				200		200				

续表

凹模周界		闭合高度(参考)H		零件件号、名称及标准编号									
				1	2	3		4		5		6	
				上模座 (GB/T 2855.1)	下模座 (GB/T 2855.2)	导柱 (GB/T 2861.1)				导套 (GB/T 2861.3)			
				数量									
				1	1	1	1	1	1	1	1	1	1
L	B	最小	最大	规格									
250	160	170	210	250×160×45	250×160×55	32×	160	35×	160	32×	105×43	35×	105×43
		200	240				190		190				
		200	245	250×160×50	250×160×60		190		190		115×48		115×48
		220	265				210		210				
200	200	170	210	200×200×45	200×200×50	32×	160	35×	160	30×	105×43	35×	105×43
		200	240				190		190				
		200	245	200×200×50	200×200×60		190		190		115×48		115×48
		220	265				210		210				
250		170	210	250×200×45	250×200×50		160		160		105×43		105×43
		200	240				190		190				
		200	245	250×200×50	250×200×60		190		190		115×48		115×48
		220	265				210		210				
315	200	190	230	315×200×45	315×200×55	35×	180	40×	180	35×	115×43	40×	115×43
		220	250				200		200				
		230	255	315×200×50	315×200×65		210		210		125×48		125×48
		240	285				230		230				
250	250	190	230	250×250×45	250×250×55		180		180		115×43		115×43
		200	250				200		200				
		220	255	250×250×50	250×250×65		210		210		125×48		125×48
		240	285				230		230				
315	315	215	250	315×250×50	315×250×60	40×	200	45×	200	40×	125×48	45×	125×48
		245	280				230		230				
		245	290	315×250×55	315×250×70		230		230		140×53		140×53
		275	320				260		260				
400		215	250	400×250×50	400×250×60		200		200		125×48		125×48
		245	280				230		230				
		245	290	400×250×55	400×250×70		230		230		140×53		140×53
		275	320				260		260				

续表

凹模周界		闭合高度(参考)H		零件件号、名称及标准编号									
				1	2	3		4		5		6	
				上模座 (GB/T 2855.1)	下模座 (GB/T 2855.2)	导柱 (GB/T 2861.1)				导套 (GB/T 2861.3)			
				数量									
L	B	最小	最大	1	1	1	1	1	1	1	1	1	1
				规格									
315	315	215	250	315×315×50	315×315×60	45×	230	50×	230	45×	125×48	50×	125×48
		245	280				260		260				
		245	290	315×315×55	315×315×70		260		260		140×53		140×53
		275	320				290		290				
400		245	290	400×315×55	400×315×65		230		230		140×58		140×58
		245	315				260		260				
		275	320	400×315×60	400×315×75		260		260		150×58		150×58
		305	350				290		290				
500		245	290	500×315×55	500×315×65		230		230		140×53		140×53
		245	315				260		260				
		275	320	500×315×60	500×315×75		260		260		140×58		140×58
		305	350				290		290				
400	400	245	290	400×400×55	400×400×65		230		230		140×53		140×53
		275	315				260		260				
		275	320	400×400×60	400×400×75		260		260		150×58		150×58
		305	350				290		290				
630		240	280	630×400×55	630×400×65	50×	220	55×	220	50×	150×53	55×	150×53
		270	305				250		250				
		270	310	630×400×65	630×400×80		250		250		160×63		160×63
		300	340				280		280				
500		260	300	500×500×55	500×500×65		240		240		150×53		150×53
		290	325				270		270				
		290	330	500×500×65	500×500×80		270		270		160×63		160×63
		320	360				300		300				

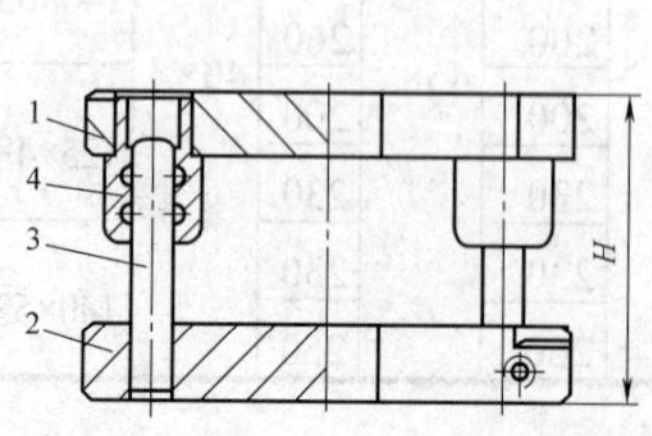

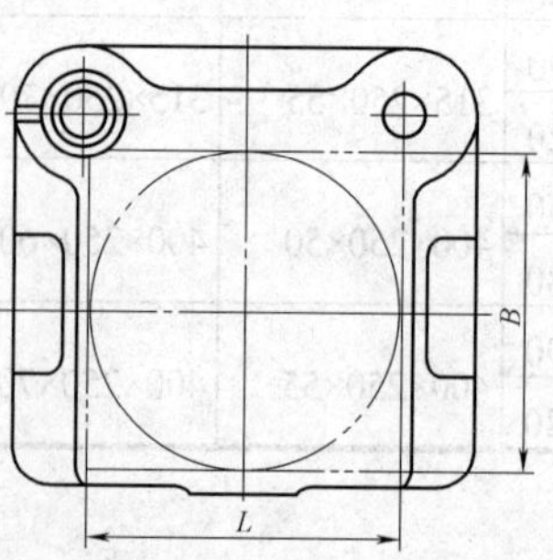

图 3-9　滑动导向后侧导柱模架

表 3-15　冲模滑动导向后侧导柱模架规格(摘自 GB/T 2851—2008)　　单位：mm

凹模周界		闭合高度(参考)*H*		零件件号、名称及标准编号					
				1	2	3		4	
				上模座 (GB/T 2855.1)	下模座 (GB/T 2855.2)	导柱 (GB/T 2861.1)		导套 (GB/T 2861.3)	
				数量					
L	*B*	最小	最大	1	1	2		2	
				规格					
63	50	100	115	63×50×20	63×50×25	16×	90	16×	60×18
		110	125				100		
		110	130	63×50×25	63×50×30		100		65×23
		120	140				110		
63	63	100	115	63×63×20	63×63×25		90		60×18
		110	125				100		
		110	130	63×63×25	63×63×30		100		65×23
		120	140				110		
80	63	110	130	80×63×25	80×63×30	18×	100	18×	65×23
		130	150				120		
		120	145	80×63×30	80×63×40		110		70×28
		140	165				130		
100		110	130	100×63×25	100×63×30		110		65×23
		130	150				130		
		120	145	100×63×30	100×63×40		130		70×28
		140	165				100		
80	80	110	130	80×80×25	80×80×30	20×	100	20×	65×23
		130	150				120		
		120	145	80×80×30	80×80×40		110		70×28
		140	165				130		
100		110	130	100×80×25	100×80×30		100		65×23
		130	150				120		
		120	145	100×80×30	100×80×40		110		70×28
		140	165				130		
125		110	130	125×80×25	125×80×30		100		65×23
		130	150				120		
		120	145	125×80×30	125×80×40		110		70×28
		140	165				130		

续表

凹模周界		闭合高度(参考)*H*		零件件号、名称及标准编号					
				1	2	3		4	
				上模座 (GB/T 2855.1)	下模座 (GB/T 2855.2)	导柱 (GB/T 2861.1)		导套 (GB/T 2861.3)	
				数量					
				1	1	2		2	
L	*B*	最小	最大	规格					
100	100	110	130	100×100×25	100×100×30	20×	100	20×	65×23
		130	150				120		
		120	145	100×100×30	100×100×40		110		70×28
		140	165				130		
125		120	150	125×100×30	125×100×35	22×	110	22×	80×28
		140	165				130		
		140	170	125×100×35	125×100×45		130		80×33
		160	190				150		
160		140	170	160×100×35	160×100×40	25×	130	25×	85×33
		160	190				150		
		160	195	160×100×40	160×100×50		150		90×38
		190	225				180		
200		140	170	200×100×35	200×100×40		130		85×38
		160	190				150		
		160	195	200×100×40	200×100×50		150		90×38
		190	225				180		
125	125	120	150	63×63×20	63×63×25	22×	110	22×	80×28
		140	165				130		
		140	170	63×63×25	63×63×30		130		85×33
		160	190				150		
160	125	140	170	160×125×35	160×125×40	25×	130	25×	85×33
		160	190				150		
		170	205	160×125×40	160×125×50		160		95×38
		190	225				180		
200		140	170	200×125×35	200×125×40		130		85×33
		160	190				150		
		170	205	200×125×40	200×125×50		160		95×38
		190	225				180		

续表

<table>
<tr><th colspan="2" rowspan="3">凹模周界</th><th colspan="2" rowspan="3">闭合高度(参考)H</th><th colspan="4">零件件号、名称及标准编号</th></tr>
<tr><th>1
上模座
(GB/T 2855.1)</th><th>2
下模座
(GB/T 2855.2)</th><th>3
导柱
(GB/T 2861.1)</th><th>4
导套
(GB/T 2861.3)</th></tr>
<tr><th colspan="3">数量</th><th></th></tr>
<tr><th rowspan="2">L</th><th rowspan="2">B</th><th rowspan="2">最小</th><th rowspan="2">最大</th><th>1</th><th>1</th><th>2</th><th>2</th></tr>
<tr><th colspan="4">规格</th></tr>
<tr><td rowspan="4">250</td><td rowspan="4">125</td><td>160</td><td>200</td><td rowspan="2">250×125×40</td><td rowspan="2">250×125×45</td><td>28×150</td><td rowspan="2">28×100×38</td></tr>
<tr><td>180</td><td>220</td><td>28×170</td></tr>
<tr><td>190</td><td>235</td><td rowspan="2">250×125×45</td><td rowspan="2">250×125×55</td><td>28×180</td><td rowspan="2">28×110×43</td></tr>
<tr><td>200</td><td>255</td><td>28×200</td></tr>
<tr><td rowspan="4">160</td><td rowspan="8">160</td><td>160</td><td>200</td><td rowspan="2">160×160×40</td><td rowspan="2">160×160×45</td><td>28×150</td><td rowspan="2">28×100×38</td></tr>
<tr><td>180</td><td>220</td><td>28×170</td></tr>
<tr><td>190</td><td>235</td><td rowspan="2">160×160×45</td><td rowspan="2">160×160×55</td><td>28×180</td><td rowspan="2">28×110×43</td></tr>
<tr><td>210</td><td>255</td><td>28×200</td></tr>
<tr><td rowspan="4">200</td><td>160</td><td>200</td><td rowspan="2">200×160×40</td><td rowspan="2">200×160×45</td><td>28×150</td><td rowspan="2">28×100×38</td></tr>
<tr><td>180</td><td>220</td><td>28×170</td></tr>
<tr><td>190</td><td>235</td><td rowspan="2">200×160×45</td><td rowspan="2">200×160×55</td><td>28×180</td><td rowspan="2">28×110×43</td></tr>
<tr><td>210</td><td>255</td><td>28×200</td></tr>
<tr><td rowspan="4">250</td><td rowspan="4">160</td><td>170</td><td>210</td><td rowspan="2">250×160×45</td><td rowspan="2">250×160×55</td><td>32×160</td><td rowspan="2">32×105×43</td></tr>
<tr><td>200</td><td>240</td><td>32×190</td></tr>
<tr><td>200</td><td>245</td><td rowspan="2">250×160×50</td><td rowspan="2">250×160×60</td><td>32×190</td><td rowspan="2">32×115×48</td></tr>
<tr><td>220</td><td>265</td><td>32×210</td></tr>
<tr><td rowspan="4">200</td><td rowspan="12">200</td><td>170</td><td>210</td><td rowspan="2">200×200×45</td><td rowspan="2">200×200×50</td><td>32×160</td><td rowspan="2">32×105×43</td></tr>
<tr><td>200</td><td>240</td><td>32×190</td></tr>
<tr><td>200</td><td>245</td><td rowspan="2">200×200×50</td><td rowspan="2">200×200×60</td><td>32×190</td><td rowspan="2">32×115×48</td></tr>
<tr><td>220</td><td>265</td><td>32×210</td></tr>
<tr><td rowspan="4">250</td><td>170</td><td>210</td><td rowspan="2">250×200×45</td><td rowspan="2">250×200×50</td><td>32×160</td><td rowspan="2">32×105×43</td></tr>
<tr><td>200</td><td>240</td><td>32×190</td></tr>
<tr><td>200</td><td>245</td><td rowspan="2">250×200×50</td><td rowspan="2">250×200×60</td><td>32×190</td><td rowspan="2">32×115×48</td></tr>
<tr><td>220</td><td>265</td><td>32×210</td></tr>
<tr><td rowspan="4">315</td><td>190</td><td>230</td><td rowspan="2">315×200×45</td><td rowspan="2">315×200×55</td><td>35×180</td><td rowspan="2">35×115×43</td></tr>
<tr><td>220</td><td>250</td><td>35×200</td></tr>
<tr><td>230</td><td>255</td><td rowspan="2">315×200×50</td><td rowspan="2">315×200×65</td><td>35×210</td><td rowspan="2">35×125×48</td></tr>
<tr><td>240</td><td>285</td><td>35×230</td></tr>
</table>

续表

凹模周界		闭合高度(参考)*H*		零件件号、名称及标准编号					
				1 上模座 (GB/T 2855.1)	2 下模座 (GB/T 2855.2)	3 导柱 (GB/T 2861.1)		4 导套 (GB/T 2861.3)	
				数量					
				1	1	2		2	
L	*B*	最小	最大	规格					
250	250	190	230	250×250×45	250×250×55	35×	180	35×	115×43
		200	250				200		
		220	255	250×250×50	250×250×65		210		125×48
		240	285				230		
315		215	250	315×250×50	315×250×60	40×	200	40×	125×48
		245	280				230		
		245	290	315×250×55	315×250×70		230		140×53
		275	320				260		
400		215	250	400×250×50	400×250×60		200		125×48
		245	280				230		
		245	290	400×250×55	400×250×70		230		140×53
		275	320				260		

3. 滑动导向中间导柱圆形模架

GB/T 2851—2008《冲模滑动导向模架》标准规定的中间导柱圆形模架结构如图 3-10 所示。模架规格如表 3-16 所示。

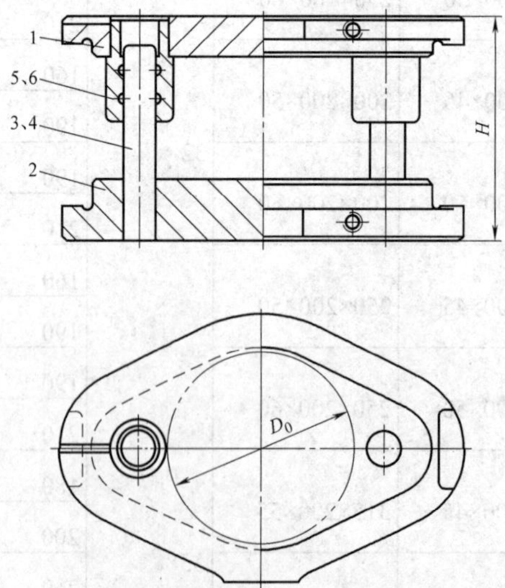

图 3-10　滑动导向中间导柱模架

标记示例：

D_0=200mm，H=170～210mm，I 级精度的冲模滑动导向中间导柱圆形模架标记为

滑动导向模架　中间导柱圆形　200×170～210　I　GB/T　2851—2008(冲模滑动导向模架标准)。

表 3-16　冲模滑动导向中间导柱模架(摘自 GB/T　2851—2008)　　单位：mm

凹模周界	闭合高度(参考)H		零件件号、名称及标准编号									
			1	2	3		4		5		6	
			上模座(GB/T 2855.1)	下模座(GB/T 2855.2)	导柱(GB/T 2861.1)				导套(GB/T 2861.3)			
			数量									
D_0	最小	最大	1	1	1	1	1	1	1	1	1	1
			规格									
63	100	115	63×20	63×25	16×	90	18×	90	16×	60×18	18×	60×18
	110	125				100		100				
	110	130	63×25	63×30		100		100		65×23		65×23
	120	140				110		110				
80	110	130	80×25	80×30	20×	100	22×	100	20×	65×23	22×	65×23
	130	150				120		120				
	120	145	80×30	80×40		110		110		70×28		70×28
	140	165				130		130				
100	110	130	100×25	100×30		100		100		65×23		65×23
	130	150				120		120				
	120	145	100×30	100×40		110		110		70×28		70×28
	140	165				130		130				
125	120	150	125×30	100×35	22×	110	25×	110	22×	80×28	25×	80×28
	140	165				130		130				
	140	170	125×35	100×45		130		130		85×33		85×33
	160	190				150		150				
160	160	200	160×40	160×45	28×	150	32×	150	28×	100×33	32×	100×33
	180	220				170		170				
	190	235	160×45	160×55		180		180		110×43		110×43
	210	255				200		200				
200	170	210	200×45	200×50	32×	160	35×	160	32×	105×43	35×	105×43
	200	240				190		190				
	200	245	200×50	200×60		190		190		115×45		115×45
	220	265				210		210				
250	190	230	250×45	250×55	35×	180	40×	180	35×	115×43	40×	115×43
	220	260				210		210				
	210	255	250×50	250×125×55		200		200		125×48		125×48
	240	280				230		230				

续表

凹模周界	闭合高度(参考)H		零件件号、名称及标准编号									
			1	2	3		4		5		6	
			上模座 (GB/T 2855.1)	下模座 (GB/T 2855.2)	导柱 (GB/T 2861.1)				导套 (GB/T 2861.3)			
			数量									
D_0	最小	最大	1	1	1	1	1	1	1	1	1	1
			规格									
315	215	250	315×50	315×60	40×	200	50×	200	45×	125×48	50×	125×48
	245	280				230		230				
	245	290	315×55	315×70		230		230		140×53		140×53
	275	320				260		260				
400	245	290	400×55	400×65		230		230		140×53		140×53
	275	315				260		260				
	275	320	400×60	400×75		260		260		140×55		140×55
	305	350				290		290				
500	260	300	500×55	500×65	50×	240	55×	240	50×	150×53	55×	150×53
	290	325				270		270				
	290	330	500×65	500×80		270		270		160×63		160×63
	320	360				300		300				
630	270	310	630×60	630×70	55×	250	60×	250	55×	160×58	60×	160×58
	300	340				280		280				
	310	350	630×75	630×90		290		290		170×73		170×73
	340	380				320		320				

4. 滑动导向四导柱模架

GB/T 2851—2008《冲模滑动导向模架》标准规定的四导柱模架结构如图 3-11 所示。模架规格如表 3-17 所示。

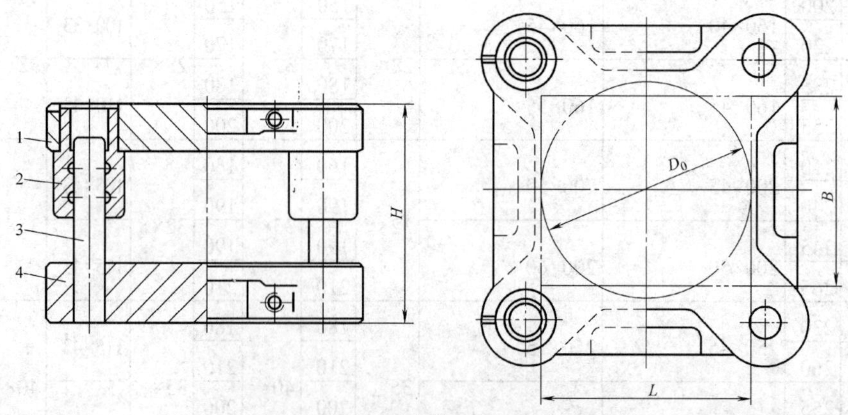

图 3-11　铸铁滑动导向四导柱模架

标记示例：

L=200mm，B=160mm，闭合高度 H=170～210mm，I 级精度的冲模滑动导向四导柱模架标记为

滑动导向模架　四导柱　200×160×170～210　I　GB/T 2851—2008。

表 3-17　冲模滑动导向四导柱模架(摘自 GB/T 2851—2008)　　单位：mm

凹模周界			闭合高度(参考)H		零件件号、名称及标准编号					
					1	2	3		4	
					上模座 (GB/T 2855.1)	下模座 (GB/T 2855.2)	导柱 (GB/T 2861.1)		导套 (GB/T 2861.3)	
					数量					
					1	1	2		2	
L	B	D_0	最小	最大	规格					
160	125	160	140	170	160×125×35	160×125×40	25×	130	25×	85×33
			160	190				150		
			170	205	160×125×40	160×125×50		160		95×38
			190	225				180		
200	160	200	160	200	200×160×40	200×160×45	28×	150	28×	100×38
			180	220				170		
			190	235	200×160×45	200×160×50		180		110×43
			210	255				200		
250		—	170	210	250×160×45	250×160×50	32×	160	32×	105×43
			200	240				190		
			200	245	250×125×50	250×125×60		190		115×48
			220	265				210		
250	200	250	170	210	250×200×45	250×200×50		160		105×48
			200	240				190		
			200	245	250×200×50	250×200×60		190		115×48
			220	265				210		
315		—	190	230	315×200×45	315×200×55	35×	180	35×	115×43
			220	250				200		
			230	255	315×200×50	315×200×65		210		125×48
			240	285				230		
315	250	—	215	250	315×250×50	315×250×60	40×	200	40×	125×48
			245	280				230		
			245	290	315×250×55	315×250×70		230		140×53
			275	320				260		

续表

凹模周界		闭合高度(参考)*H*			零件件号、名称及标准编号					
					1	2	3		4	
					上模座 (GB/T 2855.1)	下模座 (GB/T 2855.2)	导柱 (GB/T 2861.1)		导套 (GB/T 2861.3)	
					数量					
L	*B*	D_0	最小	最大	1	1	2		2	
					规格					
400	250	—	215	250	400×250×50	400×250×60	45×	200	45×	125×48
			245	280				230		
			245	290	400×250×55	400×250×70		230		140×53
			275	320				260		
400	315	—	245	290	400×425×55	400×315×65		230		140×53
			275	315				260		
			275	320	400×250×60	400×250×75		260		150×58
			305	350				290		
500			245	290	500×315×55	500×315×65		230		140×53
			275	315				260		
			275	320	500×315×60	500×315×75		260		150×58
			305	350				290		
630			215	250	630×315×55	630×315×65	50×	240	50×	150×53
			245	280				270		
			245	290	630×315×65	630×315×80		270		160×63
			275	320				300		
500	400	—	260	300	500×400×55	500×400×65		230		140×53
			290	325				260		
			290	330	500×400×65	500×400×80		260		150×58
			320	360				290		
630			260	300	630×400×55	630×400×65	50×	240	50×	150×53
			290	325				270		
			290	330	630×400×65	630×400×80		270		160×63
			320	360				300		

5. 冲模滚动导向对角导柱模架

标记示例：

L=200mm，*B*=160mm，*H*=220mm，I 级精度冲模滚动导向对角导柱模架标记为

滚动导向模架 对角导柱 200×160×220 I GB/T 2852—2008(冲模滑动导向模架标准)。

6. 冲模滚动导向中间导柱模架

标记示例：

L=200mm，*B*=160mm，*H*=220mm，I 级精度冲模滚动导向中间导柱模架标记为

滚动导向模架　中间导柱　200×160×220　I　GB/T 2852—2008。

7. 冲模滚动导向四导柱模架

标记示例：

L=200mm，*B*=160mm，*H*=220mm，I 级精度冲模滚动导向四导柱模架标记为

滚动导向模架　四导柱　200×160×220　I　GB/T 2852—2008。

8. 冲模滚动导向后侧导柱模架

标记示例：

L=200mm，*B*=160mm，*H*=220mm，I 级精度冲模滚动导向后侧导柱模架标记为

滚动导向模架　四导柱　200×160×220　I　GB/T 2852—2008。

3.3　冲模标准钢板模架行业标准

在大型或受力较大的模架中经常采用钢板模架。由于篇幅所限，此处只列出行业标准代号，使用时可按标准查找。

(1) 钢板滑动导向后侧导柱模架(JB/T 7181.1—1995)。
(2) 钢板滑动导向对角导柱模架(JB/T 7181.2—1995)。
(3) 钢板滑动导向中间导柱模架(JB/T 7181.3—1995)。
(4) 钢板滑动导向四导柱模架(JB/T 7181.4—1995)。
(5) 钢板滚动导向后侧导柱模架(JB/T 7182.1—1995)。
(6) 钢板滚动导向对角导柱模架(JB/T 7182.2—1995)。
(7) 钢板滚动导向中间导柱模架(JB/T 7182.3—1995)。
(8) 钢板滚动导向四导柱模架(JB/T 7182.4—1995)。

3.4　冲模模架零件技术条件与标准

GB/T 2855.1～GB/T 2855.2—2008(冲模滑动导向模架标准)中已规定模架零件技术条件与标准，使用时可查阅相关参数与技术要求。

3.4.1　冲模模架零件技术条件

1．适用范围

GB/T 2855—2008 适用于冷冲模滑动与滚动导向的模架。

2．引用标准

《普通螺纹基本尺寸(直径 1～600mm)》(GB/T 196—2003)。

《普通螺纹公差与配合(直径 1～355mm)》(GB/T 197—2003)。

《逐批检查计数抽样程序及抽样表》(GB/T 2828—2012)。

《冲模模架精度检查》(JB/T 8071—2008)。

《铸铁件机械加工余量、尺寸公差和重量偏差》(JB 2854—2007)。

3．技术要求

(1) 零件的尺寸、精度、表面粗糙度和热处理等应符合有关零件标准的技术要求和本技术条件的规定。

(2) 零件的材料除按有关零件标准的规定使用材料外，允许代料，但代用材料的力学性能不得低于原定材料。

(3) 零件图上未注公差尺寸的极限偏差按 GB 1804—2000 规定的 IT14 级精度：孔尺寸为 H14、轴尺寸为 h14、长度尺寸为 js14。

(4) 零件图上未注明倒角尺寸，所有锐边、锐角均应倒角或倒圆，视零件大小，倒角尺寸为 C0.5～C2，倒圆尺寸为 R0.5～R1mm。

(5) 零件图上未注明的铸造圆角半径为 R3～R5mm。

(6) 铸件的非加工表面须清砂处理，表面应光滑平整，无明显凸凹缺陷。

(7) 铸件的尺寸公差按 JB 2854—2007 的规定。

(8) 铸造模座加工前应进行时效处理，要求高的铸造模座在粗加工后再进行一次消除内应力的时效处理。

(9) 加工后的零件表面，不允许有裂纹和影响使用的砂眼、缩孔、机械损伤等缺陷。

(10) 经热处理后的零件表面，不允许有裂纹和影响使用的软点、脱碳区，并清除氧化皮、脏物和油污。

(11) 表面渗碳、淬火的零件，其要求渗碳层为成品加工后的渗碳厚度。

(12) 钢制零件的非工作表面及非配合表面视使用要求应进行发蓝处理。

(13) 各级精度模架用的模座，其平行度(T)必须达到表 3-18 所示的规定。

表 3-18　模座平行度

基本尺寸(mm)	模架精度等级(μm)	
	0Ⅰ、Ⅰ级	0Ⅱ、Ⅱ级
	平行度	
>40～63	0.008	0.012
>63～100	0.010	0.015
>100～160	0.012	0.020
>160～250	0.015	0.025
>250～400	0.020	0.030
>400～630	0.025	0.040
>630～1000	0.030	0.050
>1000～1600	0.040	0.060

(14) 模座上的起重孔为螺孔，螺孔的基本尺寸按 GB/T 196—2003 的规定，公差按

GB/T 197—2003 的规定，经供需双方协议可改为钻孔。

(15) 组成 I 级精度的滑动导向模架和滚动导向模架的铸造模座的非加工表面清理后涂漆。一般的铸造模座的非加工表面清理后是否需要涂漆，由供需双方协商处理。

(16) 导套的导入端孔允许有扩大的锥度，孔直径不大于ϕ55mm 时，锥度范围不大于 3mm，且在 3mm 长度内扩大值不大于 0.02mm；孔直径大于ϕ55mm 时，锥度范围不大于 5mm，且在 5mm 长度内扩大值不大于 0.04mm。

(17) 滑动和滚动的可卸导柱与衬套的锥度配合面，其吻合长度和吻合面积均应在 80%以上。

(18) 铆合在钢球保护圈上的钢球，应在孔内自由转动而不脱落。

(19) 直径不大于ϕ55mm 的导柱(可卸式导柱除外)允许按表 3-20 所示的规定加工工艺孔。

(20) 当铸造质量能满足模座搭压板处的平整要求并确保安全时，模座的压板台可由制造厂决定取消。

3.4.2 冲模滑动导向模座标准

1. 冲模滑动导向对角导柱模座

(1) GB/T 2855.1－2008(冲模滑动导向对角导柱模型)标准规定的滑动导向对角导柱上模座结构如图 3-12 所示，尺寸规格如表 3-19 所示。

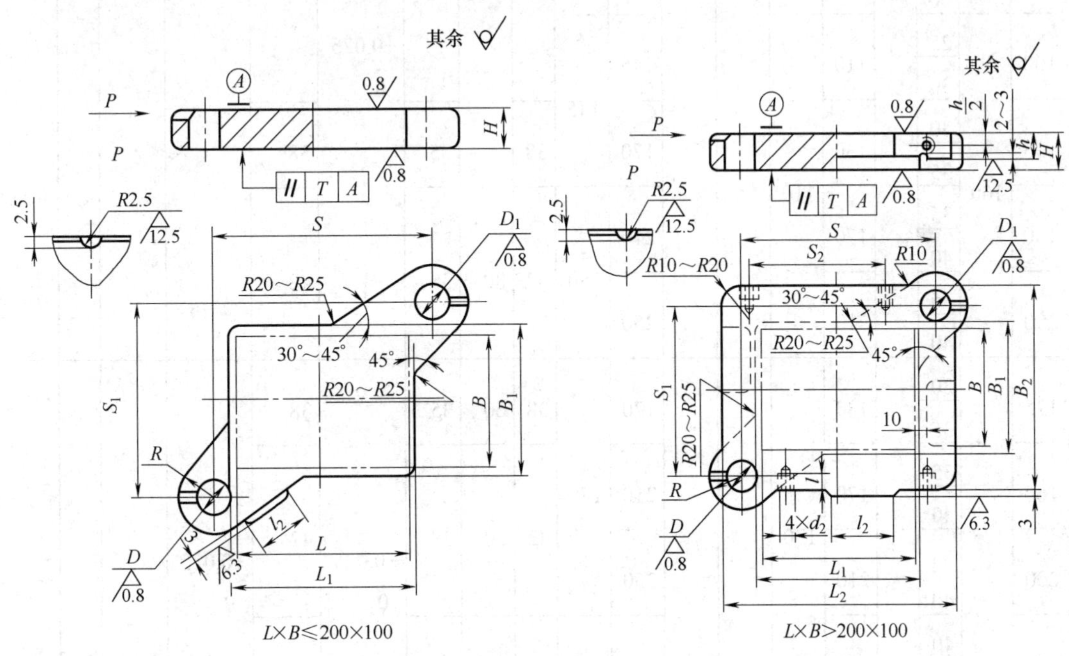

图 3-12　滑动导向对角导柱上模座结构

标记示例：

L=200mm、B=160mm、厚度 H=45mm 的滑动导向对角导柱上模座标记为

滑动导向上模座 对角导柱 200×160×45　GB/T 2855.1－2008(冲模滑动导向模架标准)。

表 3-19　冲模滑动导向对角导柱上模座尺寸(摘自 GB/T 2855.1—2008)　　单位：mm

凹模周界		H	h	L_1	B_1	L_2	B_2	S	S_1	R	l_2	D(H7)		D_1(H7)		d_2	l	S_2
L	B											基本尺寸	极限偏差	基本尺寸	极限偏差			
63	50	20 25	—	70	60	—	—	100	85	28	40	25	$^{+0.021}_{0}$	28	$^{+0.021}_{0}$	—	—	—
63	63	20 25	—	70	70	—	—	100	95	28	40	25	$^{+0.021}_{0}$	28	$^{+0.025}_{0}$	—	—	—
80	63	25 30	—	90	70	—	—	120	105	32	40	28	$^{+0.021}_{0}$	32	$^{+0.025}_{0}$	—	—	—
100	63	25 30	—	110	70	—	—	140	105	32	40	28	$^{+0.021}_{0}$	32	$^{+0.025}_{0}$	—	—	—
80	80	25 30	—	90	90	—	—	125	125	35	60	32	$^{+0.025}_{0}$	35	$^{+0.025}_{0}$	—	—	—
100	80	25 30	—	110	90	—	—	145	125	35	60	32	$^{+0.025}_{0}$	35	$^{+0.025}_{0}$	—	—	—
125	80	25 30	—	130	90	—	—	170	125	35	60	32	$^{+0.025}_{0}$	35	$^{+0.025}_{0}$	—	—	—
100	100	25 30	—	110	110	—	—	145	145	35	60	32	$^{+0.025}_{0}$	35	$^{+0.025}_{0}$	—	—	—
125	100	30 35	—	130	110	—	—	170	145	38	60	35	$^{+0.025}_{0}$	38	$^{+0.025}_{0}$	—	—	—
160	100	35 40	—	170	110	—	—	210	150	42	80	38	$^{+0.025}_{0}$	42	$^{+0.025}_{0}$	—	—	—
200	100	35 40	—	210	110	—	—	250	150	42	80	38	$^{+0.025}_{0}$	42	$^{+0.025}_{0}$	—	—	—
125	125	30 35	—	130	130	—	—	170	175	38	60	35	$^{+0.025}_{0}$	38	$^{+0.025}_{0}$	—	—	—
160	125	35 40	—	170	130	—	—	210	175	42	80	38	$^{+0.025}_{0}$	42	$^{+0.025}_{0}$	—	—	—
200	125	35 40	—	210	130	—	—	250	175	42	80	38	$^{+0.025}_{0}$	42	$^{+0.025}_{0}$	—	—	—
250	125	40 45	—	260	130	—	—	305	180	45	100	42	$^{+0.025}_{0}$	45	$^{+0.025}_{0}$	—	—	—
160	160	40 45	—	170	170	—	—	215	215	45	80	42	$^{+0.025}_{0}$	45	$^{+0.025}_{0}$	—	—	—

续表

凹模周界		H	h	L_1	B_1	L_2	B_2	S	S_1	R	l_2	D(H7)		D_1(H7)		d_2	l	S_2
L	B											基本尺寸	极限偏差	基本尺寸	极限偏差			
200	160	40 45	30	210	170	—	—	200	215	45	80	42	+0.025 0	45	+0.025 0	—	—	—
250		45 50		260		360	230	310	220	50	100	45		50		M14-6H	28	210
200	200	45 50		210	210	320	270	260	260		80							180
250		45 50		260		370		310			100							220
315		45 50		325		435		380	265	55		50		55	+0.030 0			280
250	250	45 50		260	260	380	330	315	315							M16-6H	32	210
315		50 55	35	325		445		385	320	60		55	+0.030 0	60				290
400		50 55		410		540		470										350
315	315	50 55		325	325	460	400	390	390	65		60		65		M20-6H	40	280
400		55 60	40	410		550		475										340
500		55 60		510		650		575										460
400	400	55 60		410	410	560	490	475	475									370
630		55 65		640		780		710	480	70		65		70				580
500	500	55 65		510	510	650	590	580	580									460

注：压板台的形状和平面尺寸由制造厂决定。

(2) GB/T 2855.2－2008(冲模滑动导向模架标准)标准规定的滑动导向对角导柱下模座如图 3-13 所示，尺寸规格如表 3-20 所示。

标记示例：

L=250mm、B=200mm、厚度 H=60mm 的滑动导向对角导柱下模座标记为

滑动导向下模座 对角导柱 250×200×60 GB/T 2855.2－2008(冲模滑动导向模架下模座

标准)。

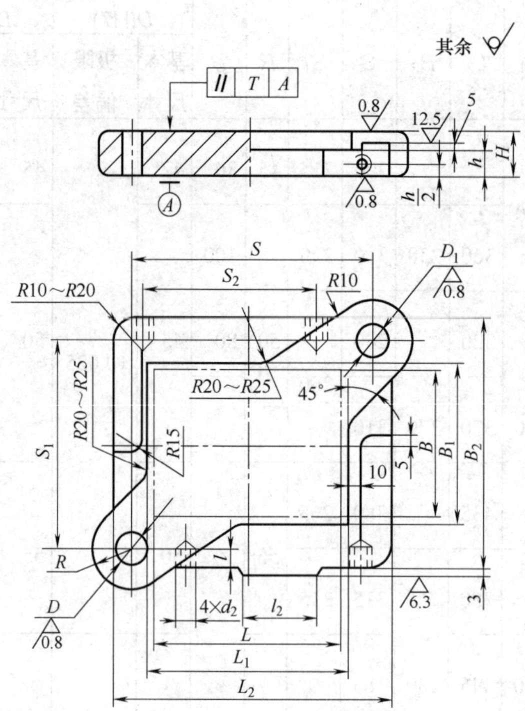

图 3-13　滑动导向对角导柱模架下模座

表 3-20　冲模滑动导向对角导柱下模座尺寸(摘自 GB/T 2855.2—2008)　　　单位：mm

凹模周界		H	h	L_1	B_1	L_2	B_2	S	S_1	R	l_2	D(H7)		D_1(H7)		d_2	l	S_2
L	B											基本尺寸	极限偏差	基本尺寸	极限偏差			
63	50	25	20	70	60	125	100	100	85	28	40	16		18	−0.016 −0.034	—	—	—
		30																
63	63	25		70	70	130	110		95				−0.016 −0.034					
		30																
80		30		90		150	120	120	105	32		18		20	−0.020 −0.041			
		40																
100		30		110		170		140										
		40																
80	80	30		90	90	90	90	125	125	35	60	20	−0.020 −0.041	22				
		40																
100		30		110		110		145										
		40																
125		30	25	130		130		170										
		40																

续表

凹模周界		H	h	L_1	B_1	L_2	B_2	S	S_1	R	l_2	D(H7)		D_1(H7)		d_2	l	S_2
L	B											基本尺寸	极限偏差	基本尺寸	极限偏差			
100	100	30 40		110	110	110	110	145	145	35	60	20	−0.020 −0.041	22	−0.020 −0.041	—	—	—
125		35 45		130		100		170		38		22		25				
160		40 50	30	170		170		210	150	42	80	25		28				
200		45 50		210		210		250										
125	125	35 45	25	130	130	200	190	170	17 5	38	60	22		25				
160		40 50	30	170		250		210		42	80	25		28				
200		40 50		210		290		250										
250		45 55	35	260		340		305	180	45	100	28		32				
160	160	45 55		170	170	270	230	215	215		80							
200		45 50		210	170	310	230	255										
250		50 60	40	260		360	230	310	220	50	100	32		35		M14-6H	28	210
200	200	50 60		210	210	320	270	260	260		80							180
250		50 60		260		370		310			100		−0.025 −0.050		−0.025 −0.050			220
315		55 65		325		435		380	265	55		35		40				280
250	250	55 65		260	260	380	330	315	315							M16-6H	32	210
315		60 70	45	325		445		385	320	60		40		45				290
400		60 70		410		540		470										350

续表

凹模周界		H	h	L_1	B_1	L_2	B_2	S	S_1	R	l_2	D(H7)		D_1(H7)		d_2	l	S_2
L	B											基本尺寸	极限偏差	基本尺寸	极限偏差			
315	315	60 70	45	325	325	460	400	390	390	65	100	45	−0.025 −0.050	50	−0.025 −0.050	M20-6H	40	280
400		65 75		410		550		475										340
500		65 75		510		650		575										460
400	400	65 75		410	410	560	490	475	475									370
630		65 80		640		780		710	480	70		50		55				580
500	500	65 80		510	510	650	590	580	580									460

注：①压板台的形状和平面尺寸由制造厂决定。

②安装 B 型导柱时，d(R7)、d_1(R7)改为 d(H7)、d_1(H7)。

2. 滑动导向后侧导柱模座

(1) GB/T 2855.1—2008(冲模滑动导向模架上模座标准)标准规定的滑动导向后侧导柱上模座结构如图 3-14 所示，尺寸规格如表 3-21 所示。

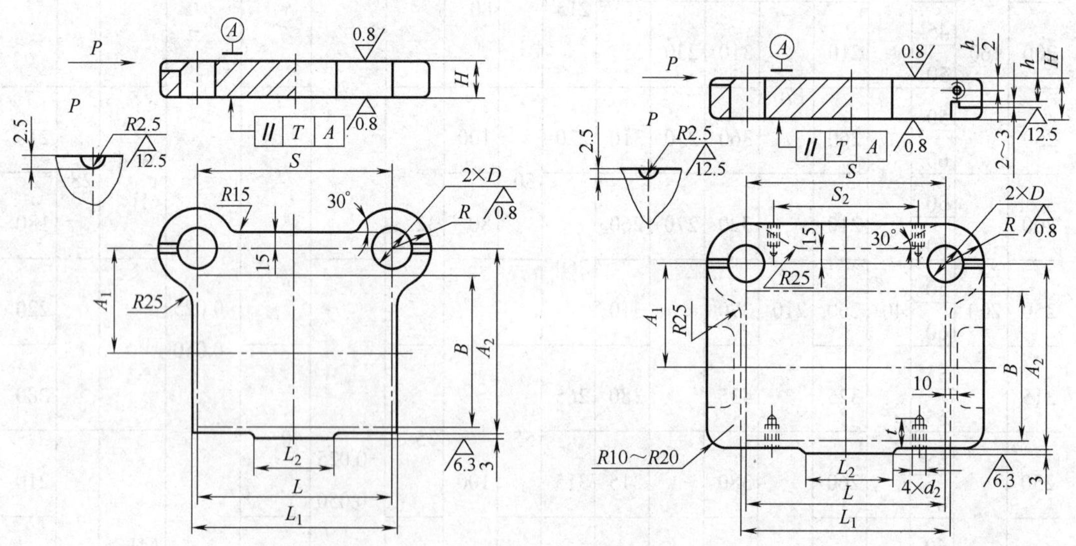

图 3-14 后侧导柱模架上模座结构

标记示例：

L=200mm、B=160mm、厚度 H=45mm 的滑动导向后侧导柱上模座标记为

滑动导向上模座 后侧导柱 200×160×45 GB/T 2855.1－2008(冲模滑动导向模架上模座标准)。

表 3-21 冲模后侧导柱上模座尺寸规格(摘自 GB/T 2855.1—2008) 单位：mm

凹模周界		H	h	L_1	S	A_1	A_2	R	L_2	D(H7)		d_2	t	S_2
L	B									基本尺寸	极限偏差			
63	50	20	—	70	70	45	75	28	40	25	+0.021 0	—	—	—
		25												
63	63	20		70	70	50	85							
		25												
80		25		90	94			32		28				
		30												
100		25		110	116									
		30												
80	80	25		90	94	125	65	110	60	32	+0.025 0			
		30												
100		25		110	116	145								
		30												
125		25		130	130	170								
		30												
100	100	25		110	116	145	75	130						
		30												
125		30		130	130	170				35				
		35												
160		35		170	170	210			80	38				
		40												
200		35		210	210	250								
		40												
125	125	30	—	130	130	170	175	85	150	35		—	—	—
		35												
160		35		170	170	210				38				
		40												
200		35		210	210	250								
		40												
250		40		260	250	305	180			42				
		45												
160	160	40		170	170	215	215	110	195					
		45												
200		40		210	210	200								
		45												

续表

凹模周界		H	h	L_1	S	A_1	A_2	R	L_2	D(H7)		d_2	t	S_2
L	B									基本尺寸	极限偏差			
250	160	45 50	30	260	250	310	220	110	195	45	+0.025 0	M14-6H	28	150
200	200	45 50		210	210	260	260	130	235					120
250		45 50		260	250	310								150
315		45 50		325	305	380	265			50				200
250	250	45 50		260	250	315	315	160	290			M16-6H	32	140
315		50 55	35	325	305	385	320			55	+0.030 0			200
400		50 55		410	390	470								280

注：压板台的形状和平面尺寸由制造厂决定。

(2) GB/T 2855.2－2008(冲模滑动导向模架下模座)标准规定的滑动导向后侧导柱下模座结构如图 3-15 所示，尺寸规格如表 3-22 所示。

标记示例：

L=250mm、B=200mm，厚度 H=50mm 的滑动导向后侧导柱下模座标记为

滑动导向下模座 后侧导柱 250×200×50 GB/T 2855.2—2008(冲模滑动导向模架下模座标准)。

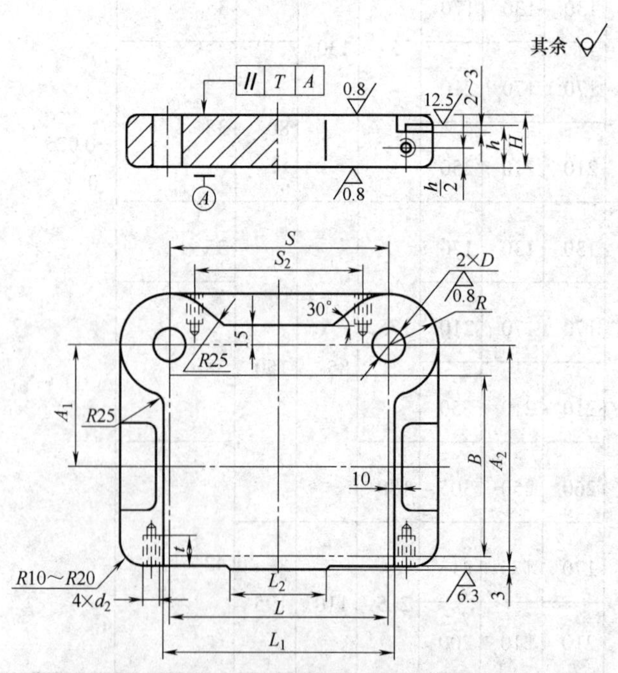

图 3-15 滑动导向后侧导柱下模座结构

表 3-22　冲模后侧导柱下模座尺寸规格(摘自 GB/T 2855.2—2008)　　单位：mm

凹模周界		H	h	L_1	S	A_1	A_2	R	L_2	d(H7)		d_2	t	S_2
L	B									基本尺寸	极限偏差			
63	50	20	20	70	70	45	75	25	40	16	$^{-0.016}_{-0.034}$	—	—	—
		25												
63	63	20		70	70	50	58							
		25												
80		25		90	94			28	60	18				
		30												
100		25		110	116									
		30												
80	80	25		90	94	65	110	32		20	$^{+0.025}_{0}$			
		30												
100		25		110	116									
		30												
125		25		130	130									
		30												
100	100	25	25	110	116	75	130							
		30												
125		30		130	130			35		22				
		35												
160		35	30	170	170			38	80	25				
		40												
200		35		210	210									
		40												
125	125	30	25	130	130	85	150	35	60	22		—	—	—
		35												
160		35	30	170	170			38	80	25				
		40												
200		35		210	210									
		40												
250		40	35	260	250			42	100	28				
		45												
160	160	40		170	170	110	195		80					
		45												
200		40		210	210									
		45												

续表

凹模周界		H	h	L_1	S	A_1	A_2	R	L_2	d(H7)		d_2	t	S_2
L	B									基本尺寸	极限偏差			
250	160	45 50	40	260	250	110	195	45	100	32	−0.025 −0.050	M14-6H	28	150
200	200	45 50		210	210	130	235		80					120
250		45 50		260	250				100					150
315		45 50		325	305			50		35				200
250	250	45 50		260	250	160	290					M16-6H	32	140
315		50 55	45	325	305			55		40				200
400		50 55		410	390									280

注：①压板台的形状和平面尺寸由制造厂决定。

②安装 B 型导柱时，d(R7)改为 d(H7)。

3. 滑动导向中间导柱圆形上模座

(1) GB/T 2855.1－2008(冲模滑动导向模架上模座)标准规定的滑动导向中间导柱圆形上模座尺寸结构如图 3-16 所示，上模座尺寸规格如表 3-23 所示。

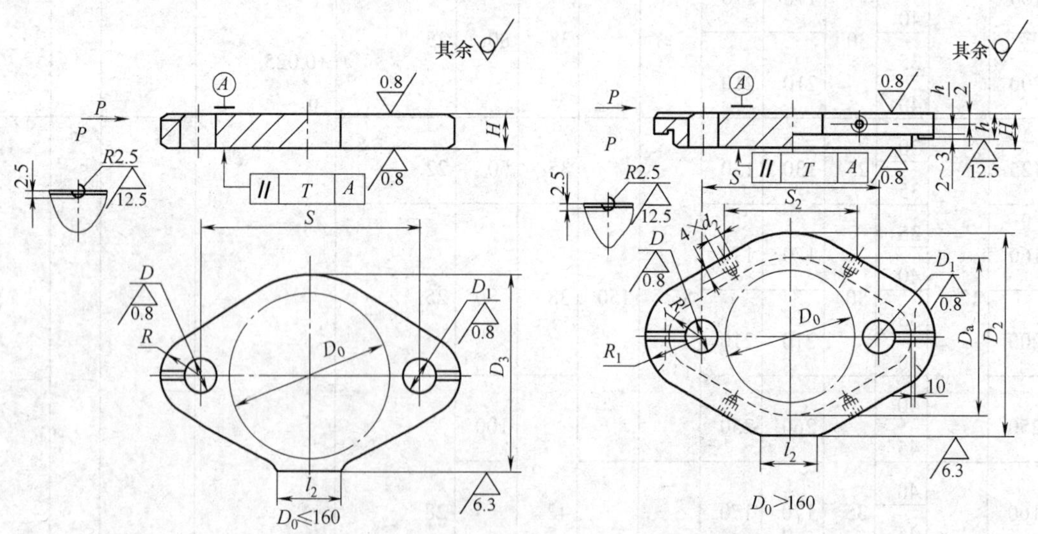

图 3-16　滑动导向中间导柱圆形模架上模座

标记示例：

D_0=160mm、厚度 H=45mm 的滑动导向中间导柱上模座标记为

滑动导向上模座　中间导柱　160×45　GB/T　2855.1－2008(冲模滑动导向模架上模座标准)。

表 3-23　冲模滑动导向中间导柱圆形上模座尺寸规格(摘自 GB/T 2855.1—2008)　单位：mm

凹模周界 D_0	H	h	D_a	D_2	S	R	R_1	l_2	D(R7)		D_1(R7)		d_2	t	S_2
									基本尺寸	极限偏差	基本尺寸	极限偏差			
63	20	—	70	—	100	28	—	40	25	+0.021 0	28	+0.021 0	—	—	—
	25														
80	25		90		125	35		60	32	+0.025 0	35	+0.025 0			
	30														
100	25		110		145										
	30														
125	30		130		170	38		80	35		38				
	35														
160	40		170		215	45			42		45				
	45														
200	45	30	210	280	260	50	85	100	45		50		M14-6H	28	180
	50														
250	45		260	340	315	55	95		50		55		M16-6H	32	220
	50														
315	50	35	325	425	390	65	115		60	+0.030 0	65	+0.030 0	M20-6H	40	280
	55														
400	55		410	510	475	65									380
	60														
500	55	40	510	620	580	70	125		65		70				480
	60														
630	55		640	758	720	76	135		70		76				600
	65														

注：①压板台的形状和平面尺寸由制造厂决定。

②材料由制造者选定，建议采用 HT200。

(2) GB/T 2855.2—2008(冲模滑动导向模架下模座)标准规定的滑动导向中间导柱圆形模架下模座结构如图 3-17 所示，下模座尺寸规格如表 3-24 所示。

标记示例：

D_0=200mm、厚度 H=60mm 的滑动导向中间导柱下模座标记为

滑动导向下模座 中间导柱 200×60 GB/T 2855.2—2008(冲模滑动导向模架下模座标准)。

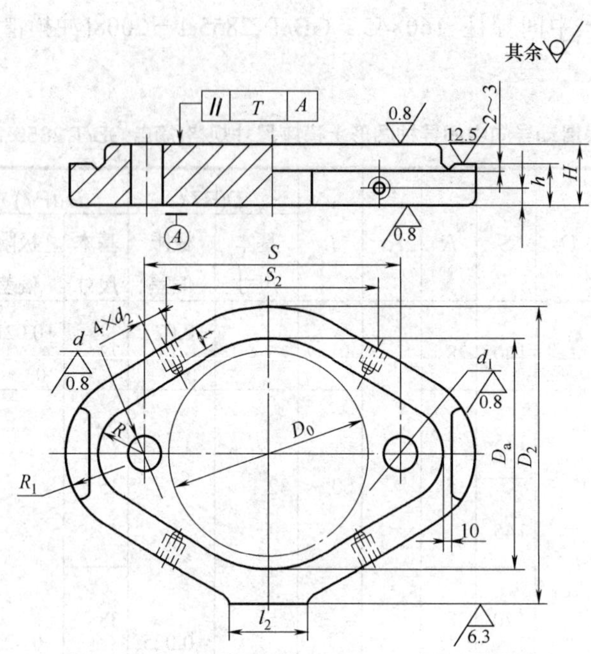

图 3-17 滑动导向中间导柱圆形下模座结构

表 3-24 冲模滑动导向中间导柱圆形下模座尺寸规格(摘自 GB/T 2855.2—2008) 单位：mm

凹模周界 D_0	H	h	D_a	D_2	S	R	R_1	l_2	D(H7) 基本尺寸	D(H7) 极限偏差	D_1(H7) 基本尺寸	D_1(H7) 极限偏差	d_2	t	S_2
63	25	20	70	102	100	28	44	50	16	−0.016 −0.034	18	−0.016 −0.034	—	—	—
	30														
80	30		90	136	125	35	58	60	20	−0.020 −0.041	22	−0.020 −0.041			
	40														
100	30		110	160	145		60								
	40														
125	35	25	130	190	170	38	68	80	22		25				
	40														
160	45	35	170	240	215	45	80		28		32				
	55														
200	50	40	210	280	260	50	85	100	32	−0.025 −0.050	32	−0.025 −0.050			180
	60														
250	55		260	340	315	55	95		35		40		M14-6H	28	220
	65														

续表

凹模周界 D_0	H	h	D_a	D_2	S	R	R_1	l_2	D(H7) 基本尺寸	D(H7) 极限偏差	D_1(H7) 基本尺寸	D_1(H7) 极限偏差	d_2	t	S_2
315	60	45	325	425	390	65	115	100	45	-0.025 -0.050	50	-0.025 -0.050	M16-6H	32	280
	70														
400	65		410	510	475	65									380
	75														
500	65		510	620	580	70	125		50		55	-0.030 0.060	M20-6H	40	480
	80														
630	70		640	758	720	76	135		55	-0.030 -0.060	60				600
	90														

注：①压板台的形状和平面尺寸由制造厂决定。

②安装 B 型导柱时，d(R7)、d_1(R7)改为d(H7)、d_1(H7)。

③材料由制造者选定，建议采用 HT200。

4. 滑动导向四导柱模架模座

(1) GB/T 2855.1－2008 标准规定的滑动导向四导柱上模座结构如图 3-18 所示，上模座尺寸规格如表 3-25 所示。

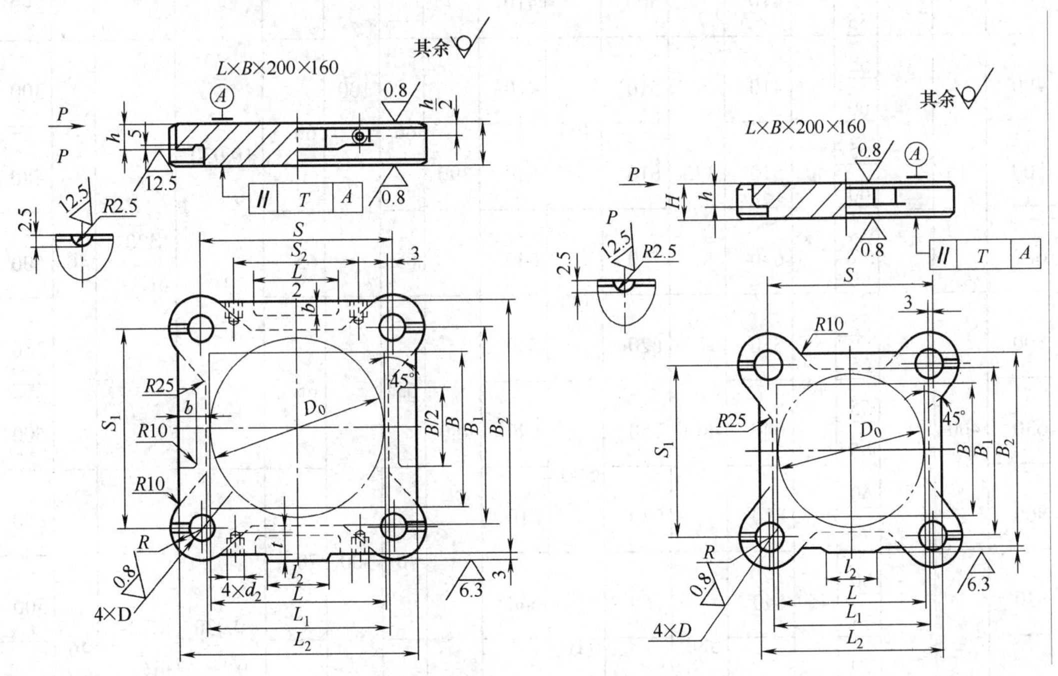

图 3-18　滑动导向四导柱模架上模座结构

标记示例：

L=200mm、B=160mm，厚度 H=45mm 的滑动导向四导柱上模座标记为

滑动导向上模座 四导柱 200×160×45 GB/T 2855.1－2008。

表 3-25 冲模滑动导向四导柱上模座尺寸规格(摘自 GB/T 2855.1—2008) 单位：mm

凹模周界			H	h	L_1	B_1	L_2	B_2	S	S_1	R	l_2	D(H7)		d_2	l	S_2
L	B	D_0											基本尺寸	极限偏差			
160	125	160	35 40	20	170	160	240	230	175	190	38		38		—	—	—
200	160	200	40 45	25	210	200	290	280	220	215	42		42				
250		—	45 50		260		340		265		45	80	45	+0.025 0	M14-6H	28	170
250	200	250	45 50	30	260	250	340	330	265	260							170
315		—	45 50		325		425		340		50		50				200
315	250	—	50 55	35	325	300	425	400	340	315	55		55		M16-6H	32	230
400			50 55		410		500		410								290
400	315		55 60	40	410	375	510	495	410	390	60	100	60	+0.030 0			300
500			55 60		510		610		510								480
630			55 60		640		750	590	640		65		65		M20-6H	40	500
500	400	—	55 65	40	510	460	620		510	480	65		65				380
630			55 65		640		750	590	640								500
800			60 75		810		930		810		70	100	70				650
630	500		60 75	45	640	580	760	710	640	590				+0.030 0	M24-6H	46	500
800			70 85		810		940		810		76		76				650
1000			70 85	45	1010	580	1140	710	1010								800

续表

凹模周界			H	h	L_1	B_1	L_2	B_2	S	S_1	R	l_2	D(H7)		d_2	l	S_2
L	B	D_0											基本尺寸	极限偏差			
800	630	—	70	45	810	700	940	840	810	720	76	100	76	+0.030 0	M24-6H	46	650
			85														
1000			70		1010		1140		1010								800
			85														

注：①压板台的形状和平面尺寸由制造厂决定。

②材料由制造者选定，建议采用 HT200。

(2) GB/T 2855.2－2008 标准规定的滑动导向四导柱下模座结构如图 3-19 所示，下模座尺寸规格如表 3-26 所示。

标记示例：

L=200mm、B=160mm，厚度 H=55mm 的滑动导向四导柱下模座标记为

滑动导向下模座　四导柱　200×160×55　GB/T 2855.2－2008(冲模滑动导向模架下模座标准)。

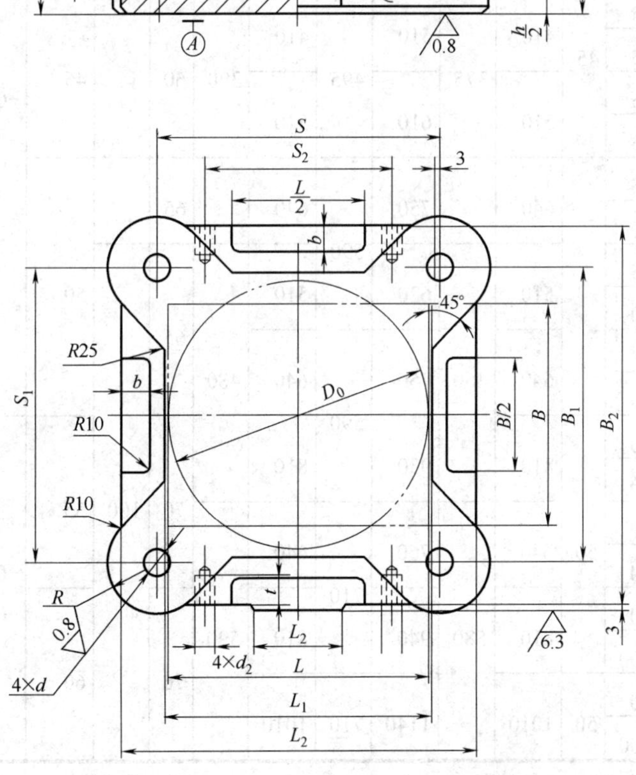

图 3-19　滑动导向四导柱模架下模座结构

表 3-26　冲模滑动导向四导柱下模座尺寸规格(摘自 GB/T 2855.2—2008)　　单位：mm

凹模周界			H	h	L_1	B_1	L_2	B_2	S	S_1	R	l_2	D(H7)		d_2	l	S_2
L	B	D_0											基本尺寸	极限偏差			
160	125	160	40 50	30	170	160	240	230	175	190	38		25				
200	160	200	45 55	35	210	200	290	280	220	215	42		28		—	—	—
250		—	50 60		260		340		265		45	80	32	−0.020 −0.040	M14-6H	28	170
250	200	250	50 60	40	260	250	340	330	265	260							170
315		—	55 60		325		425		340		50		35				200
315	250	—	60 70	35	325	300	425	400	340	315	55		40		M16-6H	32	230
400			60 70		410		500		410			100					290
400	315	—	65 75	45	410	375	510	495	410	390	60		45			40	300
500			65 75		510		610		510					−0.025 −0.050			480
630			65 80		640		750	590	640		65				M20-6H		500
500			65 80		510		620		510		65		50				380
630	400		65 80		640	460	750	590	640	480							500
800		—	70 90		810		930		810		70	100	55				650
630	500		70 90	50	640		760	710	640					−0.030 −0.060	M24-6H	46	500
800			80 100		810	580	940		810	590	76		60				650
1000	500		80 100	50	1010		1140	710	1010								800

续表

凹模周界			H	h	L_1	B_1	L_2	B_2	S	S_1	R	l_2	D(H7)		d_2	l	S_2
L	B	D_0											基本尺寸	极限偏差			
800	630	—	80	50	810	700	940	840	810	720	76	100	60	-0.030 -0.060	M24-6H	46	650
			100														
1000			80		1010		1140		1010								800
			100														

注：①压板台的形状和平面尺寸由制造厂决定。

②安装 B 型导柱时，*d*(R7)改为 *d*(H7)。

③材料由制造者选定，建议采用 HT200。

冲模滚动导向上模座标准与规格参见 GB/T 2856.1－2008(冲模滚动导向模架上模座)国家标准，下模座标准与规格参见 GB/T 2856.2－2008(冲模滚动导向模架下模座)国家标准。

标准钢板滑动导向模架系列与规格参见 JB/T 7181.1～7181.4－1995 部颁标准。

标准钢板滚动导向模架系列与规格参见 JB/T 7182.1～7182.4－1995 部颁标准。

3.4.3　导向装置中的导柱、导套

GB/T 2861.1—2008 标准规定了冲模 A 型和 B 型滑动导向导柱的结构、尺寸和标记。

1. A 型滑动导向导柱

A 型滑动导向导柱形式如图 3-20 所示，尺寸规格如表 3-27 所示。

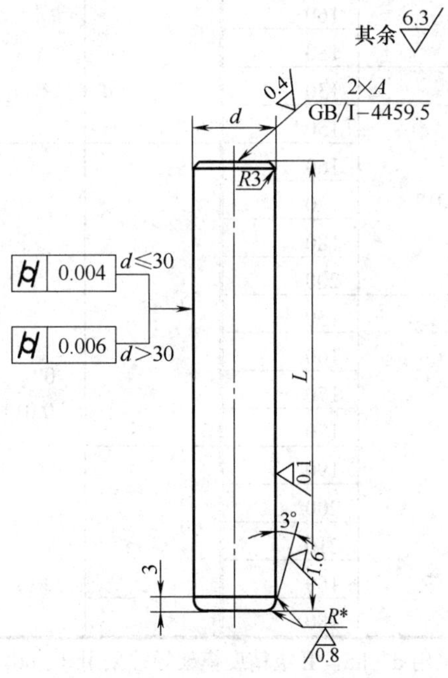

图 3-20　A 型滑动导向导柱

表 3-27　冲模导向装置 A 型滑动导向导柱尺寸规格(摘自 GB/T 2861.1—2008)　单位：mm

d 基本尺寸	d 极限偏差 (h5)	d 极限偏差 (h6)	L	d 基本尺寸	d 极限偏差 (h5)	d 极限偏差 (h6)	L
16	0 −0.008	0 −0.011	90	35	0 −0.011	0 −0.016	190
			100				200
			110				210
18			90				230
			100	40			180
			110				190
			120				200
			130				210
20	0 −0.009	0 −0.013	100				230
			110				260
			120	45			200
			130				230
22			100				260
			110				290
			120	50			200
			130				220
			150				230
25			100				240
			130				250
			150				260
			160				270
			180				280
28	0 −0.009	0 −0.013	130				290
			150				300
			160	55	0 −0.011	0 −0.016	220
			170				240
			180				250
			200				270
32			150				280
			160				290
			170				300
			180				320
			190	60			250
			200				280
			210				290
35			160				320
			180				

注：① I 级精度模架导柱采用 d　h5，II 级精度模架导柱采用 d　h6。

② 材料由制造者选定，推荐采用 20Cr、Gr15。20Cr 渗碳深度 0.8～1.2mm，硬度 58—62HRC；Gr15 硬度 58—62HRC。

标记示例：
d=20mm，L=120mm 的滑动导向 A 型导柱标记为
滑动导向导柱 A　20×120　GB/T 2861.1—2008(滑动导向模架导柱标准)。
未注表面粗糙度为 Ra 6.3μm，允许保留中心孔和开油槽。
R^*由制造厂决定。

2. B 型滑动导向导柱

B 型滑动导向导柱形式如图 3-21 所示，尺寸规格如表 3-28 所示。
标记示例：
d=20mm，L=120mm，l=30mm 的 B 型导柱标记为
滑动导向导柱 B　20×120　GB/T 2861.1—2008。
未注表面粗糙度为 Ra 6.3μm，允许保留中心孔和开油槽。
R^*由制造厂决定。

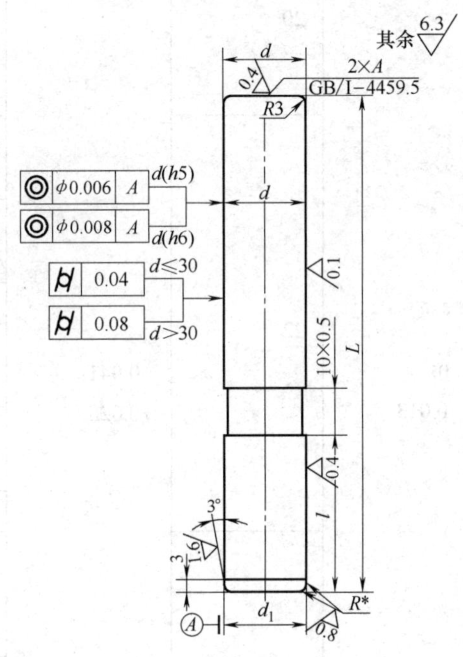

图 3-21　B 型滑动导向导柱

表 3-28　冲模导向装置 B 型滑动导向导柱尺寸规格(摘自 GB/T 2861.1—2008)　单位：mm

d			d_1		L	l
基本尺寸	极限偏差 (h5)	极限偏差 (h6)	基本尺寸	偏差 r6		
16	0 −0.008	0 −0.011	16	+0.034 +0.023	90	25
					100	
					100	30
					110	

续表

d 基本尺寸	d 极限偏差 (h5)	d 极限偏差 (h6)	d_1 基本尺寸	d_1 偏差 r6	L	l
18	0 −0.008	0 −0.011	18	+0.034 +0.023	90	25
					100	
					100	30
					110	
					120	
					110	40
					130	
20	0 −0.009	0 −0.013	20	+0.041 +0.028	100	30
					120	
					120	35
					110	40
					130	
22			22		100	30
					120	
					110	35
					120	
					130	
					110	40
					130	
					130	45
					150	
25			28		110	35
					130	
					130	40
					150	
					130	45
					150	
					150	50
					160	
					180	

续表

d			d_1		L	l
基本尺寸	极限偏差 (h5)	极限偏差 (h6)	基本尺寸	偏差 r6		
28	0 −0.009	0 −0.013	28	+0.041 +0.028	130	40
					150	
					150	45
					170	
					150	50
					160	
					180	
					180	55
					200	
32			32		150	45
					170	
					160	50
					190	
					180	55
					210	
					190	60
					210	
35	0 −0.011	0 −0.016	35	+0.050 +0.034	160	50
					190	
					180	55
					190	
					210	
					190	60
					210	
					200	65
					230	
40			40		180	55
					210	
					190	60
					200	
					210	
					230	
					200	65
					230	

注：① I 级精度模架导柱采用 d h5，II 级精度模架导柱采用 d h6。

② 材料由制造者选定，推荐采用 20Cr、Gr15。20Cr 渗碳深度 0.8～1.2mm，硬度 58—62HRC；Gr15 硬度 58—62HRC。

滚动导向导柱参见 GB/T 2861.2—2008 标准。

3. A 型滑动导向导套

GB/T 2861.3—2008(冲模滑动导向模架导套)标准中 A 型滑动导向导套的形式如图 3-22 所示，尺寸规格如表 3-29 所示。

标记示例：

d=20mm，*L*=70mm，*H*=28mm 的滑动导向 A 型导套标记为

滑动导向导套 A 20×70×28 GB/T 2861.3—2008。

未注表面粗糙度为 *Ra* 6.3μm。砂轮越程槽由制造者确定；压入端允许采用台阶式导入结构；油槽数量及尺寸由制造者确定。

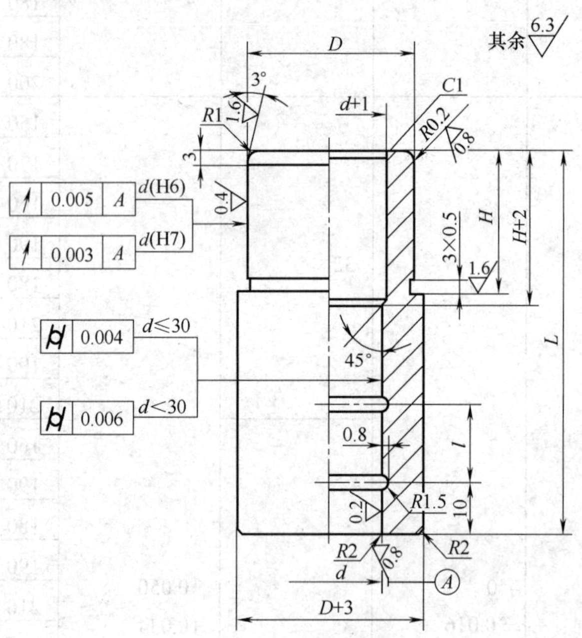

图 3-22　A 型滑动导向导套

表 3-29　冲模导向装置 A 型滑动导向导套尺寸规格(摘自 GB/T 2861.3—2008)　　单位：mm

d			*D*(r6)		*L*	*H*	*l*	油槽数
基本尺寸	偏差		基本尺寸	偏差				
	H6	H7						
16	+0.011 0	+0.018 0	25	+0.041 +0.028	60	18	15	2
					65	23		
18			28		60	18		
					65	23		
					70	28		
20	+0.013 0	+0.021 0	32	+0.050 +0.034	65	23		
					70	28		

续表

d			D(r6)		L	H	l	油槽数
基本尺寸	偏差		基本尺寸	偏差				
	H6	H7						
22	+0.013 0	+0.021 0	35	+0.050 +0.034	65	23	15	2
					70	28		
					80			
					80	33		
					85	38		
25			38		80	28	20	2
					80	33		
					85			
					90	38		
					95			
28			42		85	33		
					90	38		
					95			
					100		25	
					110	43		
32	+0.016 0	+0.025 0	45		100	38		
					105	43		
					110			
					115	48		
35			50		105	43		
					115			
					115	48		
					125			
40			55	+0.060 +0.041	115	43		
					125	48		
					140	53	20	3
45			60		125	48	25	3
					140	53	20	3
					150	58		
50			65		125	48		
					140	53		
					150			
					150	58		
					160	63		

续表

d			D(r6)		L	H	l	油槽数
基本尺寸	偏差		基本尺寸	偏差				
	H6	H7						
55	+0.019 0	+0.030 0	70	+0.062 +0.043	150	53	20	3
					160	58		
					160	63		
60			76		160	58		
					170	73		

注：①Ⅰ级精度模架导套采用D　H6，Ⅱ级精度模架导套采用D　H7。

② 材料由制造者选定，推荐采用20Cr、Gr15。20Cr渗碳深度0.8～1.2mm，硬度58—62HRC；Gr15硬度58—62HRC。

4. B型滑动导向导套

GB/T 2861.3—2008(冲模滑动导向模架导套)标准中B型导套形式如图3-23所示，尺寸规格如表3-30所示。

标记示例：

d=20mm，L=70mm，高度H=28mm的B型滑动导向导套标记为

滑动导向导套B　20×70×28　GB/T 2861.3—2008。

未注表面粗糙度为Ra 6.3μm。压入端允许采用台阶式导入结构；油槽数量及尺寸由制造者确定；R^*由制造厂决定。

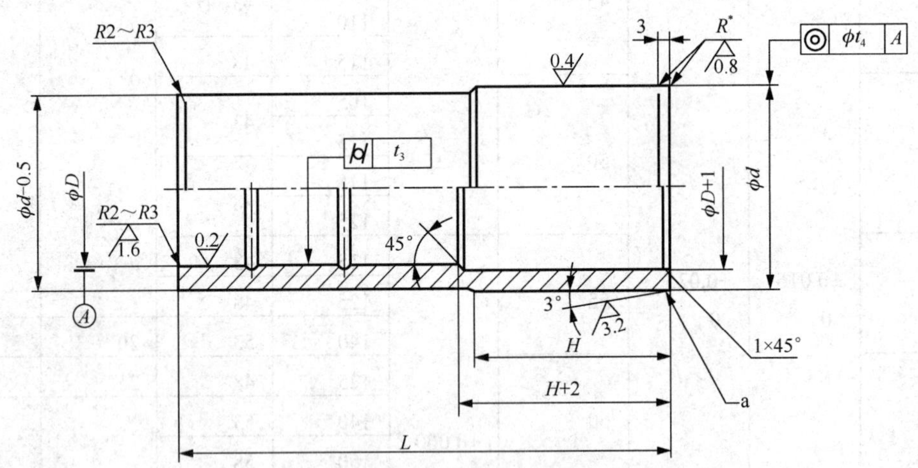

图3-23　B型滑动导向导套

滚动导向导套的结构、尺寸和标记参见GB/T 2861.4—2008(冲模滚动导向模架导套标准)。

滑动导向可拆卸导柱和滚动导向可拆卸导柱结构、尺寸和标记分别参见GB/T 2861.7—2008(冲模管动导向模架可拆卸导柱标准)和GB/T 2861.8—2008(冲模滚动导向模架可拆卸导柱标准)。

表 3-30　冲模导向装置 B 型滑动导向导套尺寸规格(摘自 GB/T 2861.3—2008)　单位：mm

d			*D*(r6)		*L*	*H*	*d*			*D*(r6)		*L*	*H*
基本尺寸	极限偏差 (H6)	极限偏差 (H7)	基本尺寸	极限偏差			基本尺寸	(H6)	(H7)	基本尺寸	极限偏差		
16	+0.011 0	+0.018 0	25	+0.041 +0.028	40	18	28	+0.013 0	+0.021 0	42	+0.050 +0.034	95	38
					60	18						100	
					65	23	32	+0.016 0	+0.025 0	45		110	43
18			28		40	18						65	30
					45	23						70	33
					60	18						100	38
					65	23						105	
					70	28						110	43
20	+0.013 0	+0.050 +0.034	32	+0.050 +0.034	45	23				50		115	48
					50	25	35					70	33
					65	23						105	43
					70	28						115	48
22			35		50	25						125	
					55	27	40			55	+0.060 +0.041	115	43
					65	23						125	48
					70	28						140	53
					80	33	45			60		125	48
					85	38						140	53
25			38		55	27						150	58
					60	30	50			65		125	48
					80	33						140	53
					85							150	58
					90	38						160	63
					95		55			70	+0.062 +0.043	150	53
28			42		60	30						160	63
					65							170	73
					85	33	60			76		160	58
					90	38						170	73

注：① 0 Ⅰ级精度模架导套采用 D　H6，0 Ⅱ级精度模架导套采用 D　H7。

② 材料由制造者选定，推荐采用 20Cr、Gr15。20Cr 渗碳深度 0.8～1.2mm，硬度 58—62HRC；Gr15 硬度 58—62HRC。

③ t3、t4 应符合 JB/T 8071 中的规定，其他应符合 JB/T 8070 的规定。

本 章 小 结

本章主要介绍冷冲模模架技术条件与标准和冷冲模模架零件技术条件与标准。通过本章的学习应掌握冲压模技术条件及冲压模模架技术条件与标准，由冲压件能合理设计模具工作零件，进而正确选择模架型号与规格，并能正确查阅尺寸及绘制上、下模座图纸。

思考与练习

一、简答题

1. 什么是模具标准？
2. 冲模模架技术要求有哪些？
3. 冲模标准模架有哪些型号？
4. 冲模常用导柱、导套有哪些型号？
5. 冲模典型结构有哪几大类？

二、综合练习题

根据图 3-24～图 3-27 所示的冲压件，试确定落料冲孔复合模(见图 3-24)、弯曲模(见图 3-25)、首次落料拉深模(见图 3-26)、翻孔成形模(见图 3-27)的凹模外形尺寸，并选择模架规格与型号，绘制上、下模座图。

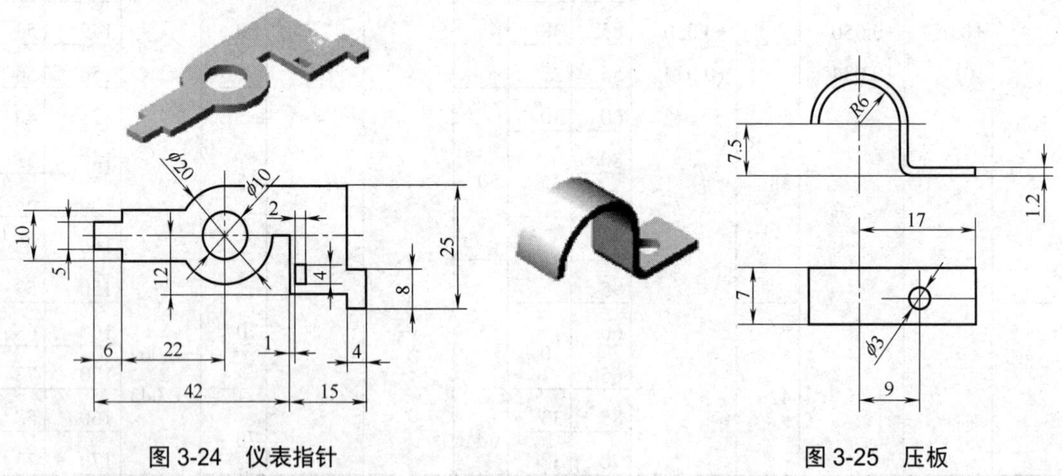

图 3-24　仪表指针　　　　图 3-25　压板

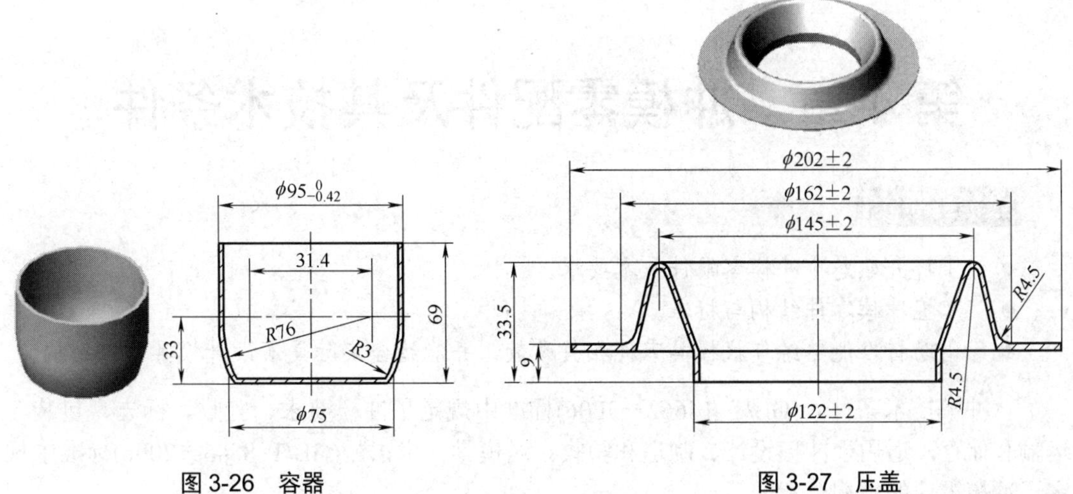

图 3-26　容器　　　　图 3-27　压盖

第 4 章　冲模零配件及其技术条件

技能目标

- 了解并熟悉冷冲模零配件技术要求。
- 掌握冲模零件结构与标准。
- 借助标准能熟练查找模具零件相关参数，并能结合实际灵活设计模具零件结构。

《冲模技术条件》(GB/T 14662－2006)标准中规定了冲模要求、验收、标志、包装、运输和储存，适用于冲模设计、制造和验收。《模具　术语》(GB/T 8845－2006)标准中规定了冲模零件的结构要素。

4.1　冷冲模零配件技术要求

冷冲模零配件技术要求如下。

(1) 零件的尺寸、精度、表面粗糙度和热处理等应符合有关零件标准的技术要求和本技术条件的规定。

(2) 零件的材料除按有关零件标准规定的使用材料外，允许代料，但代用材料的力学性能不得低于原定材料。

(3) 零件图上未注公差尺寸的极限偏差按《未注尺寸公差》(GB/T 1804—2000)规定的IT14 级精度。孔尺寸为 H14，轴尺寸为 h14，长度尺寸为 Js14。

(4) 零件图上未注明倒角尺寸，除刃口外所有锐边和锐角均应倒角或倒圆，视零件大小，倒角尺寸为 0.5mm×45°～2mm×45°，倒圆尺寸为 R0.55～R1mm。

(5) 零件图上未注明的铸造圆角半径为 R3～R5mm。

(6) 铸件的非加工表面须清砂处理，表面应光滑平整，无明显凸、凹缺陷。

(7) 铸件的尺寸公差：灰铸铁、球墨铸铁按《铸铁件机械加工余量、尺寸公差和重量偏差》(JB 2854—1980)规定；铸钢件按《铸钢件机械加工余量、尺寸公差和重量偏差》(JB 2580—1979)规定。

(8) 锻件不应有过热、过烧的内部组织和机械加工不能去除的裂纹、夹层及凹坑。

(9) 铸造模座加工前应进行时效处理，要求高的铸造模座在粗加工后应再进行一次消除内应力的时效处理。

(10) 加工后的零件表面，不允许有影响使用的砂眼、缩孔、裂纹和机械损伤等缺陷。

(11) 经热处理后的零件，硬度应均匀，不允许有影响使用的裂纹、软点和脱碳区，并清除氧化皮、脏物和油污。

(12) 表面渗碳淬火的零件，其要求渗碳层为成品加工后的渗碳厚度。

(13) 钢制零件的非工作表面及非配合表面视使用要求应进行发蓝处理。

(14) 所有模座、凹模板、模板、垫板及单凸模固定板和单凸模垫板等零件图上标明的

平行度符号 *T* 的值按表 4-1 所示的规定。

(15) 矩形凹模板、矩形模板等零件图上标明的垂直度公差符号 *T* 值按表 4-2 所示的规定。在保证垂直度 *T* 值要求下，其表面粗糙度 *Ra* 允许降为 1.6 μm 。

表 4-1 模板平行度公差值

基本尺寸/mm	公差等级	
	4	5
	公差值 *T*	
＞40～63	0.008	0.012
＞63～100	0.010	0.015
＞100～160	0.012	0.020
＞160～250	0.015	0.025
＞250～400	0.020	0.030
＞400～630	0.025	0.040
＞630～1000	0.030	0.050
＞1000～1600	0.040	0.060

注：①基本尺寸是指被测表面的最大长度尺寸或最大宽度尺寸。

②公差等级按《形状和位置未注公差的规定》(GB/T 1184—2008)。

③滚动导向模架的模座平行度误差采用公差等级 4 级。

④其他模座和模板的平行度误差采用公差等级 5 级。

表 4-2 模板垂直度公差值

基本尺寸/mm	公差等级
	5
	公差值 *T*
＞40～63	0.012
＞63～100	0.015
＞100～160	0.020
＞160～250	0.025

注：① 基本尺寸是指被测零件的短边长度。

② 垂直度误差是指以长边为基准时短边的垂直度最大允许值。

③ 公差等级按《形状和位置公差未注公差的规定》(GB/T 1184—2008)。

(16) 各种模柄(包括带柄上模座)等零件图上标明的跳动符号 *T* 的值按表 4-3 所示的规定。

(17) 上、下模座的导柱、导套安装孔的轴心线应与基准面垂直，其垂直度公差按以下规定。

① 安装滑动导柱或导套的模座为 100∶0.01。

② 安装滚动导柱或导套的模座为 100∶0.005。

(18) 各种模座(包括通用模座)在保证平行度要求下，其上、下两平面的表面粗糙度 *Ra* 允许降为 1.6μm。

表 4-3 模柄圆跳动公差值

基本尺寸/mm	公差等级 8
	公差值 T
＞18～30	0.025
＞30～50	0.030
＞50～120	0.040
＞120～250	0.050

注：① 基本尺寸是指模柄(包括带柄上模座)零件图上标明的可测部位的最大尺寸。

② 公差等级按《形状和位置公差未注公差的规定》(GB/T 1184—2008)。

4.2 冲模零件结构与标准

冷冲模零件主要有凸模、凹模、凸凹模、凸模固定板、凹模固定板、卸料板、垫板、模柄、定位与导正零件、卸料与压料配件、侧刃、废料切刀等。

1. 圆凸模零件标准

常见圆凸模有圆柱头直杆圆凸模、圆柱头缩杆圆凸模、快换圆凸模和带台肩式圆凸模等结构。

1) 圆柱头直杆圆凸模

JB/T 5825—2008 标准规定了圆柱头直杆圆凸模的尺寸规格，适用于直径 1～36mm 的圆柱头直杆圆凸模，如表 4-4 所示。

表 4-4 圆柱头直杆圆凸模尺寸规格(摘自 JB/T 5825—2008) 单位：mm

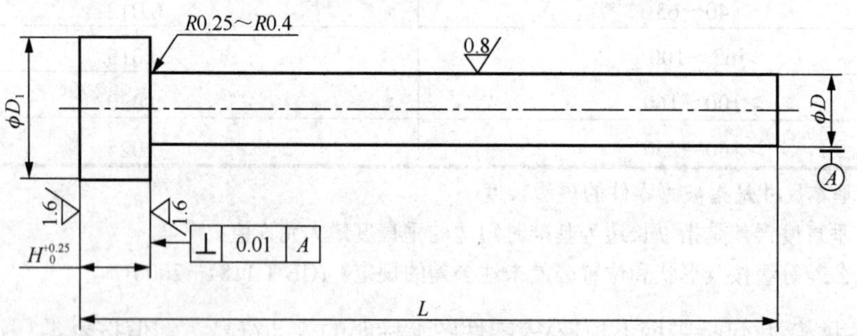

未注表面粗糙度为 Ra6.3μm。

标记示例：D=6.3mm、L=90mm 的圆柱头直杆圆凸模标记为

圆柱头直杆圆凸模 6.3×80 (JB/T 5825—2008)。

D(m5)	H	$D_{1\ -0.25}^{\ 0}$	$L_{\ 0}^{+1.0}$	D(m5)	H	$D_{1\ -0.25}^{\ 0}$	$L_{\ 0}^{+1.0}$
1.0 1.05	3.0	3.0	45,50,56, 63,71,80, 90,100	4.5 4.8	7.0	8.0	45,50,56, 63,71,80, 90,100

续表

D(m5)	H	$D_{1\ -0.25}^{\ 0}$	$L_{\ 0}^{+1.0}$	D(m5)	H	$D_{1\ -0.25}^{\ 0}$	$L_{\ 0}^{+1.0}$
1.1	3.0	3.0	45,50,56,63,71,80,90,100	5.0	5.0	9.0	45,50,56,63,71,80,90,100
1.2				5.3			
1.25				5.6			
1.3				6.0		11.0	
1.4				6.3			
1.5				6.7			
1.6				7.1			
1.7		4.0		7.5			
1.8				8.0			
1.9				8.5		13.0	
2.0				9.0			
2.1		5.0		9.5			
2.2				10.0			
2.3				10.5		16.0	
2.4				11.0			
2.5				12.0			
2.6				12.5			
2.7				13.0			
2.8				14.0		19.0	
2.9				15.0			
3.0				16.0			
3.2				20.0		24.0	
3.4		6.0		25.0		29.0	
3.6				32.0		36.0	
3.8				36.0		40.0	
4.0							
4.2							

注：① 材料由制造者选定，推荐采用 Cr12MoV、Cr12、Cr6WV、CrWMn。

② 硬度要求：Cr12MoV、Cr12、CrWMn 刃口硬度 58—62HRC，头部固定部分 40—50HRC；Cr6WV 刃口硬度 56—60HRC，头部固定部分 40—50HRC。

2) 圆柱头缩杆圆凸模

JB/T 5826—2008(冲模圆柱头缩杆圆凸模)标准规定了圆柱头缩杆圆凸模的尺寸规格，适用于直径 5～36mm 的圆柱头直杆圆凸模，如表 4-5 所示。

表 4-5　圆柱头缩杆圆凸模尺寸规格(摘自 JB/T 5826—2008)　　单位：mm

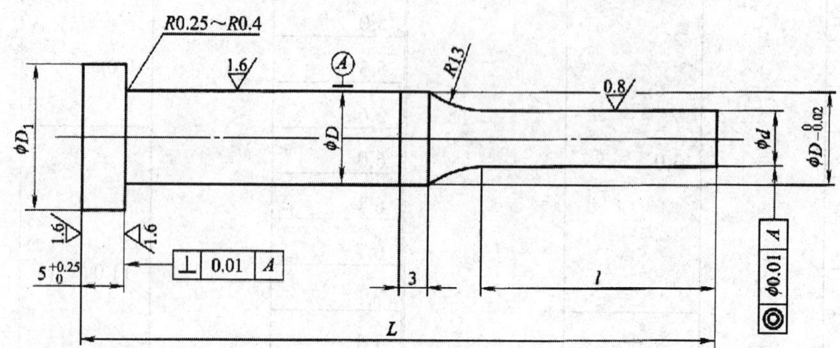

未注表面粗糙度为 Ra6.3μm。

标记示例：D=5mm、d=2mm、L=56mm 的圆柱头缩杆圆凸模标记为

圆柱头直杆圆凸模 5×2×56　(冲模圆柱头直杆圆凸模标准)(JB/T 5825—2008)。

D	d		D_1	L
	下限	上限		
5	1	4.9	8	45,50,56,63，71,80,90,100
6	1.6	5.9	9	
8	2.5	7.9	11	
10	4	9.9	13	
13	5	12.9	16	
16	8	15.9	19	
20	12	19.9	24	
25	16.5	24.9	29	
32	20	31.9	36	
36	25	35.9	40	

注：① 刃口长度 L 由制造者自行选定。

② 材料由制造者选定，推荐采用 Cr12MoV、Cr12、Cr6WV、CrWMn。

③ 硬度要求：Cr12MoV、Cr12、CrWMn 刃口硬度 58—62HRC，头部固定部分 40—50HRC；Cr6WV 刃口硬度 56—60HRC，头部固定部分 40—50HRC。

3) 快换圆凸模

快换圆凸模的结构形状如图 4-1 所示，尺寸规格如表 4-6 所示。

标记示例：

直径 d=10mm，高度 L=60mm 的快换圆凸模标记为

圆凸模 10×60

4) 带台肩式圆凸模

(1) A 型圆凸模的结构形状如图 4-2 所示，尺寸规格如表 4-7 所示。

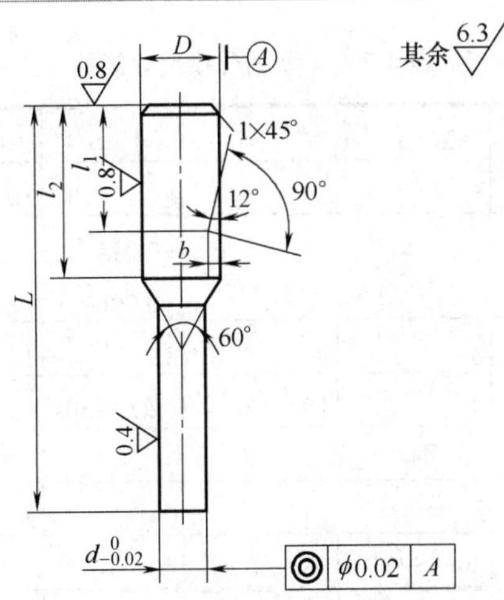

图 4-1　快换圆凸模结构

表 4-6　快换圆凸模尺寸规格

单位：mm

d	D(h6) 基本尺寸	D(h6) 极限偏差	L	l_1	l_2	b
5～9	10	0 −0.009	65	18	25	1.5
9～14	15	0 −0.011	70	22	30	2
14～19	20		75	26	35	2.5
19～24	25	0 −0.013	80	30	40	3
24～29	30		85	35	45	4

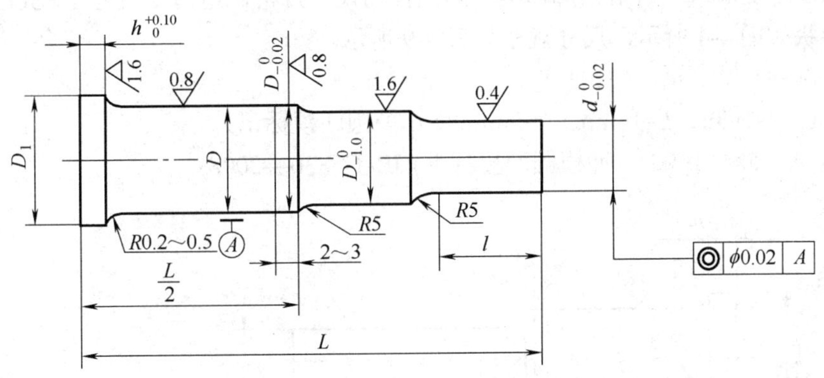

图 4-2　A 型圆凸模结构

(2) B 型圆凸模的结构形状如图 4-3 所示，尺寸规格如表 4-8 所示。

标记示例：

直径 *d*=10mm，高度 *L*=70mm，材料为 Cr12、*h* 为Ⅱ型的 B 型圆凸模标记为

圆凸模 BⅡ10×70

表 4-7　A 型圆凸模尺寸规格　　单位：mm

d		1～2	>2～3	>3～4	>4～6	>6～8	>8～9	>9～11
D(m6)	基本尺寸	4	5	6	8	10	12	14
	极限偏差	+0.012 +0.004			+0.015 +0.006		+0.018 +0.007	
D_1		7	8	9	11	13	15	17
l		5～6	8	10～12	12(*L*≤50)、*L*>50			
h	I	3						
	II	—				5		
l		30～50	30～58	36～60	40～70			45～80
d		>11～13	>13～15	>15～18	>18～20	>20～24	>24～26	>26～30
D(m6)	基本尺寸	16	18	20	22	25	30	32
	极限偏差	+0.018 +0.007		+0.021 +0.008				+0.025 +0.009
D_1		19	22	24	26	30		35
l								
h	I	3						
	II	6						
l		45～48	45～90	52～100				

2. 圆凹模形状与尺寸

JB/T 5830－2008(冲模圆凹模)标准中圆凹模的尺寸规格，适用于直径 1～36mm 的圆凹模，结构形状如图 4-4 所示，尺寸规格如表 4-9 所示。

标记示例：

D=5mm、*d*=1mm、*L*=16mm、*l*=2mm 的 A 型圆凹模标记为

圆凹模 A　5×1×16×2　(冲模圆凹模标准)(JB/T 5830—2008)。

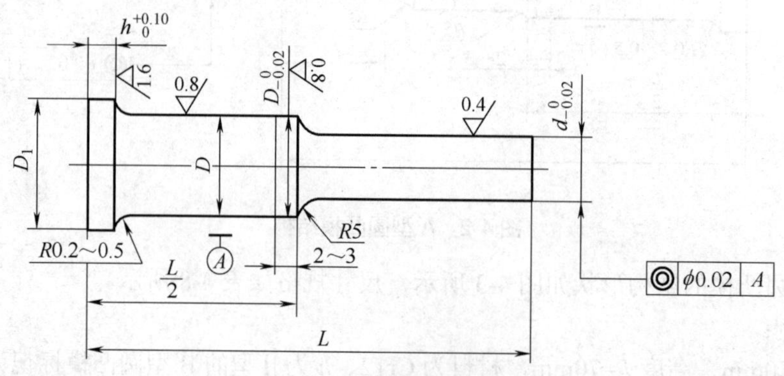

图 4-3　B 型圆凸模结构

表 4-8 B 型圆凸模尺寸规格 单位：mm

d		3～4	>4～6	>6～8	>8～9	>9～11	>11～13
D(m6)	基本尺寸	6	8	10	12	14	16
	极限偏差	+0.012 +0.004		+0.015 +0.006		+0.018 +0.007	
D_1		9	11	13	15	17	19
h	I	3					
	II	—	5				6
l		36～50	40～55				
d		>13～15	>15～18	>18～20	>20～24	>24～26	>26～30
D(m6)	基本尺寸	18	20	22	25	30	32
	极限偏差	+0.018 +0.007	+0.021 +0.008				+0.025 +0.009
D_1		22	24	26	30	35	38
h	I	3					
	II	6					
l		40～70	50～70				

注：①L 系列：36mm、38mm、40mm、42mm、45mm、48mm、50mm、52mm、55mm、58mm、60mm、65mm、70mm。

②材料：Cr12MoV、Cr12、Cr6WV、CrWMn。

③热处理：Cr12、Cr12MoV 硬度 58—62HRC，尾部回火 40—50HRC。

Cr6WV、CrWV 硬度 56—60HRC，尾部回火 40—50HRC。

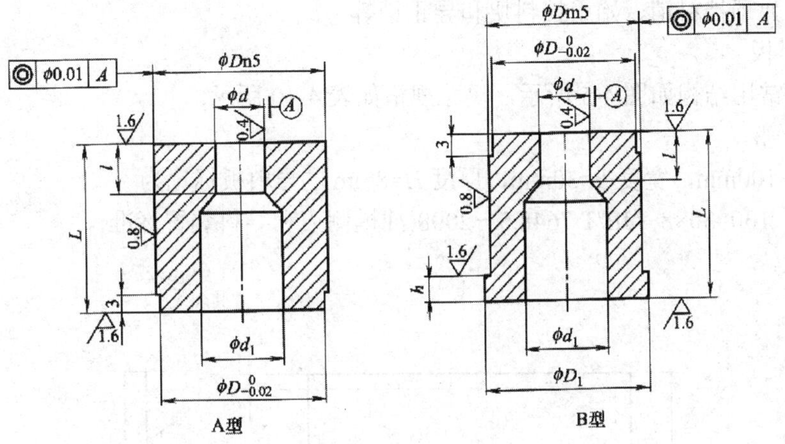

图 4-4 圆凹模结构

注：未注表面粗糙度为 Ra6.3μm。

表 4-9　圆凹模尺寸规格　　单位：mm

D	d (H8)	L						$D_1{}^{0}_{-0.25}$	$h^{+0.25}_{0}$	l 选择其			d_1
		12	16	20	25	32	40			min	标准值	max	max
5	1,1.1,1.2,…,2.4	×	×	×	×	—	—	8	3	—	2	4	2.8
6	1.6,1.7,1.8,…,3	×	×	×	×	—	—	9	3	—	3	4	3.5
8	2,2.1,2.2,…,3.5	—	—	×	×	×	×	11	3	—	4	5	4.0
10	3,3.1,3.2,…,5	—	—	×	×	×	×	13	3	-5	4	8	5.8
13	4,4.1,4.2,…,7.2	—	—	×	×	×	×	16	5	5	5	8	8.0
16	6,6.1,6.2,…,8.8	—	—	×	×	×	×	19	5	5	5	12	9.5
20	7.5,7.6,7.7,…,11.3	—	—	×	×	×	×	24	5	5	8	12	12.0
25	11,11.1,11.2,…,16.6	—	—	×	×	×	×	29	5	5	8	12	17.3
32	15,15.1,15.2,…,20	—	—	×	×	×	×	36	5	5	8	12	20.7
40	18,18.1,18.2,…,27	—	—	×	×	×	×	44	5	5	8	12	27.7
50	26,26.1,26.2,…,36	—	—	×	×	×	×	44	5	5	8	12	37.0

注：① *d* 的增量为 0.1mm。

② 作为专用凹模，工作部分可以在 *d* 的公差范围内加工成锥孔，而上表面具有最小直径。

③ 材料由制造者选定，推荐采用 Cr6WV、Cr12；热处理硬度 58—62HRC。

④ 其他应符合 JB/T 7653—2008(冲模技术条件标准)的规定。

3. 定位与导正零件形状及尺寸

常用定位与导正零件有导料板、承料板、弹簧弹顶挡料销、扭簧弹顶挡料销、固定挡料销、橡胶弹顶挡料销、始用挡料块和导正销等。

1) 导料板

导料板常用结构如图 4-5 所示，尺寸规格如表 4-10 所示。

标记示例：

长度 *L*=100mm，宽度 *B*=30mm，厚度 *H*=8mm 的导料板标记为

导料板 100×30×8　JB/T 7648.5－2008(冲模侧刃和导料装置标准)。

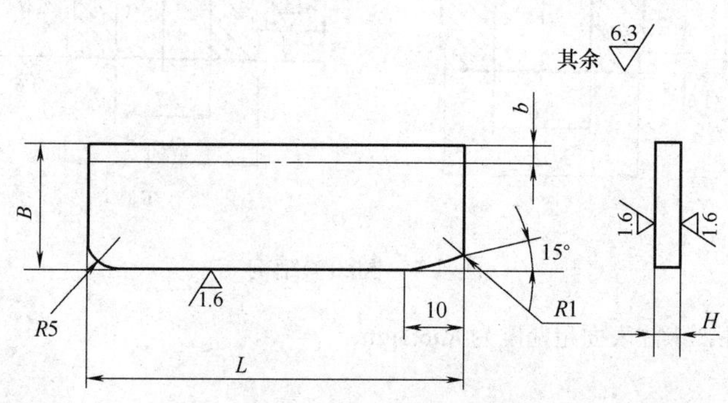

图 4-5　导料板结构

表 4-10　导料板尺寸规格　　单位：mm

L	B	H	L	B	H	L	B	H	L	B	H
50	15	4	83	20	4	100	45	10	125	20	6
		6			6			12		25	6
	20	4		25	6	120	20	4			8
		6			8			6		30	6
63	15	4		30	6		25	6			8
		6			8			8		35	6
	20	4		35	6		30	6			8
		6			8			8		40	6
70	15	4	100	20	4		35	6			8
		6			6			8			10
	20	4		25	6		40	6		45	8
		6			8			8			10
80	20	4		30	6			10			12
		6			8		45	8		50	8
	25	6		35	6			10			10
		8			8			12			12
	30	6	160	40	6		50	8	140	20	4
		8			8			10			6
	35	6			10			12		25	6
		8		45	8	125	20	4			8
140	30	6			12	200	35	6	240	45	8
		8		50	8			8			10
	35	6			10			10			12
		8			12		40	6		50	8
	40	6	165	25	6			8			10
		8			8			10			12
		10		30	6		45	8		55	10
	45	8			8			10			12
		10			10			12			15
		12		35	6		50	8		60	10
	50	8			8			10			3512
		10			10			12			15
		12		40	6			10			12

注：① 材料由制造者选定，推荐采用 45、T10A、Q235 钢。

② 热处理：45 钢，调质硬度 28—32HRC；T10A 钢，50—55HRC。

③ 技术条件按(JB/T 7653—2008)(冲模技术条件标准)的规定。

④ *b* 为设计修正量。

2) 承料板

在手动送料模具中，由于材料较厚、较宽、较长，而模具又较小，使大部分板料在模具以外，依靠操作人员用手来支撑料重，增加了操作人员的劳动强度，因此，对于上述情况就需要增加承料板。承料板的常用结构如图 4-6 所示，尺寸规格如表 4-11 所示。

标记示例：

长度 L=100mm，宽度 B=40mm 的承料板标记为

承料板 100×40 JB/T 7648.6－2008(冲模侧刃和导料装置标准)。

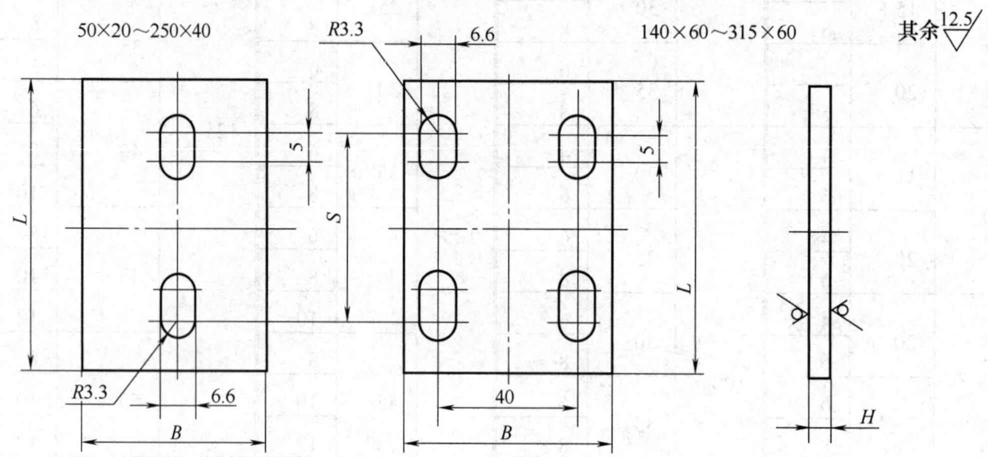

图 4-6 承料板结构

表 4-11 承料板尺寸规格

单位：mm

L	B	H	S	L	B	H	S
50			35	160			140
63			48	200	40		175
80			65	250			225
100	20		85	140		3	120
125		2	110	160			140
140			120	200			175
100			85	250	60		225
125	40		110	280		4	250
140		3	120	315			285

注：① 材料由制造者选定，推荐采用 45 钢。

② 技术条件：按 JB/T 7653—2008 的规定。

3) 挡料零件

(1) 弹簧弹顶挡料销。

JB/T 7649.5—2008(冲模挡料和弹顶装置标准)标准中弹簧弹顶挡料销形状结构如图 4-7 所示，尺寸规格如表 4-12 所示。

标记示例：

弹簧弹顶挡料销　(*d*)×(*L*)　JB/T 7649.5—2008(冲模挡料和弹顶装置标准)。

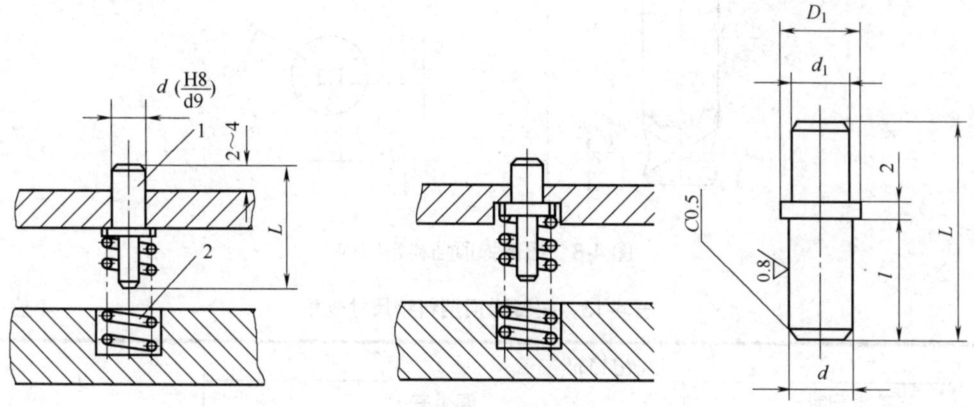

图 4-7　弹簧弹顶挡料销结构

表 4-12　弹簧弹顶挡料销尺寸规格　　单位：mm

D(d9) 基本尺寸	*D*(d9) 偏差	*D*	d_1	*l*	*L*	*D*(d9) 基本尺寸	*D*(d9) 偏差	*D*	d_1	*l*	*L*
4	−0.030 −0.060	6	3.5	10	18	10	−0.040 −0.076	12	8	18	20
				12	20					20	32
6		8	5.5	10	20	12	−0.050 −0.03	14	10	22	34
				12	22					24	36
8	−0.040 −0.076	10	7	14	24					28	40
				16	26	16		18	14	24	36
				12	24					28	40
				14	26					35	50
				16	28	20	−0.065 −0.117	23	15	35	50
				18	30					40	55
10		12	8	14	26					45	60
				16	28						

注：① 材料由制造者选定，推荐采用 45 钢(优质碳素结构钢标准)(GB/T 699—2015)。

② 热处理：硬度 43—48HRC。

③ 技术条件：按 JB/T 7653—2008(冲模零件技术条件标准)的规定。

(2) 扭簧弹顶挡料销。

扭簧弹顶挡料销形状结构如图 4-8 所示，尺寸规格如表 4-13 所示。

标记示例：

d=8mm，*L*=24mm 的挡料销标记为

挡料销　8×24　JB/T 7649.6—2008(冲模挡料和弹顶装置标准)。

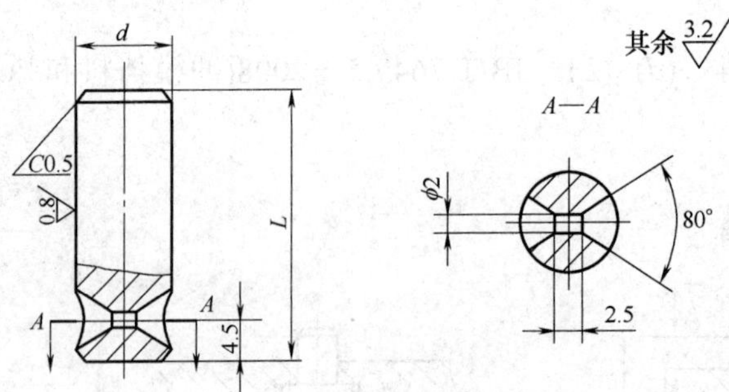

图 4-8　扭簧弹顶挡料销结构

表 4-13　扭簧弹顶挡料销尺寸规格　　单位：mm

d(d11)		L
基本尺寸	偏　差	
4	-0.030 -0.105	18
		18
6		20
		22
8	-0.040 -0.130	22
		24
		28
10		28
		30

注：① 材料由制造者选定，推荐采用 45 钢 (GB/T 699—2015)(优质碳素结构钢标准)。

② 热处理：硬度 43—48HRC。

③ 技术条件：按 JB/T 7653—2008(冲模技术条件标准)的规定。

JB/T 7649.6—2008(冲模挡料和弹顶装置标准)标准中扭簧的结构如图 4-9 所示，尺寸规格如表 4-14 所示。

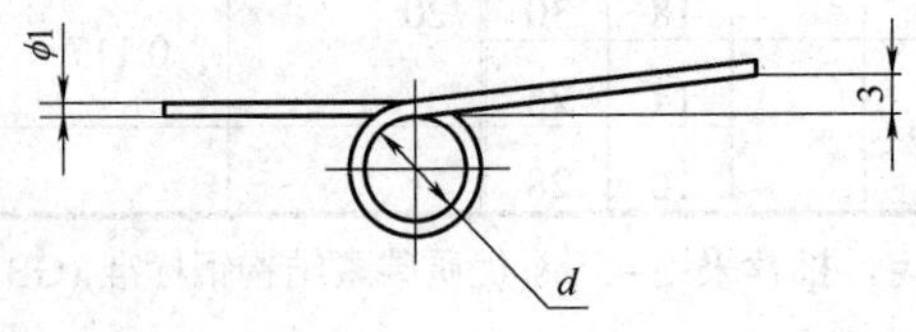

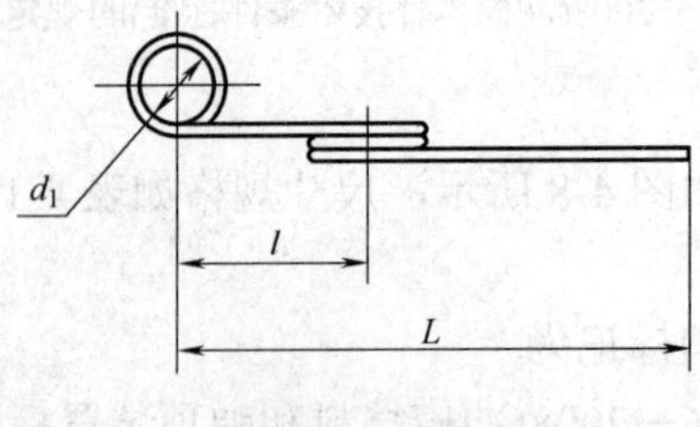

图 4-9　扭簧结构

标记示例：

扭簧 d=8mm，长度 L=35mm 的弹顶挡料装置扭簧标记为

扭簧　8×35　JB/T 7649.6—2008(冲模挡料和弹顶装置标准)。

表 4-14　扭簧尺寸规格　　单位：mm

d	d_1	L	l
6	4.5	30	10
	6.5	35	
8		35	15
		40	20

(3) 固定挡料销。

JB/T 7649.10—2008(冲模挡料和弹顶装置标准)标准中固定挡料销的结构如图 4-10 所示，尺寸规格如表 4-15 所示。常用其他形式固定挡料销的结构如图 4-11 所示。

标记示例：

直径 D=10mm 的 A 型固定挡料销标记为

固定挡料销　A 10　JB/T 7649.10—2008(冲模挡料和弹顶装置标准)。

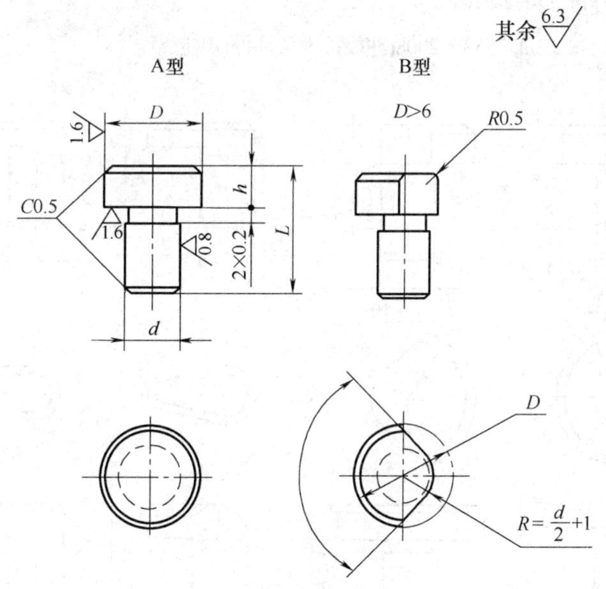

图 4-10　固定挡料销结构

(4) 活动挡料销。

JB/T 7649.9—2008(冲模挡料和弹顶装置标准)中活动挡料销的结构如图 4-12 所示，其中一种尺寸规格如表 4-16 所示。另一种活动挡料销的应用是在挡料销下安装弹簧。

标记示例：

直径 d=6mm，长度 L=14mm 的活动弹顶挡料销标记为

活动挡料销　6×14　JB/T 7649.9—2008(冲模挡料和弹顶装置标准)。

表 4-15　固定挡料销尺寸规格　　单位：mm

D(h11)		*D*(m6)		*h*	*L*	*D*(h11)		*d*(m6)		*h*	*L*
基本尺寸	极限偏差	基本尺寸	极限偏差			基本尺寸	极限偏差	基本尺寸	极限偏差		
4	0 −0.075	3	+0.008 +0.002	2	8	15	0 −0.110	8	+0.015 +0.006	3	18
6										6	
8	0 −0.090	4	+0.012 +0.004	3	10			10		3	
10	0 −0.110	6	+0.015 −0.006	2	14	18		12	+0.018 +0.007	6	20
				3		20	0 −0.013	10	+0.015 +0.006	8	
12				5				14			
		8		3		25		12	+0.018 +0.007		22
				5				18			

注：① 材料由制造者选定，推荐采用 45 钢(GB/T 699—2015)(优质碳素结构钢标准)。

② 热处理：硬度 42—46HRC。

③ 技术条件：按 JB/T 7653—2008(冲模技术条件)的规定。

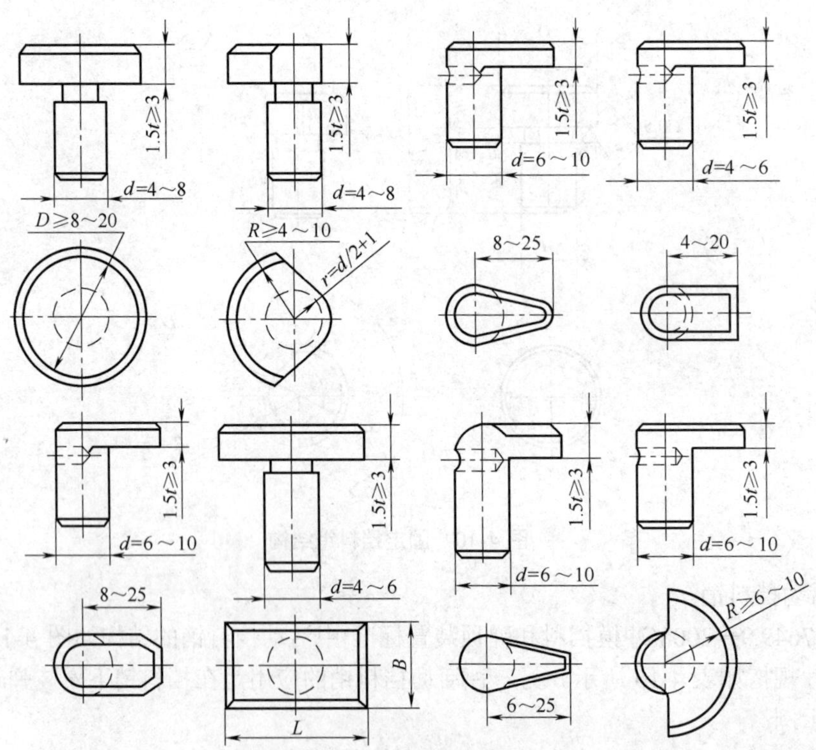

图 4-11　常用固定挡料销结构

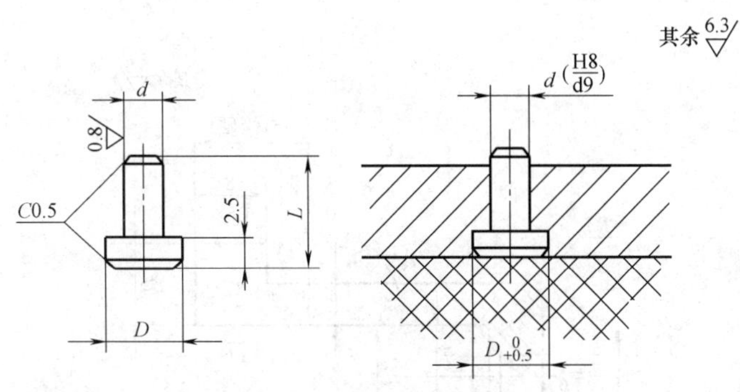

图 4-12　活动挡料销结构

表 4-16　活动挡料销尺寸规格

单位：mm

D(d9) 基本尺寸	D(d9) 极限偏差	D	L
3	−0.020 −0.045	5	8
			10
			12
			14
			16
4	−0.030 −0.060	6	8
			10
			12
			14
			16
			18
6		8	8
			12
6	−0.030 −0.060	8	14
			16
			18
			20
8	−0.040 −0.076	10	10
			16
			18
			20
			22
			24
10		13	16
			20

注：① 材料由制造者选定，推荐采用 45 钢(GB/T 699—2015)(优质碳素结构钢标准)。

② 热处理：硬度 42—46HRC。

③ 技术条件：按 JB/T 7653—2008(冲模技术条件标准)的规定。

(5) 始用挡料块。

JB/T 7649.1—2008(冲模挡料和弹顶装置标准)中始用挡料块的结构如图 4-13 所示，尺寸规格如表 4-17 所示。

标记示例：

长度 L=45mm，厚度 H=6mm 的始用挡料块标记为

挡料块　45×6　JB/T 7649.1—2008。

常用初始挡料装置的装配结构如图 4-14 所示。

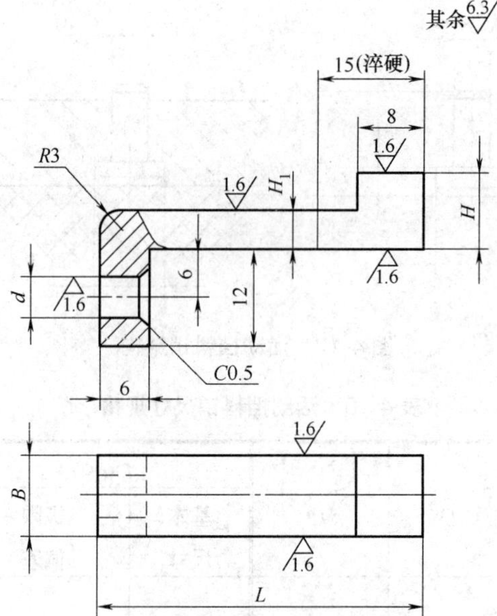

图 4-13　始用挡料块结构

表 4-17　始用挡料块尺寸规格　　单位：mm

<table>
<tr><th rowspan="2">L</th><th colspan="2">B(f9)</th><th colspan="2">H(c12、c13)</th><th colspan="2">H_1(f9)</th><th colspan="2">d(H7)</th></tr>
<tr><th>基本尺寸</th><th>极限偏差</th><th>基本尺寸</th><th>极限偏差</th><th>基本尺寸</th><th>极限偏差</th><th>基本尺寸</th><th>极限偏差</th></tr>
<tr><td>36</td><td rowspan="3">6</td><td rowspan="3">−0.010
−0.040</td><td rowspan="3">6</td><td rowspan="3">−0.070
−0.190</td><td rowspan="3">2</td><td rowspan="3">−0.006
−0.031</td><td rowspan="3">3</td><td rowspan="3">+0.010
0</td></tr>
<tr><td>40</td></tr>
<tr><td>45</td></tr>
<tr><td>50</td><td rowspan="2">8</td><td rowspan="4">−0.013
−0.049</td><td rowspan="2">8</td><td rowspan="4">−0.080
−0.300</td><td rowspan="2">4</td><td rowspan="8">−0.010
−0.040</td><td rowspan="4">4</td><td rowspan="8">+0.012
0</td></tr>
<tr><td>55</td></tr>
<tr><td>60</td><td rowspan="2">10</td><td rowspan="2">10</td><td rowspan="2">5</td></tr>
<tr><td>65</td></tr>
<tr><td>70</td><td rowspan="4">12</td><td rowspan="4">−0.016
−0.059</td><td rowspan="4">12</td><td rowspan="4">−0.095
−0.365</td><td rowspan="4">6</td><td rowspan="4">6</td></tr>
<tr><td>75</td></tr>
<tr><td>80</td></tr>
<tr><td>85</td></tr>
</table>

注：① 材料由制造者选定，推荐采用 45 钢(GB/T 699—2015)(优质碳素结构钢标准)。

② 热处理：硬度 43—48HRC。

③ 技术条件：按 JB/T 7649.1—2008(冲模技术条件标准)的规定。

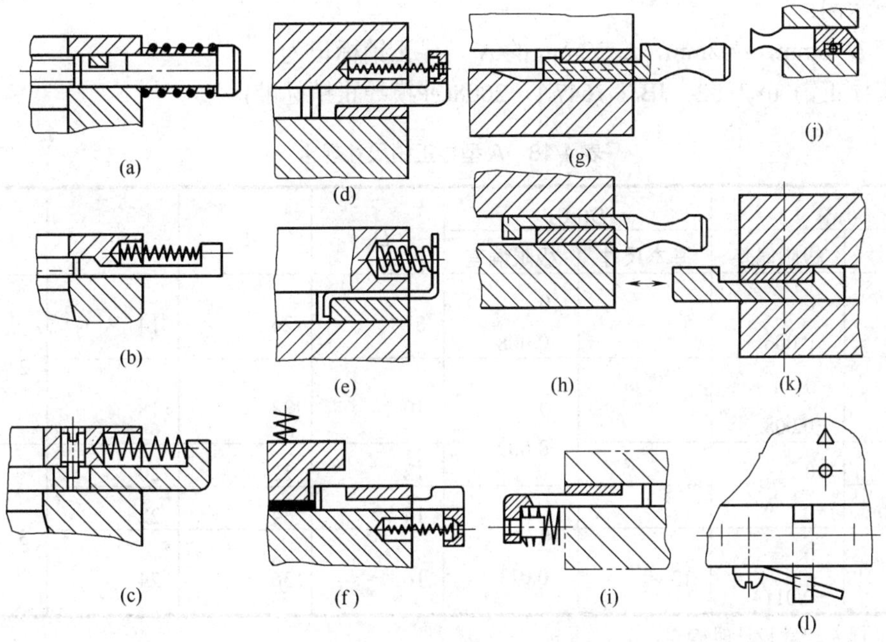

图 4-14 常用初始挡料装置结构

4) 导正销

导正销通常使用在多工位级进模中，起导正和精定位作用。图 4-15 所示为 A 型导正销的结构，尺寸规格如表 4-18 所示。其他形式的导正销参见 JB/T 7647.2—2008、JB/T 7647.3—2008、JB/T 7647.4—2008(冲模导正销标准)。

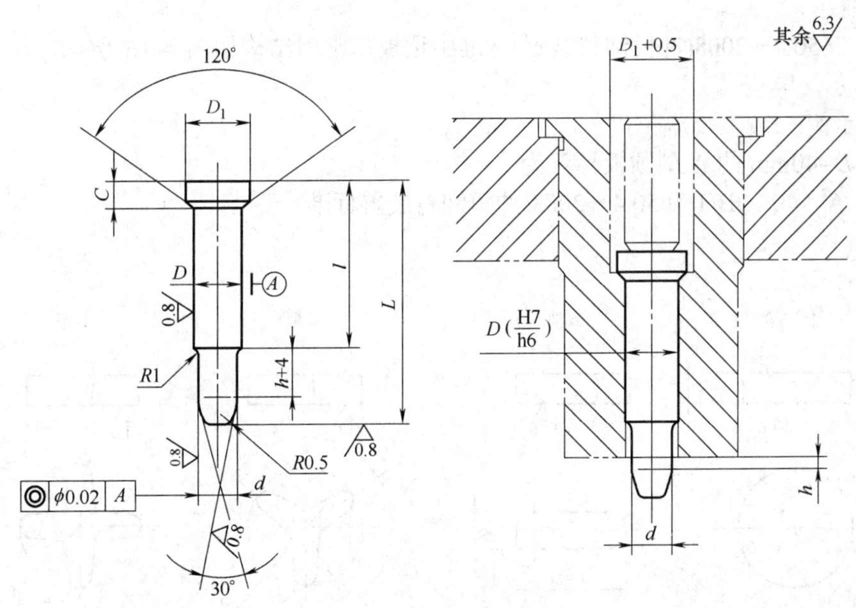

图 4-15 A 型导正销结构

标记示例：

直径 D=6mm，d=2mm，L=32mm 的 A 型导正销标记为

A 型导正销 6×2×32 JB/T 7647.1—2008(冲模导正销标准)。

表 4-18 A 型导正销尺寸规格　　单位：mm

d(h6)		D(h6)		D_1	L	l	C
基本尺寸	极限偏差	基本尺寸	极限偏差				
<3	0 −0.006	5	0 −0.008	8	24	14	2
>3～6	0 −0.008	7	0 −0.009	10	28	18	
>6～8	0 −0.009	9		12	32	20	3
>8～10		11	0 −0.011	14	34	22	
>10～12	0 −0.011	13		16	36	24	

注：① h 尺寸设计时确定。

② 材料由制造者选定，推荐采用 9Mn2V。

③ 热处理：硬度 52—56HRC。

④ 技术条件：按 JB/T 7653—2008(冲模技术条件标准)的规定。

4. 卸料及压料零件

常用卸料及压料零件有顶板、顶杆、推杆、卸料螺钉、卸料橡胶及弹簧等。

1) 顶板

JB/T 7650.4—2008(冲模卸料装置)标准中顶板的常用结构如图 4-16 所示，尺寸规格如表 4-19 所示。

标记示例：

直径 D=40mm 的 A 型顶板标记为

顶板 A 40 JB/T 7650.4—2008(冲模卸料装置标准)。

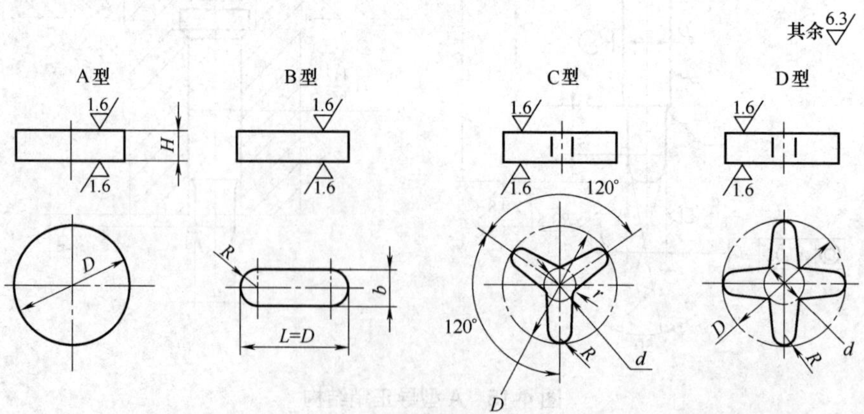

图 4-16 顶板的常用结构

表 4-19　顶板尺寸规格　　　　单位：mm

<table>
<tr><th>D</th><th>d</th><th>R</th><th>r</th><th>H</th><th>b</th></tr>
<tr><td>20</td><td>—</td><td>—</td><td>—</td><td>4</td><td>8</td></tr>
<tr><td>25</td><td>15</td><td rowspan="3">4</td><td rowspan="3">3</td><td></td><td rowspan="3"></td></tr>
<tr><td>30</td><td>16</td><td rowspan="2">5</td></tr>
<tr><td>35</td><td>18</td></tr>
<tr><td>40</td><td>20</td><td rowspan="2">5</td><td rowspan="2">4</td><td rowspan="2">6</td><td rowspan="2">10</td></tr>
<tr><td>50</td><td rowspan="2">25</td></tr>
<tr><td>60</td><td rowspan="3">6</td><td rowspan="3">5</td><td rowspan="2">7</td><td rowspan="3">12</td></tr>
<tr><td>70</td><td rowspan="2">30</td></tr>
<tr><td>80</td><td rowspan="2">9</td></tr>
<tr><td>95</td><td>32</td><td rowspan="2">8</td><td rowspan="2">6</td><td rowspan="2">16</td></tr>
<tr><td>110</td><td>35</td><td rowspan="2">12</td></tr>
<tr><td>120</td><td>42</td><td rowspan="2">9</td><td rowspan="2">7</td><td rowspan="2">18</td></tr>
<tr><td>140</td><td>45</td><td rowspan="2">14</td></tr>
<tr><td>160</td><td rowspan="2">55</td><td rowspan="2">11</td><td rowspan="2">8</td><td rowspan="2">22</td></tr>
<tr><td>180</td><td rowspan="2">18</td></tr>
<tr><td>210</td><td>70</td><td>12</td><td>9</td><td>24</td></tr>
</table>

注：① 材料由制造者选定，推荐采用 45 钢(GB/T 699—2015)(优质碳素结构钢标准)。

② 热处理：硬度 43—48HRC。

③ 技术条件：按 JB/T 7653—2008(冲模技术条件标准)的规定。

2) 顶杆

JB/T 7650.3—2008(冲模卸料装置标准)中顶杆的结构如图 4-17 所示，尺寸规格如表 4-20 所示。

标记示例：

直径 d=8mm，长度 L=40mm 的顶杆标记为

顶杆　8×40　JB/T 7650.3—2008(冲模卸料装置标准)。

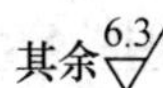

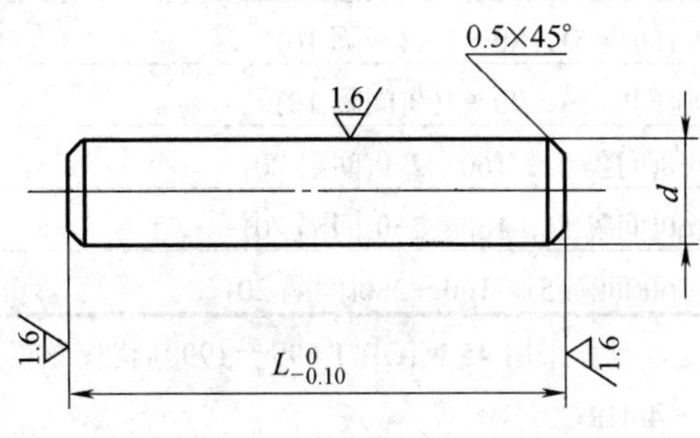

图 4-17　顶杆的结构

表 4-20　顶杆尺寸规格　　　　单位：mm

D(C11)		*L*	*D*(C11)、(b11)		*L*
基本尺寸	极限偏差		基本尺寸	极限偏差	
4	−0.070	15～30	12	−0.150	35～100
6	−0.145	20～45	16	−0.260	50～130
8	−0.080	25～60	20	−0.160	60～160
10	−0.170	30～75		−0.290	(间隔 10)

注：① 材料由制造者选定，推荐采用 45 钢(GB/T 699—2015)(优质碳素结构钢标准)。

② 热处理：硬度 43—48HRC。

③ 技术条件：按 JB/T 7653—2008(冲模技术条件标准)的规定。

3) 带肩推杆

JB/T 7650.5—2008(冲模卸料装置标准)中带肩推杆的结构如图 4-18 所示，尺寸规格如表 4-21 所示。

标记示例：

直径 *d*=8mm，长度 *L*=90mm 的 A 型带肩推杆标记为

带肩推杆　8×90　JB/T 7650.5—2008(冲模卸料装置标准)。

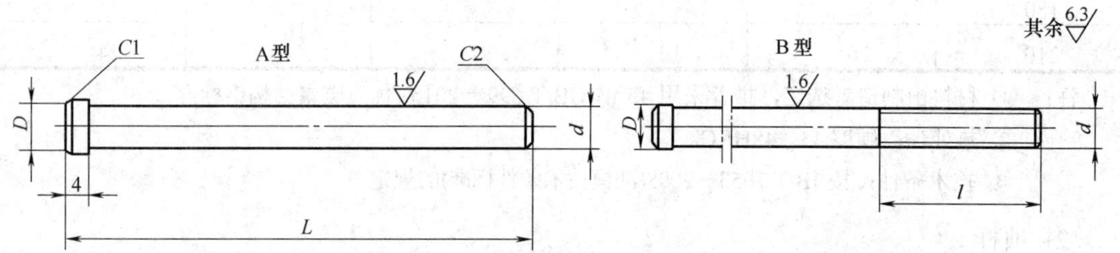

图 4-18　带肩推杆的结构

表 4-21　带肩推杆尺寸规格　　　　单位：mm

d		*L*	*D*	*l*
A 型	B 型			
6	M6	40～60(间隔 5)、60～130(间隔 10)	8	20
8	M8	50～70(间隔 5)、70～150(间隔 10)	10	25
10	M10	60～80(间隔 5)、80～170(间隔 10)	13	30
12	M12	70～90(间隔 5)、90～190(间隔 10)	15	35
16	M16	80～160(间隔 5)、160～220(间隔 20)	20	40
20	M20	90～160(间隔 5)、160～260(间隔 20)	24	45
25	M25	100～160(间隔 5)、160～280(间隔 20)	30	50

注：① 材料由制造者选定，推荐采用 45 钢(GB/T 699—1999)(优质碳素结构钢标准)。

② 热处理：硬度 43—48HRC。

③ 技术条件：按 JB/T 7653—2008(冲模技术条件)的规定。

4) 圆柱头卸料螺钉

JB/T 7650.5—2008(冲模卸料装置标准)中圆柱头卸料螺钉的结构如图 4-19 所示，尺寸规格如表 4-22 所示。

标记示例：

直径 d=10mm，长度 L=50mm 的圆柱头卸料螺钉标记为

圆柱头卸料螺钉　M10×50　JB/T 7650.5—2008(冲模卸料装置标准)。

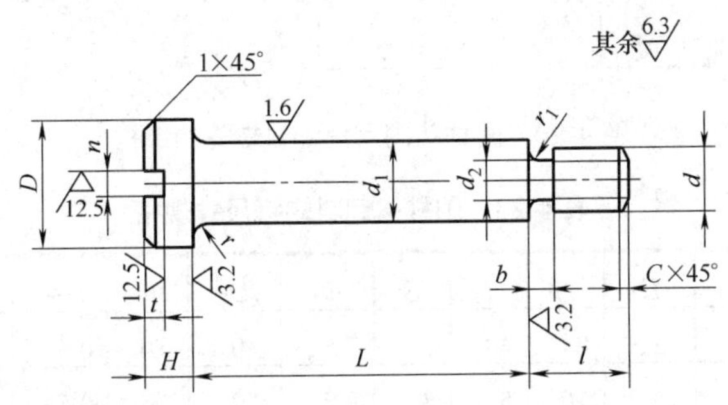

图 4-19　圆柱头卸料螺钉的结构

表 4-22　圆柱头卸料螺钉尺寸规格　　单位：mm

d_1	L(h8)	d	l	D	H	n	t	r≤	r_1≤	d_2	b	C
4	20～35	M3	5	3	3	1	1.4	0.2	0.3	2.2	1	0.6
5	20～40	M4	5.5	4	3.5	1.2	1.7	0.4	0.5	3	1.5	0.8
6	25～50	M5	6	5	4	1.5	2	0.4	0.5	4	1.5	1
8	25～70	M6	7	7	5	2	2.5	0.4	0.5	4.5	2	1.2
10	30～80	M8	8	8	6	2.5	3	0.5	0.5	6.2	2	1.5
12	35～80	M10	10	10		3	3.5	0.8	1	7.8	2	2
16	40～100	M12	14	14	9	3	3.5	1	1	9.5	3	2

注：① 材料由制造者选定，推荐采用 45 钢(GB/T 699—2015)(优质碳素结构钢标准)。

② 热处理：硬度 34—40HRC。

③ 技术条件：按 JB/T 7653—2008(冲模技术条件标准)的规定。

5) 圆柱头内六角卸料螺钉

JB/T 7650.6—2008(冲模卸料装置标准)中圆柱头内六角卸料螺钉结构如图 4-20 所示，尺寸规格如表 4-23 所示。卸料螺钉和卸料板装配后，卸料板的平面应比凸模或凸凹模高 0.5～1mm，以保证卸料效果。

标记示例：

直径 d=10mm，长度 L=50mm 的圆柱头内六角卸料螺钉标记为

圆柱头内六角卸料螺钉　M10×50　JB/T 7650.6—2008(冲模卸料装置标准)。

5. 侧刃

侧刃通常使用在多工位级进模的定距送进结构，其形式和结构如图 4-21 所示，尺寸规格如表 4-24 所示。

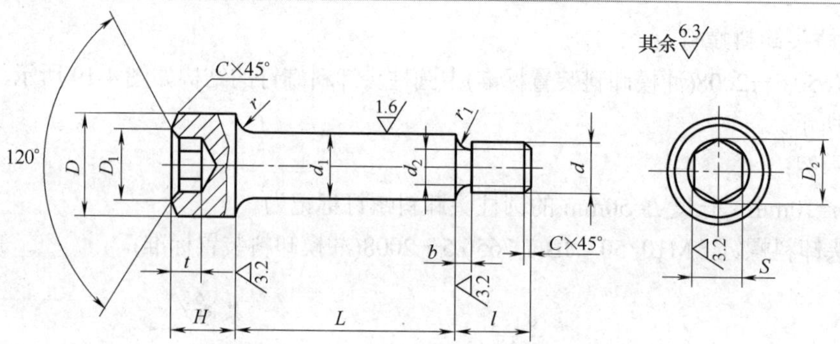

图 4-20 圆柱头内六角卸料螺钉的结构

表 4-23 圆柱头卸料螺钉尺寸规格

单位：mm

d_1	L(h8)	d	l	D	H	t	S	D_1	D_2	$r\leqslant$	$r_1\leqslant$	b	d_2	C	C_1
8	35～70	M6	7	12.5	8	4	6	7.5	6.9	0.4	0.5	2	4.5	1	0.2
10	40～80	M8	10	15	10	5	8	9.8	9.2	0.5	0.5	2	6.2	1.2	0.5
12	45～100	M10	12	18	12	6	10	12	11.6	0.5	1	3	7.8	1.5	0.5
16	50～100	M12	16	24	16	8	12	14.5	13.8	0.5	1	3	9.5	1.8	0.5
20	50～150	M16	24	30	20	10	14	17	16.2	1	1.2	4	13	2	1
24	50～200	M20	30	36	24	12	17	20.5	19.6	1	1.5	5	16.5	2.5	1

注：① 材料由制造者选定，推荐采用 45 钢(GB/T 699—2015)(优质碳素结构钢标准)。

② 热处理：硬度 35—40HRC。

③ 技术条件：按 JB/T 7653—2008(冲模技术条件标准)的规定。

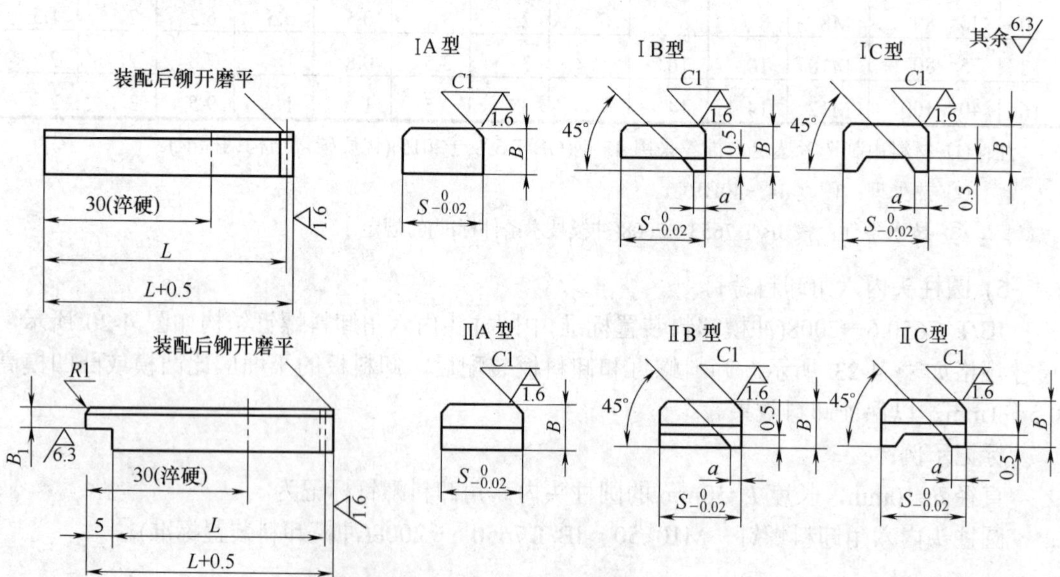

图 4-21 侧刃结构

标记示例：

侧刃步距 S=15.2mm、宽度 B=8mm、高度 L=50mm 的ⅡA 型侧刃标记为

侧刃　ⅡA　15.2×8×50　JB/T 7648.1—2008(冲模侧刃和导料装置标准)。

表 4-24　侧刃尺寸规格　　单位：mm

S	>5～10		>10～15	>15～30	>30～40
B	4	6	8	10	12
B_1		3	4	5	6
A	1.2～1.5		2		2.5
L	45、50		50、55	50、55、60、65	55、60、65、70

注：① 材料 T10A(GB/T 1298—2008)；9Mn2V、Cr6WV、Cr12(GB/T 1299—2014)(工模具钢标准)。

② 热处理：9Mn2V、Cr12，硬度 58—62HRC；T10A、Cr6WV，硬度 56—60HRC。

③ 技术条件：按 JB/T 7653—2008(冲模技术条件标准)的规定。

6. 废料切刀

在修边模、落料模中常用废料切刀切断边料。常用结构有圆形废料切刀和方形废料切刀。

1) 圆形废料切刀

JB/T 7651.1—2008(冲模废料切刀标准)中圆形废料切刀结构如图 4-22 所示，尺寸规格如表 4-25 所示。

标记示例：

直径 d=14mm，高度 H=18mm 的圆废料切刀标记为

圆废料切刀　14×18　JB/T 7651.1—2008。

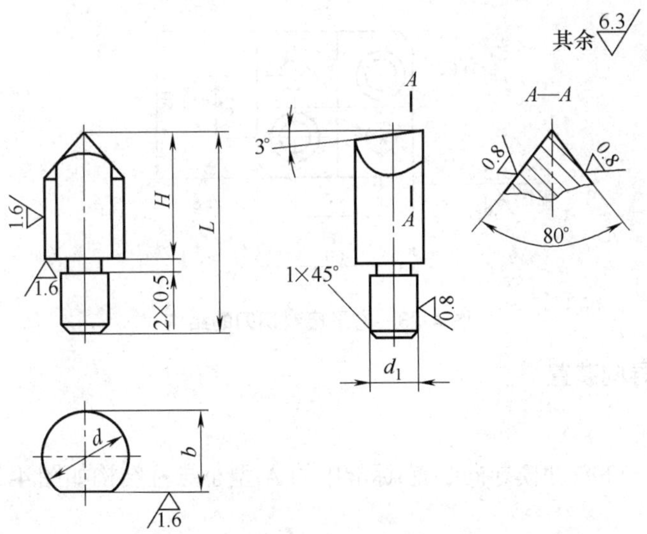

图 4-22　圆形废料切刀的结构

表 4-25　圆形废料切刀尺寸规格　　单位：mm

d		14				20				24				30			
d_1 (r6)	基本尺寸	8				12				16				20			
	极限偏差	+0.028 +0.010				+0.034 +0.023								+0.045 +0.045			
H		18	20	22	26	24	26	28	32	28	30	32	36	28	32	36	40
L		30	32	34	38	38	40	42	46	46	48	50	54	53	57	61	65
b		12				18				22				27			

注：① 材料 T10A(GB/T 1298—2008)(碳素工具钢标准)；Cr12(GB/T 1299—2014)(工模具钢标准)。

② 热处理：Cr12，硬度 58—62HRC；T10A，硬度 55—60HRC。

③ 技术条件：按 JB/T 7653—2008(冲模技术条件标准)的规定。

2) 方形废料切刀

JB/T 7651.2—2008(冲模废料切刀标准)中方形废料切刀的材料与热处理同圆形废料切刀一样，结构如图 4-23 所示。长宽可参考图中尺寸，高度尺寸根据模具凹模零件的实际尺寸选取。

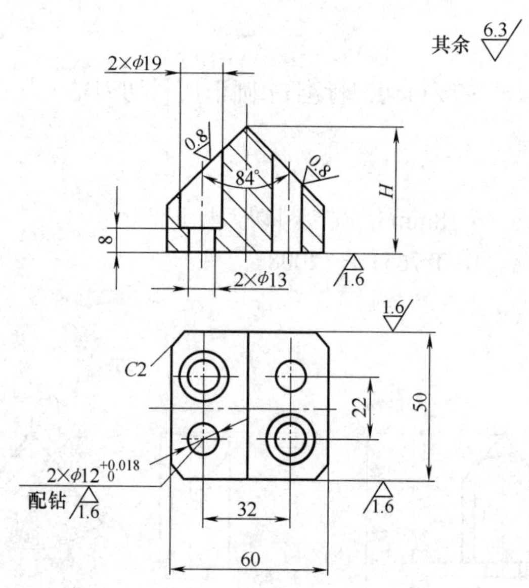

图 4-23　方形废料切刀的结构

7. 卸料板用导向装置

1) A 型小导柱

JB/T 7645.1—2008(冲模导向装置)标准中的 A 型小导柱结构如图 4-24 所示，尺寸规格如表 4-26 所示。

标记示例：

直径 d=14mm，长度 L=50mm 的 A 型小导柱标记为

A 型小导柱　14×50　JB/T 7645.1—2008(冲模导向装置标准)。

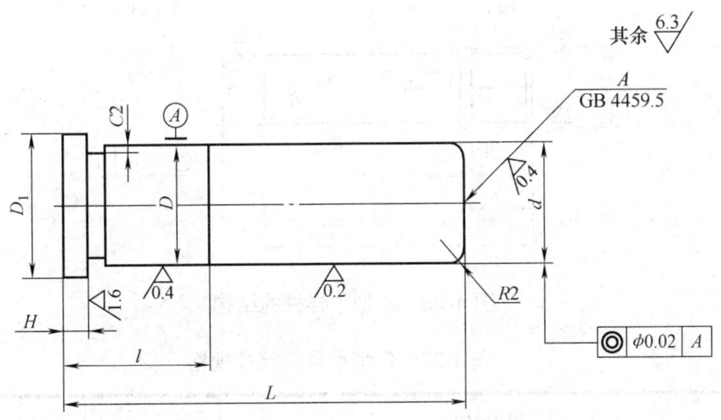

图 4-24　A 型小导柱的结构

表 4-26　A 型小导柱尺寸规格　　单位：mm

d(h6)		*D*(m6)		D_1	*L*	*l*	*H*	*d*(h6)		*D*(m6)		D_1	*L*	*l*	H
基本尺寸	极限偏差	基本尺寸	极限偏差					基本尺寸	极限偏差	基本尺寸	极限偏差				
10	0 −0.009	10	+0.015 +0.006	13	35	14	3	16	0 −0.011	16	+0.018 +0.007	19	50	20	3
					40								55		
					45								60		
					50								70		
12	0 −0.011	12	+0.018 +0.007	15	40	16		18		18		22	55	22	5
					45								60		
					50								65		
					55								70		
14		14		17	45	18		20	0 −0.013	20	+0.021 +0.008	24	60	25	
					50								65		
					55								70		
					60								80		

注：① 材料由制造者选定，推荐采用 20Cr。

② 热处理：渗碳深度 0.8～1.2mm，硬度 58—62HRC。

③ 技术条件：按 JB/T 7653—2008(冲模技术条件标准)的规定。

2) B 型小导柱

JB/T 7645.2—2008(冲模导向装置标准)中的 B 型小导柱结构如图 4-25 所示，尺寸规格如表 4-27 所示。

标记示例：

直径 *d*=16mm，长度 *L*=60mm 的 B 型小导柱标记为

B 型小导柱　16×60　JB/T 7645.2—2008(冲模导向装置标准)。

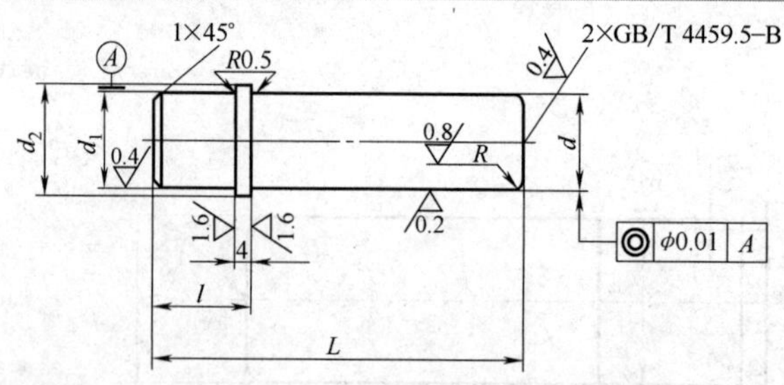

图 4-25　B 型小导柱的结构

表 4-27　B 型小导柱尺寸规格

单位：mm

d(h5)		d_1(m6)		d_2	L	l	R
基本尺寸	极限偏差	基本尺寸	极限偏差				
10	0 −0.006	10	+0.015 +0.006	13	10 50 60	13	1
12	0 −0.008	12	+0.018 +0.007	15	50 60 70	15	
16		16		19	60 70 80	19	2
20	0 −0.009	20	+0.021 +0.008	24	80 100 120	24	3

注：① 材料由制造者选定，推荐采用 20Cr。

② 热处理：渗碳深度 0.8～1.2mm，硬度 58—62HRC。

③ 技术条件：按 JB/T 7653—2008(冲模技术条件标准)的规定。

3) 小导套

JB/T 7645.3—2008(冲模导向装置标准)中小导套的结构如图 4-26 所示，尺寸规格如表 4-28 所示。

标记示例：

直径 d=12mm，长度 L=16mm 的小导套标记为

小导套　12×16　JB/T 7645.3—2008。

8. 橡胶与弹簧

冲压模常用橡胶、聚氨酯、弹簧进行压料和卸料。

1) 天然橡胶与丁氰胶

冲压模常用天然橡胶或丁氰胶作为卸料、压料元件，它允许承受的负载较大，占据的空间小，安装调整方便灵活、成本低，因此在中小型冲模中应用广泛。

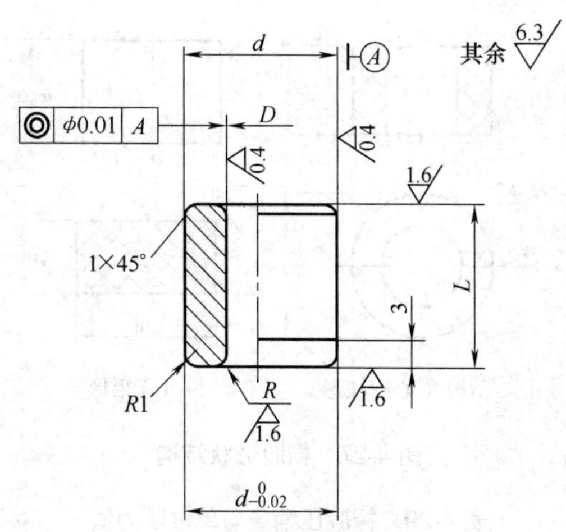

图 4-26 小导套的结构

表 4-28　小导套尺寸规格　　　　单位：mm

<table>
<tr><th colspan="2">D(H5)</th><th colspan="2">D(r6)</th><th rowspan="2">L</th><th rowspan="2">R</th></tr>
<tr><th>基本尺寸</th><th>极限偏差</th><th>基本尺寸</th><th>极限偏差</th></tr>
<tr><td rowspan="3">10</td><td rowspan="3">+0.009
0</td><td rowspan="3">16</td><td rowspan="6">+0.034
+0.023</td><td>10</td><td rowspan="3">1</td></tr>
<tr><td>12</td></tr>
<tr><td>14</td></tr>
<tr><td rowspan="3">12</td><td rowspan="6">+0.011
0</td><td rowspan="3">18</td><td>12</td><td rowspan="6">2</td></tr>
<tr><td>14</td></tr>
<tr><td>16</td></tr>
<tr><td rowspan="3">16</td><td rowspan="3">22</td><td rowspan="6">+0.041
+0.028</td><td>16</td></tr>
<tr><td>18</td></tr>
<tr><td>20</td></tr>
<tr><td rowspan="3">20</td><td rowspan="3">+0.013
0</td><td rowspan="3">26</td><td>20</td><td rowspan="3">3</td></tr>
<tr><td>22</td></tr>
<tr><td>25</td></tr>
</table>

注：① 材料由制造者选定，推荐采用 20Cr。

② 热处理：渗碳深度 0.8～1.2mm，硬度 58—62HRC。

③ 技术条件：按 JB/T 7653—2008(冲模技术条件标准)的规定。

橡胶在受压方向产生的变形与其所受到的压力不成正比关系。橡胶所产生的工作压力及断面选择通常凭经验估计，根据模具空间大小合理布置，但周围要留有足够空间，保证受压时的胀大，要特别注意橡胶必须远离小凸模等，以防受压胀大时顶弯薄弱零件。

常用橡胶的结构形式如图 4-27 所示，压缩量与单位压力值如表 4-29 所示，计算公式如表 4-30 所示。

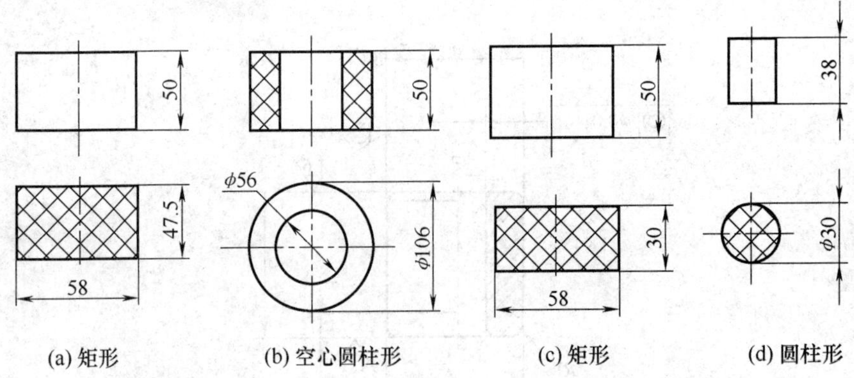

图 4-27　橡胶形状结构

表 4-29　橡胶压缩量与单位压力值

压缩量/%	10	15	20	25	30	35
单位压力/MPa	0.26	0.5	0.74	1.06	1.52	2.10

表 4-30　橡胶计算公式

序　号	计算步骤与计算公式	说　明
1	确定自由高度 $H_{自}=[L_{工}/(0.25\sim0.30)]+h_{修磨}$	$L_{工}$—冲模的工作行程，mm；冲裁模 $L_{工}=t+(1\sim1.5)$； $h_{修磨}$—预留的修磨量，一般取 4～6mm
2	确定 $L_{预}$和 $H_{装}$ $L_{预}=(0.10\sim0.15)H_{自}$ $H_{装}=H_{自}-L_{预}$	$L_{预}$—橡胶的预压缩量； $H_{装}$—冲模装配好后橡胶的高度
3	确定橡胶横截面积 $A(mm^2)$ $A=F/q$	F—所需的弹压力； q—橡胶在预压缩状态下的单位压力，为 0.26～0.50MPa

2) 聚氨酯弹性体

聚氨酯弹性体用于卸料力较大、压缩量较小的冲裁模具中。带孔圆棒形供应长度通常为 12 英寸即 305mm，根据需要可用车床切断。板料型供应尺寸通常为 305mm×305mm×h，根据需要用手锯开料。聚氨酯棒料结构如图 4-28 所示，尺寸规格如表 4-31 所示。

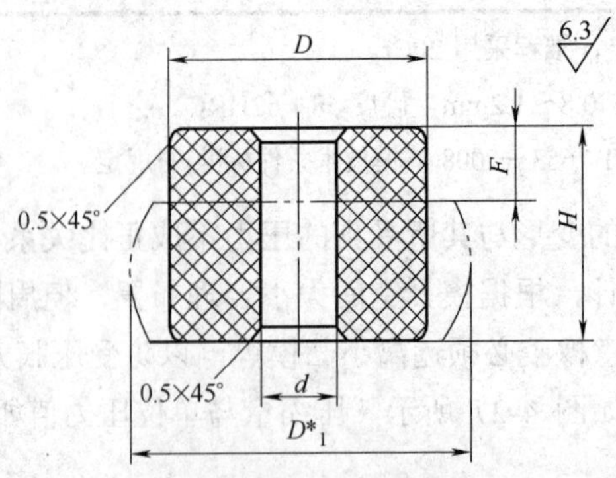

图 4-28　聚氨酯弹性体的结构

表 4-31　聚氨酯弹性体尺寸规格　　单位：mm

<table>
<tr><th>D</th><th>d</th><th>H</th><th>D₁</th><th>D</th><th>d</th><th>H</th><th>D₁</th></tr>
<tr><td>16</td><td>6.5</td><td rowspan="3">12</td><td>21</td><td rowspan="3">45</td><td rowspan="3">12.5</td><td>25</td><td rowspan="3">58</td></tr>
<tr><td>20</td><td rowspan="4">8.5</td><td>26</td><td>32</td></tr>
<tr><td rowspan="3">25</td><td rowspan="3">33</td><td>40</td></tr>
<tr><td>16</td><td rowspan="6">60</td><td rowspan="6">16.5</td><td>2</td><td rowspan="6">78</td></tr>
<tr><td>20</td><td>25</td></tr>
<tr><td rowspan="3">32</td><td rowspan="3">10.5</td><td>16</td><td rowspan="3">42</td><td>32</td></tr>
<tr><td>20</td><td>40</td></tr>
<tr><td>25</td><td rowspan="2">50</td></tr>
<tr><td>45</td><td>12.5</td><td>20</td><td>58</td></tr>
</table>

标记示例：

直径 D=32mm，d=10.5mm，厚度 H=25mm 的聚氨酯弹性体标记为

聚氨酯弹性体　32×10.5×25　JB/T 7650.9—2008(冲模卸料装置标准)。

3) 弹簧

弹簧是模具中广泛应用的弹性零件，作用主要是缓冲、减震及储存能量，主要用于卸料、推件、压边等工作。模具中使用的弹簧有圆弹簧(弹簧钢丝截面直径为圆形)、矩形弹簧(弹簧钢丝截面直径为矩形或近似矩形)和蝶形弹簧。

(1) 圆柱螺旋压缩弹簧。圆柱螺旋压缩弹簧结构如图 4-29 所示。选择弹簧时一般按照 GB/T 2861.6—2008(冲模导向装置标准)选用，材料 65Mn，硬度 44—50HRC。压力与长度计算如下。

① 压力足够，即

$$F_{预} \geqslant F_{卸}/n$$

式中，$F_{预}$ 为弹簧预压力，N；$F_{卸}$ 为卸料力、推件力或压边力，N；n 为弹簧根数。

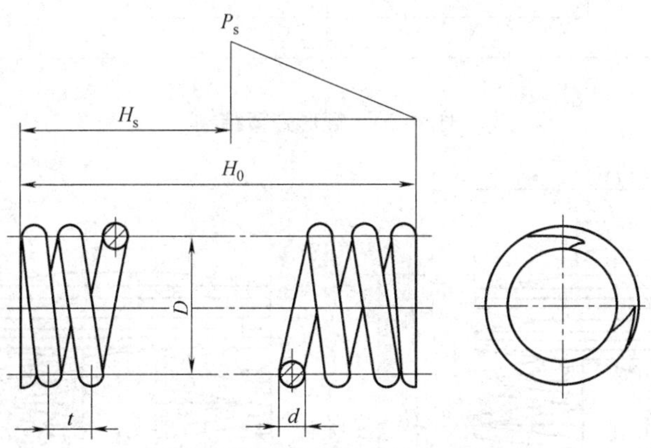

图 4-29　圆柱螺旋压缩弹簧结构

② 压缩量要足够，即

$$S_1 \geqslant S_{总} = S_{预} + S_{工作} + S_{修磨}$$

式中，S_1 为弹簧允许的最大压缩量，mm；$S_{总}$ 为弹簧需要的总压缩量，mm；$S_{预}$ 为弹簧的预压缩量，mm；$S_{工作}$ 为卸料板、推件块或压边圈的工作行程，mm；$S_{修磨}$ 为模具的修磨量或调整量，mm，一般取 4～6mm。

③ 要符合模具结构空间的要求。因模具闭合高度的大小，限定了所选弹簧在预压状态下的长度；上、下模座的尺寸限定了卸料板的面积，也就限定了允许弹簧占用的面积，所以选取弹簧的根数、直径和长度，必须符合模具结构空间的要求。

④ 选择弹簧的步骤。

第一步，根据模具结构初步确定弹簧根数 n，并计算出每根弹簧分担的卸料力(或推件力、压边力) $F_{卸}/n$。

第二步，根据预压力 $F_{预}$ ($\geqslant F_{卸}/n$)和模具结构尺寸，从标准弹簧表中初选出若干序号的弹簧，这些弹簧均需满足最大工作负荷 $F_1 > F_{预}$ 的条件。

第三步，根据所选弹簧的规格，分别计算出各弹簧的 S_1=自由高度 H_0–受负荷 F_1 时的高度 H_1。根据负荷行程曲线，分别查出各弹簧 $F_{预}$ 时的 $S_{预}$ 以及算出 $S_{总}=S_{预}+S_{工作}+S_{修磨}$。对于满足 $S_1 \geqslant S_{总}$ 要求的弹簧，为可以选择的弹簧。

第四步，检查弹簧的装配长度(即弹簧预压缩后的长度=弹簧的自由长度 H_0–预压缩量 $S_{预}$)、根数、直径是否符合模具结构空间尺寸，如符合要求则为最后选定的弹簧规格，否则需重选。

(2) 蝶形弹簧。蝶形弹簧的弹力较大，但压缩量较小、占用空间较大。当要求有较大压力且模具有足够空间安装时可选用蝶形弹簧，通常成(对)套使用。其结构如图 4-30 所示，尺寸系列查 GB/T 1972—2016(蝶形弹簧标准)，装配结构如图 4-31 所示。

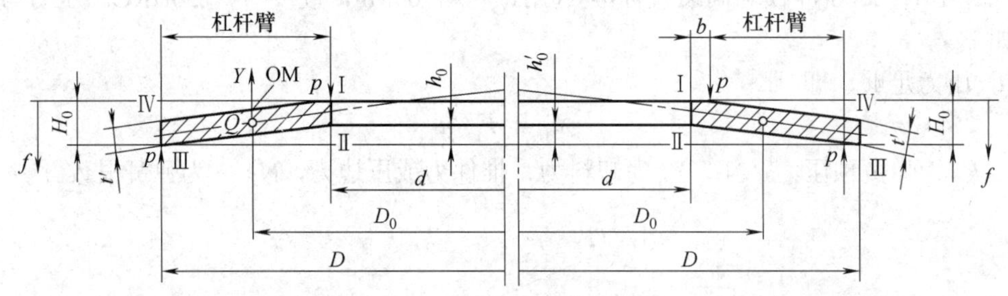

图 4-30　蝶形弹簧结构

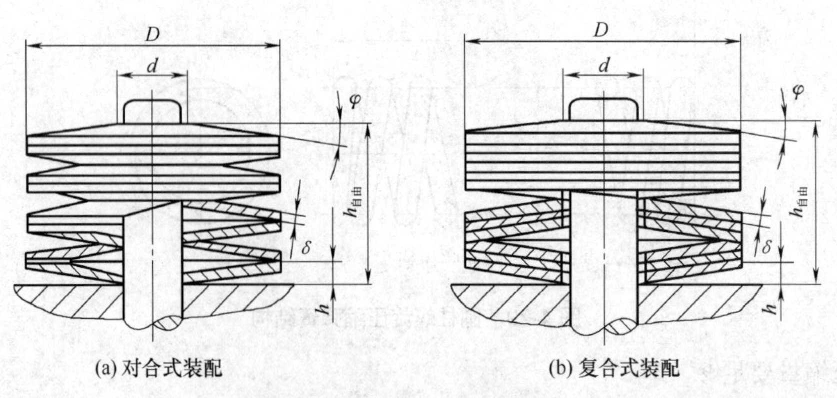

(a) 对合式装配　　(b) 复合式装配

图 4-31　蝶形弹簧装配结构

(3) 矩形弹簧。矩形弹簧以颜色来区分轻重负荷，颜色越深，弹簧强度越大；弹簧压缩比越小，使用寿命就越长。形状如图 4-32 所示，颜色与负荷、压缩比与寿命的关系如表 4-32 所示。

矩形弹簧的标记：外径(D)×内径(d)×自由长度(L)。如外径为 30mm、内径为 16mm、自由长度 100mm，可标记为：30×16×100。弹簧尺寸标注如图 4-33 所示，部分矩形弹簧尺寸规格如表 4-33 所示。

图 4-32　矩形弹簧结构

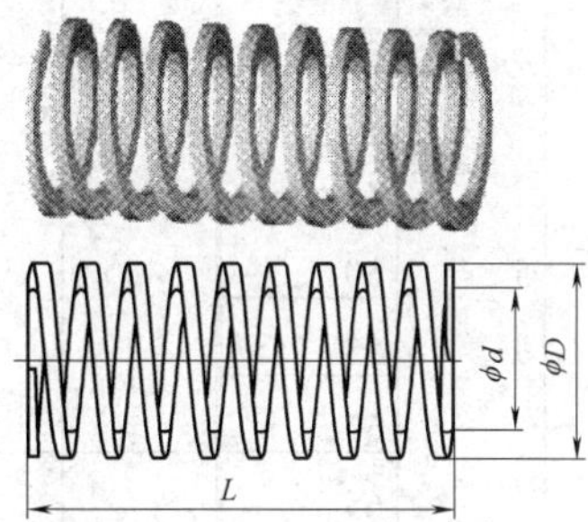

图 4-33　矩形弹簧尺寸标注

表 4-32　矩形弹簧的颜色与负荷、压缩比与寿命的关系

种类	轻小荷重	轻荷重	中荷重	重荷重	极重荷重
颜色(代号)	黄色(TF)	蓝色(TL)	红色(TM)	绿色(TH)	茶色(TB)
100 万次/压缩量	40%	32%	25.6%	19.2%	16%
50 万次/压缩量	45%	36%	28.8%	21.6%	18%
30 万次/压缩量	50%	40%	32%	24%	20%
最大压缩量	58%	48%	38%	28%	24%

表 4-33　矩形弹簧尺寸规格　　单位：mm

<table>
<tr><th>外径 D</th><th>内径 d</th><th>自由长度 L</th><th>外径 D</th><th>内径 d</th><th>自由长度 L</th><th>外径 D</th><th>内径 d</th><th>自由长度 L</th><th>外径 D</th><th>内径 d</th><th>自由长度 L</th></tr>
<tr><td rowspan="11">8</td><td rowspan="11">4</td><td>10</td><td rowspan="6">16</td><td rowspan="6">8</td><td>65</td><td rowspan="11">25</td><td rowspan="11">13.5</td><td>45</td><td rowspan="7">35</td><td rowspan="7">19</td><td>80</td></tr>
<tr><td>15</td><td>70</td><td>50</td><td>90</td></tr>
<tr><td>20</td><td>75</td><td>55</td><td>100</td></tr>
<tr><td>25</td><td>80</td><td>60</td><td>125</td></tr>
<tr><td>30</td><td>90</td><td>65</td><td>150</td></tr>
<tr><td>35</td><td>100</td><td>70</td><td>175</td></tr>
<tr><td>40</td><td rowspan="5">18</td><td rowspan="5">9</td><td>25</td><td>75</td><td>200</td></tr>
<tr><td>45</td><td>30</td><td>80</td><td rowspan="4">40</td><td rowspan="4">22</td><td>40</td></tr>
<tr><td>50</td><td>35</td><td>90</td><td>50</td></tr>
<tr><td>55</td><td>40</td><td>100</td><td>60</td></tr>
<tr><td>60</td><td>45</td><td>125</td><td>70</td></tr>
</table>

续表

外径 *D*	内径 *d*	自由长度 *L*	外径 *D*	内径 *d*	自由长度 *L*	外径 *D*	内径 *d*	自由长度 *L*	外径 *D*	内径 *d*	自由长度 *L*
10	5	20	18	9	50	25	13.5	150	40	22	60
		25			55			175			80
		30			60			25			90
		35			65			30			100
		40			70			35			125
		45			75			40			150
		50			80			45			175
		55			90			50			200
		60			100			55			250
		65	20	11	25			60	50	27.5	50
		70			30			65			60
		75			35			70			70
		80			40			75			60
12	6	20			45			80			80
		25			50			90			90
		30			55			100			100
		35			60			125			125
		40			65			150			150
		45			70			175			175
		50			75	30	16	25			200
		55			80			30			250
		60			90			35			300
		65			100			40			350
		70			125			45			400
		75			150			50			450
		80	22	11	25			55			500
14	7	25			30			60	60	33	60
		30			35			65			70
		35			40			70			60
		40			45			75			80
		45			50			80			90
		50			55			90			100
		55			60			100			125
		60			65			125			150
		65			70			150			175

续表

外径 D	内径 d	自由长度 L	外径 D	内径 d	自由长度 L	外径 D	内径 d	自由长度 L	外径 D	内径 d	自由长度 L
14	7	70	22	11	75	30	16	175	60	33	200
		75			80			200			250
		80			90	35	19	40			300
		90			100			45			350
16	8	25			125			50			400
		30			150			55			450
		35	25	13.5	25			60			500
		40			30			65			
		45			35			70			
		50			40			75			

(4) 氮气弹簧。氮气弹簧是一种具有弹性功能的部件，它将高压氮气密封在容器内，外力通过柱塞杆将氮气压缩，当外力去除时，靠高压气体膨胀来获得一定的弹性压力，这种部件称为氮气弹簧，也称为氮气缸。由于氮气弹簧的独特性能及安装选用方便，因此，在模具中的应用越来越广泛，尤其是汽车模具中有大量应用。

① 氮气弹簧的特点。不需要预紧，弹压力在模具行程中基本保持恒定，弹压力大小受力点可以方便准确地调节，简化模具的结构，缩短模具制造周期。与其他弹性元件相比，具有安装方便、使用寿命长、安全、可靠、不需要额外的动力源等特点。它最突出的特点是，其特性曲线所表现出来的压力曲线随行程变化较为平缓。

② 氮气弹簧的结构如图 4-34 所示，常用规格如表 4-34 所示。

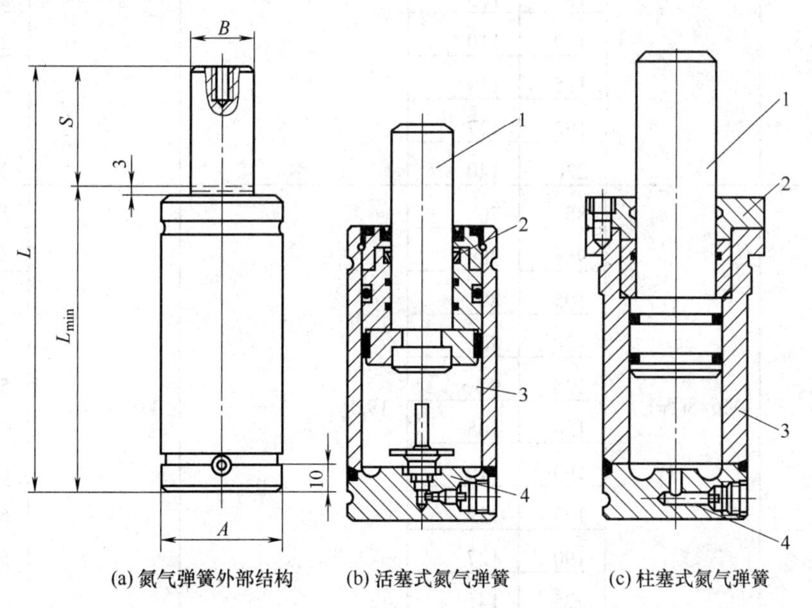

(a) 氮气弹簧外部结构　(b) 活塞式氮气弹簧　(c) 柱塞式氮气弹簧

图 4-34　氮气弹簧的结构

1—柱塞(活塞)；2—缸盖；3—缸桶；4—缸底

③ 氮气弹簧的应用。氮气弹簧可用于冲裁模的顶料、卸料、压料；拉深模的压边、顶料；翻边模的压料，特别适合不对称零件的成形，局部成形；塑料模具中侧滑块复位机构。

④ 氮气弹簧的安装。氮气弹簧在模具中的位置，可以是正置或反置。

安装要求：安装时必须保证氮气弹簧在工作中的稳定性，受力要平衡，保证氮气弹簧的柱塞杆与模具顶件板平稳接触，不允许有间隙，尽量避免偏载；氮气弹簧在模具中不能发生移动或错位，安装应牢固、可靠、稳定，最好在座板上开设沉孔，深度可以根据具体情况而定；在并接氮气弹簧时更要注意结构紧凑，并联可靠，充气方便。

安装方法：常见的安装方法有法兰盘安装和螺孔安装。法兰盘安装是利用缸体上开槽将法兰盘与氮气弹簧固紧为一体，安装在模具上。借助于法兰盘，可以将氮气弹簧安装在模具中的任何位置。法兰盘可以是圆形、方形、吊耳形、矩形等。螺孔安装是利用在氮气弹簧底部开设 2 个或 4 个 M6 或 M8 的螺钉孔，直接将氮气弹簧安装在模具上。对于小型的氮气弹簧，有时直接将螺孔开设在缸体上，利用缸体上的螺纹直接进行安装。

表 4-34 氮气弹簧规格

A/mm	*B*/mm	底部螺纹 *M*/mm	*L*/mm	L_{min}/mm	氮气充入压力/MPa	初始载荷 /kN	最大载荷 /kN
19	10	M5×7(深)	85	70	19.1	1.5	2.2
			95	75			2.4
			105	80			2.6
			120	88			2.7
			135	97			2.7
			150	105			2.7
			160	110			2.7
			175	119			2.7
			190	127			2.75
			220	140			2.8
25	14	M6×8(深)	85	70	19.5	3.0	5.2
			95	75			5.3
			105	80			5.85
			120	88			5.9
			135	97			5.95
			150	105			6.0
			160	110			6.05
			175	119			6.05
			190	127			6.1
			225	145			6.15

续表

A/mm	B/mm	底部螺纹 M/mm	L/mm	L_{min}/mm	氮气充入压力/MPa	初始载荷 /kN	最大载荷 /kN
32	18	M8×12(深)	75	65	19.7	5.0	8.0
			85	70			8.7
			95	75			9.4
			105	80			9.4
			120	88			9.5
			135	97			9.5
			150	105			9.6
			160	110			9.6
			175	119			9.7
			195	132			9.7
			230	150			9.8
38	25	M8×12(深)	75	65	20.5	10.0	17.7
			85	70			19.0
			95	75			21.0
			105	80			22.0
			120	88			22.5
			135	97			22.5
			150	105			22.8
			160	110			23.0
			175	119			23.1
			205	142			23.1
			240	160			23.1
50	35	M8×12(深)	90	80	20.9	20	32.0
			115	100			32.0
			125	105			33.5
			135	110			36.0
			150	118			37.0
			165	127			39.0
			180	135			39.5
			190	140			42.0
			205	149			43.5
			220	157			44.0
			255	175			47.0

续表

A/mm	B/mm	底部螺纹 M/mm	L/mm	L_{min}/mm	氮气充入压力/MPa	初始载荷/kN	最大载荷/kN
63	45	M8×12(深)	95	85	18.9	30	44.0
			115	100			45.0
			125	105			48.0
			135	110			50.0
			150	118			52.0
			165	127			53.0
			180	135			54.0
			190	140			55.0
			220	157			61.0
			255	175			64.0

9. 冲压模模板

(1) 矩形凹模板、固定板、垫板结构如图 4-35 所示，尺寸规格如表 4-35 所示。

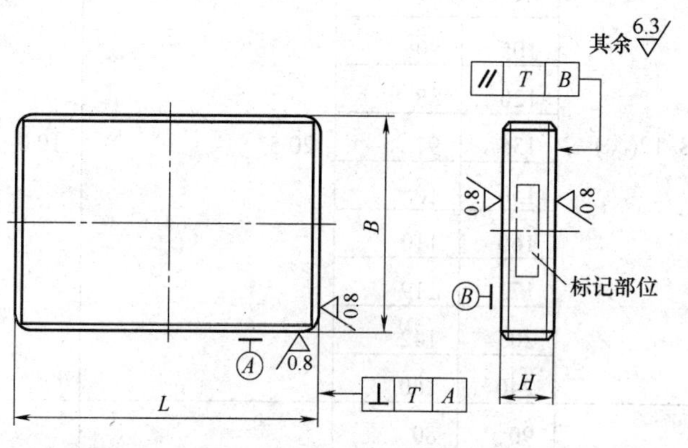

图 4-35　模板结构

标记示例：

① 长度 L=125mm、宽度 B=100mm、厚度 H=20mm 的矩形凹模板标记为

矩形凹模板　125×100×20　JB/T 7643.1—2008(冲模模板标准)。

材料由制造者选定，推荐采用 T10A、9Mn2V、Cr12、Cr12MoV。

技术条件：按 JB/T 7653—2008(冲模技术条件标准)的规定。

② 长度 L=125mm、宽度 B=100mm、厚度 H=20mm 的矩形固定板标记为

矩形固定板　125×100×20　JB/T 7643.2—2008(冲模模板标准)。

材料有制造者选定，推荐采用 45 钢。

技术条件：按 JB/T 7653—2008(冲模技术条件标准)的规定。

③ 长度 L=125mm、宽度 B=100mm、厚度 H=20mm 的矩形垫板标记为

矩形垫板　125×100×20　JB/T 7643.3—2008(冲模模板标准)。

材料由制造者选定，推荐采用 45 钢、T8A。

技术条件：按 JB/T 7653—2008(冲模技术条件)的规定。

④ 凹模板厚度 H 系列：10mm、12mm、14mm、16mm、18mm、20mm、22mm、25mm、28mm、32mm、35mm、40mm、45mm。

⑤ 固定板厚度 H 系列：6mm、8mm、10mm、12mm、14mm、16mm、18mm、20mm、22mm、25mm、28mm、32mm、35mm、40mm，适用于凸模固定板、卸料板、凹模框等。

⑥ 垫板热处理硬度：40—44HRC。厚度系列参考固定板。

表 4-35 矩形凹模板、固定板、垫板尺寸规格

凹模板(JB/T 7643.1—2008)			固定板(JB/T 7643.2—2008)			垫板(JB/T 7643.3—2008)		
L	*B*	*H*	*L*	*B*	*H*	*L*	*B*	*H*
63	50	10～20	63	50	6～18	63	50	6
63	63		63	63		63	63	
80		12～22	80		8～20	80		
100			100			100		
80	80		80	80		80	80	
100			100			100		
125			125			125		
250		16～22	250		16～32	250		8、10
315			315			315		
100	100	12～22	100	100	8～20	100	100	6
125		14～25	125		10～22	125		6、8
160		16～28	160		12～25	160		
200			200			200		
315		18～25	315		16～40	315		8、10、12
400			400		20～40	400		
125	125 (140)	14～25	125	125	10～22	125	125	6、8
160		14、18～28	160		12～25	160		
200			200			200		
250		16、20～32	250		14～28	250		
355		18～25	355		16～40	355		8、10、12
500			500			500		
160	160	16、20～32	160	160	14～28	160	160	8、10
200		16、20～35	200			200		
250		18、20～35	250		16～32	250		8、10、12
500		20～28	500		20～40	500		8、10、16

续表

凹模板(JB/T 7643.1—2008)

L	B	H
200	200	18、22～35
250		
315		20、25～40
630		20、25～40
250	250	
315		20、28～45
400		
315	315	22～40
400		25～45
500		
630		28～45
400	400	22～40
500		25～45
630		28～45

固定板(JB/T7643.2—2008)

L	B	H
200	200	16～32
250		
315		18～35
630		24～40
250	250	18～35
315		20～40
400		
315	315	24～36
400		24～45
500		28～45
630		24～40
400	400	28～40
500		32～45

垫板(JB/T 7643.3—2008)

L	B	H
200	200	8、10
250		
315		
630		10、12、16
250	250	10、12
315		
400		10、12、16

(2) 圆形凹模板、固定板、垫板的结构如图 4-36 所示，尺寸规格如表 4-36 所示。

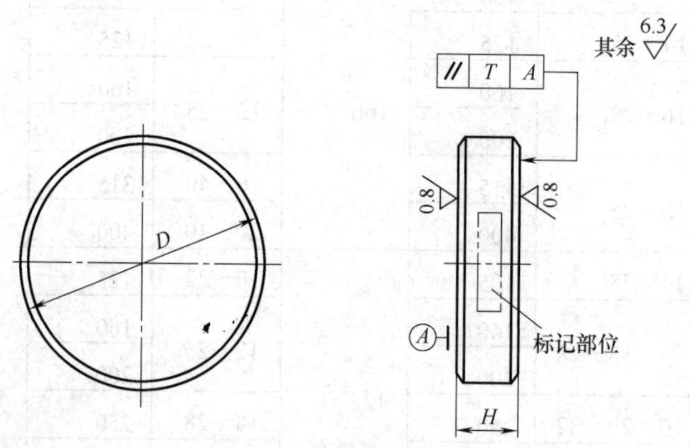

图 4-36　圆形模板结构

表 4-36　圆形凹模板、固定板、垫板尺寸规格

单位：mm

凹模板(JB/T 7643.4—2008)		固定板(JB/T 7643.5—2008)		垫板(JB/T 7643.6—2008)	
D	H	D	H	D	H
63	10、12、14、16、18、20	63	10、12、16、18、20、25	63	6

续表

<table>
<tr><th colspan="2">凹模板(JB/T 7643.4－2008)</th><th colspan="2">固定板(JB/T 7643.5－2008)</th><th colspan="2">垫板(JB/T 7643.6－2008)</th></tr>
<tr><th>D</th><th>H</th><th>D</th><th>H</th><th>D</th><th>H</th></tr>
<tr><td>80</td><td rowspan="2">12、14、16、18、20、22</td><td>80</td><td>10、12、16、18、20、25、32、36</td><td>80</td><td rowspan="2">6</td></tr>
<tr><td>100</td><td>100</td><td rowspan="2">12、16、18、20、25、32、36、40</td><td>100</td></tr>
<tr><td>125</td><td></td><td>125</td><td>125</td><td>6、8</td></tr>
<tr><td>160</td><td>14、16、18、20、22、28</td><td>160</td><td>16、18、20、25、32、36、40、45</td><td>160</td><td rowspan="2">8、10</td></tr>
<tr><td>200</td><td>18、20、22、28、32、35</td><td>200</td><td rowspan="3">16、20、25、32、36</td><td>200</td></tr>
<tr><td>250</td><td>20、22、28、32、35、40</td><td>250</td><td>250</td><td>10、12</td></tr>
<tr><td>315</td><td>20、22、28、32、35、40、45</td><td>315</td><td colspan="2"></td></tr>
</table>

标记示例：

①直径 D=100 mm、厚度 H=20mm 的圆形凹模板标记为

圆形凹模板　100×20　JB/T 7643.4—2008(冲模模板标准)。

材料由制造者选定，推荐采用 T10A、9Mn2V、Cr12MoV、CrWMn。

技术条件：按 JB/T 7653－2008(冲模技术条件标准)的规定。

② 直径 D=100mm、厚度 H=20mm 的圆形固定板标记为

圆形固定板　100×20　JB/T 7643.5—2008(冲模模板标准)。

材料由制造者选定，推荐采用 45 钢。

技术条件：按 JB/T 7653—2008(冲模技术条件标准)的规定。

③ 直径 D=100mm、厚度 H=6mm 的圆形垫板标记为

垫板　100×6　JB/T 7643.6—2008(冲模模板标准)。

材料由制造者选定，推荐采用 45 钢、T10A。

技术条件：按 JB/T 7653—2008(冲模技术条件标准)的规定。

模板材料为 Q235－A 或 45 钢，适用于凸模固定板、卸料板、空心垫板、凹模框等。

10. 模柄

中小型模具一般是通过模柄将上模固定在压力机滑块上，因此模柄的直径和长度应与所选压力机的滑块模柄固定孔尺寸相一致。

1) 凸缘模柄

凸缘模柄的凸缘与上模座的沉孔采用 H7/h6 小间隙配合，用 3～4 个内六角螺钉紧固于上模座，多用于大型的模具或上模座中开设推板孔的中小型模具，常用结构如图 4-37 所示，尺寸规格如表 4-37 所示。

标记示例：

直径 d=40mm，凸缘 D=85mm 的 A 型凸缘模柄标记为

凸缘模柄 A　40×85　JB/T 7646.3—2008(冲模模柄标准)。

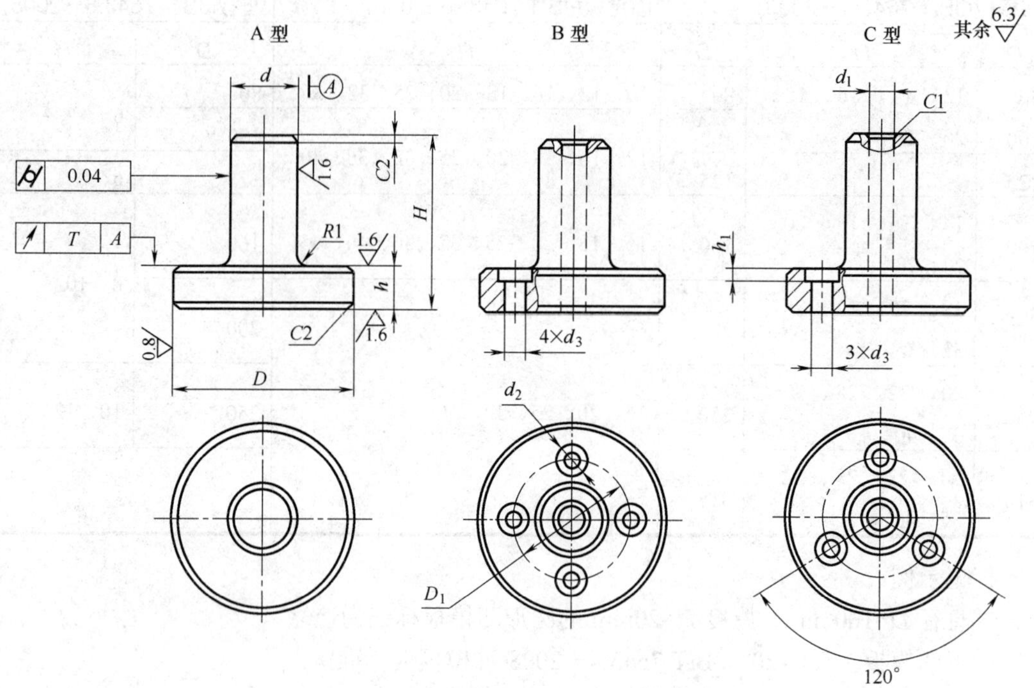

图 4-37　凸缘模柄结构

表 4-37　凸缘模柄尺寸规格　　单位：mm

D(d11)		*D*(h6)		*H*	*h*	d_1	D_1	d_2	d_3	h_1
基本尺寸	极限偏差	基本尺寸	极限偏差							
30	−0.065 −0.195	70	0 −0.019	64	16	11	52	15	9	9
40	−0.080	85	0	78	18	13	62	18	11	11
50	−0.0240	100	−0.022			17	72			
60	−0.100	115	0	90	29		87	22	13	13
76	−0.290	136	−0.025	98	32	21	102			

注：① 材料由制造者选定，推荐采用 Q235、45 钢。

② 技术条件：应符合 JB/T 7653—2008(冲模技术条件标准)的规定。

2) 压入式模柄

压入式模柄与模座孔采用 H7/m6 过渡配合，它与模座孔配作骑缝销防止转动。这种模柄可较好地保证轴线与上模座的垂直度，适用于各种中小型冲模，生产中最常见。其结构如图 4-38 所示，尺寸规格如表 4-38 所示。

标记示例：

直径 d=32mm、H=80mm 的 A 型压入式模柄标记为

压入式模柄　A　32×80 JB/T 7646.1—2008(冲模模柄标准)。

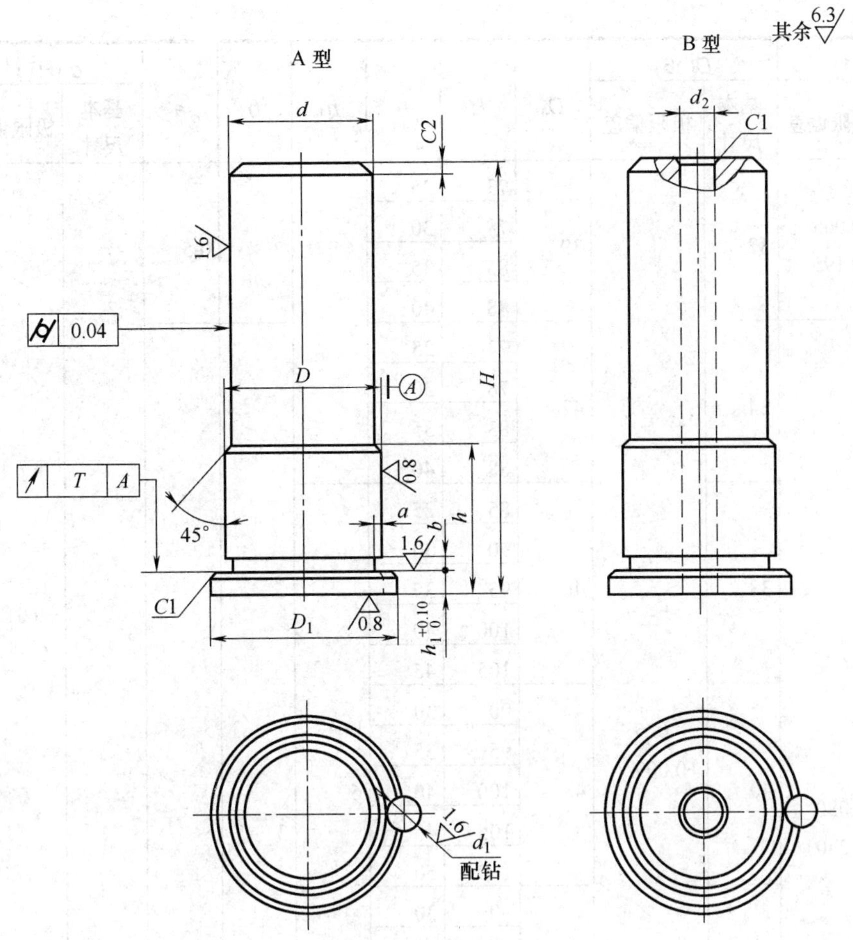

图 4-38　压入式模柄结构

表 4-38　压入式模柄尺寸规格

单位：mm

<table>
<tr><th colspan="2">d(d11)</th><th colspan="2">D(h6)</th><th rowspan="2">D_1</th><th rowspan="2">H</th><th rowspan="2">h</th><th rowspan="2">h_1</th><th rowspan="2">b</th><th rowspan="2">a</th><th colspan="2">d_1(H7)</th><th rowspan="2">d_2</th></tr>
<tr><th>基本尺寸</th><th>极限偏差</th><th>基本尺寸</th><th>极限偏差</th><th>基本尺寸</th><th>极限偏差</th></tr>
<tr><td rowspan="3">20</td><td rowspan="7">−0.065
−0.195</td><td rowspan="3">22</td><td rowspan="7">+0.021
+0.008</td><td rowspan="3">29</td><td>68</td><td>20</td><td rowspan="7">4</td><td rowspan="7">2</td><td rowspan="7">0.5</td><td rowspan="7">6</td><td rowspan="7">+0.012
0</td><td rowspan="7">7</td></tr>
<tr><td>73</td><td>25</td></tr>
<tr><td>78</td><td>30</td></tr>
<tr><td rowspan="4">25</td><td rowspan="4">26</td><td rowspan="4">33</td><td>68</td><td>20</td></tr>
<tr><td>73</td><td>25</td></tr>
<tr><td>78</td><td>30</td></tr>
<tr><td>83</td><td>35</td></tr>
</table>

续表

D(d11)		D(h6)		D_1	H	h	h_1	b	a	d_1(H7)		d_2
基本尺寸	极限偏差	基本尺寸	极限偏差							基本尺寸	极限偏差	
30	−0.065 −0.195	32	+0.025 +0.009	39	73	25	5	2	0.5	6	+0.012 0	11
					78	30						
					83	35						
					88	40						
32	−0.080 −0.240	34		42	73	25		3	1			
					78	30						
					83	35						
					88	40						
35		38		46	85	25	6					13
					90	30						
					95	35						
					100	40						
					105	45						
38		40		48	90	30						
					95	35						
					100	40						
					105	45						
					110	50						
40		42		50	90	30						
					95	35						
					100	40						
					105	45						
					110	50						
50		52		61	95	35	8			8	+0.015 0	17
					100	40						
					105	45						
					110	50						
					115	55						
					120	60						
60	−0.100 −0.290	62	+0.030 +0.011	71	110	40		4				
					115	45						
					120	50						
					125	55						
					130	60						
					135	65						
					140	70						

续表

D(d11)		D(h6)		D_1	H	h	h_1	b	a	D_1(H7)		d_2
基本尺寸	极限偏差	基本尺寸	极限偏差							基本尺寸	极限偏差	
76	−0.100 −0.290	78	+0.030 +0.011	89	123	45	10	4	1	10	+0.015 0	21
					128	50						
					133	55						
					138	60						
					143	65						
					148	70						
					153	75						
					158	80						

3) 旋入式模柄

旋入式模柄通过螺纹与上模座连接，上端圆柱面上加工两平行平面供扳手旋紧用，骑缝螺钉配作，用于防止模柄转动。该模柄拆装方便，但模柄轴线与上模座的垂直度较差，多用于有导柱的中小型冲模。其结构如图 4-39 所示，尺寸规格如表 4-39 所示。

标记示例：

直径 d=32mm 的 A 型旋入式模柄标记为

旋入式模柄 A　32　JB/T 7646.2－2008(冲模模柄标准)。

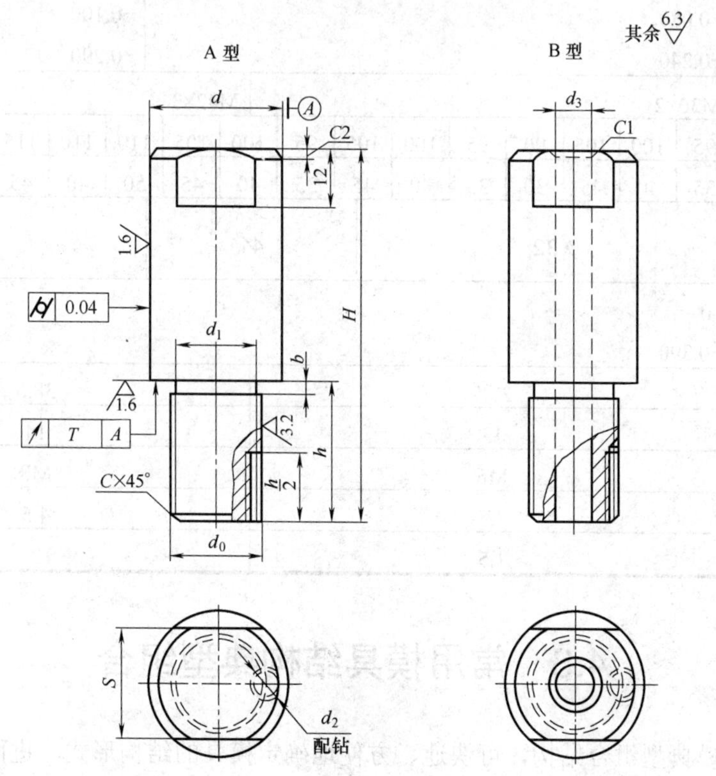

图 4-39　旋入式模柄结构

表 4-39　旋入式模柄尺寸规格　　单位：mm

d (d11)	基本尺寸	20			25			30			32			35				38
	极限偏差	$^{-0.065}_{-0.195}$									$^{-0.080}_{-0.240}$							
d_0		M18×1.5			M20×1.5						M24×2							
H		64	68	73	68	78	78	73	78	83	73	78	83	85	90	95	100	90
h		16	20	25	20	25	30	25	30	35	25	30	35	25	30	35	40	30
s	基本尺寸	17			19			24			27			30				
	极限偏差	$^{0}_{-0.270}$			$^{0}_{-0.330}$													
d_1		16.5			18.5						21.5							
d_3		7						11						13				
d_2		M6																
b		2.5									3.5							
C		1									1.5							

d (d11)	基本尺寸	38			40				50				60				
	极限偏差	$^{-0.080}_{-0.240}$											$^{-0.100}_{-0.290}$				
d_0		M30×2							M42×3								
H		95	100	105	90	95	100	105	95	100	105	110	110	115	120	125	130
h		35	40	45	30	35	40	45	35	40	45	50	40	45	50	55	60
s	基本尺寸	32							41				50				
	极限偏差	$^{0}_{-0.390}$															
d_1		27.5							38.5								
d_3		13							14								
d_2		M6							M8								
b		3.5							4.5								
C		1.5							2								

4.3　常用模具结构典型组合

采用冷冲模典型组合结构，可快速、方便地确定模具的结构形式，进而确定模具的主要零件的尺寸及安装尺寸，特别是对初学者有极大帮助。本节内容精选了 8 种典型组合结构供模具设计人员选用。

4.3.1　冷冲模典型组合技术条件

(1) 组成典型组合的零件均须符合有关零件的标准要求和本技术条件的规定。

(2) 装配成套的典型组合，在其零件的加工表面不得有擦伤、划痕、裂纹等缺陷。

(3) 上、下模座上的螺钉沉孔，其深度不应超过上、下模座厚度的 1/2，并保证螺钉、圆柱销头端面不高出上、下模座基面。

(4) 在典型组合中的卸料螺钉采用在上、下模座上打沉孔的结构形式时，卸料螺钉沉孔深度应保证同一副组合一致。

(5) 典型组合中的导料板宽度尺寸值，按实际需要进行修正。

(6) 典型组合中的两块导料板厚度需修磨一致。

(7) 典型组合中的上下模座、固定板、卸料板、导料板、凹模等零件上的圆柱销孔不加工，待装配时再钻和铰。

(8) 典型组合中通孔、沉孔的表面粗糙度 Ra 为 6.3 μm 。

(9) 典型组合中螺纹的基本尺寸按 GB/T 196—2003(普通螺纹基本尺寸标准)的规定，螺纹公差与配合按 GB/T 197—2003(普通螺纹公差标准)的规定，螺纹的表面粗糙度 Ra 为 6.3 μm 。

(10) 弹压卸料结构的卸料螺钉长度，若不满足用户要求时可用 JB/T 7650.8—2008(冲模卸料装置标准)调节垫圈调整。

(11) 若用户有特殊要求，经与制造厂协商，可按下述规定供应。

① 可不制出螺孔。

② 可以改变相应的典型组合标准中所规定的螺孔、销孔位置。

③ 导料板可不加长于凹模外。

4.3.2　冷冲模典型组合

1. 冷冲模固定卸料典型组合

1) 无导柱纵向送料典型组合

如图 4-40 所示的纵向送料典型组合。

2) 无导柱横向送料典型组合

如图 4-41 所示的横向送料典型组合。

2. 冷冲模弹压卸料典型组合

1) 纵向送料典型组合

如图 4-42 所示的纵向送料典型组合。

2) 横向送料典型组合

横向送料典型组合如图 4-43 所示。

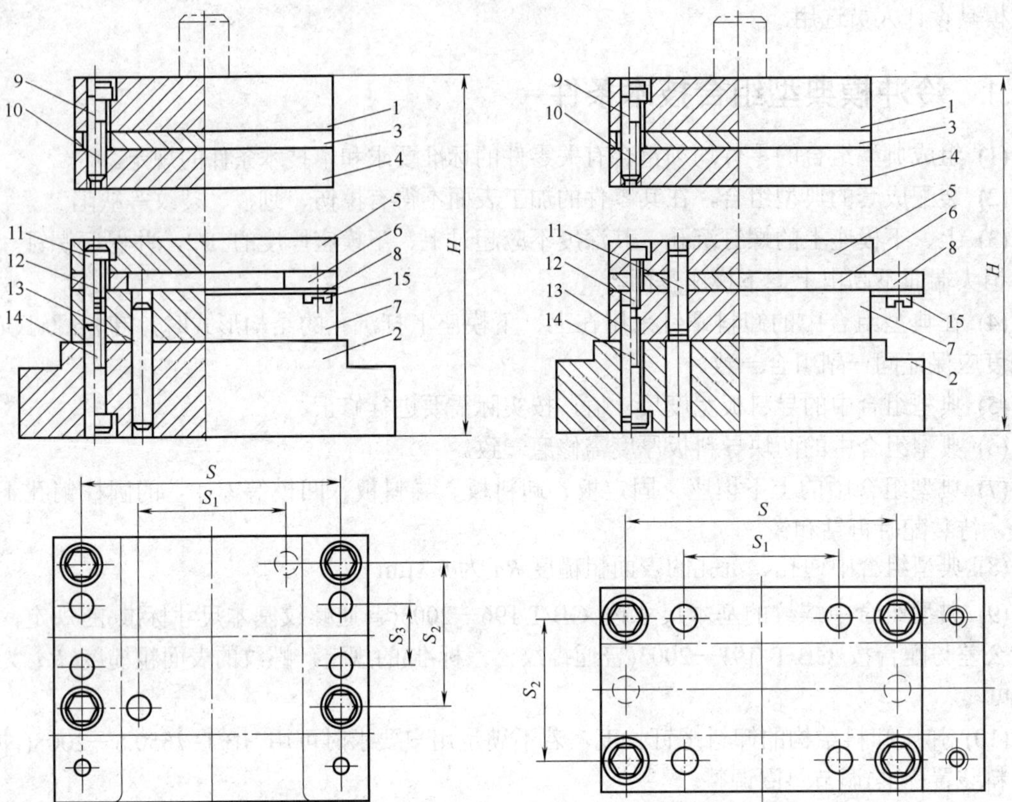

图 4-40 纵向送料典型组合　　图 4-41 横向送料典型组合

1—上模座；2—下模座；3—上垫板；4—凸模固定板；5—卸料板；6—导料板；7—凹模；8—承料板；9、11、13—圆柱销；10、12、14、15—内六角螺钉

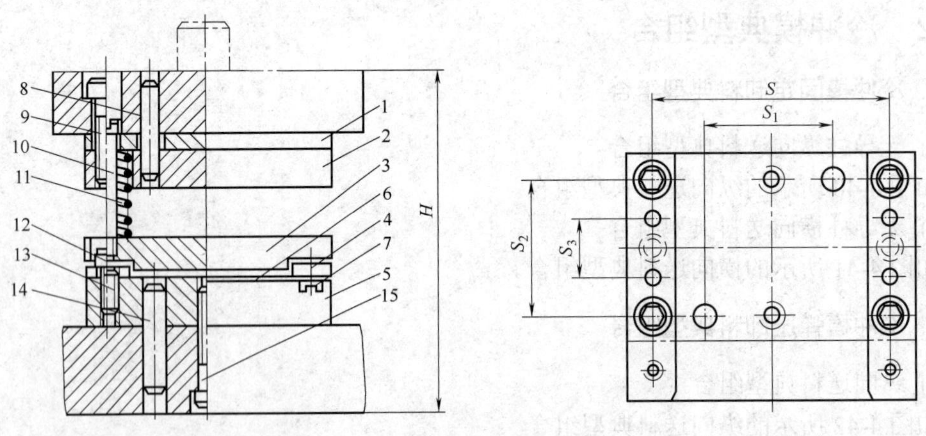

图 4-42 弹压卸料纵向送料典型组合

1—上垫板；2—凸模固定板；3—卸料板；4—导料板；5—凹模；6—承料板；7、9、12、15—内六角螺钉；8、13、14—圆柱销；10—卸料螺钉；11—弹簧

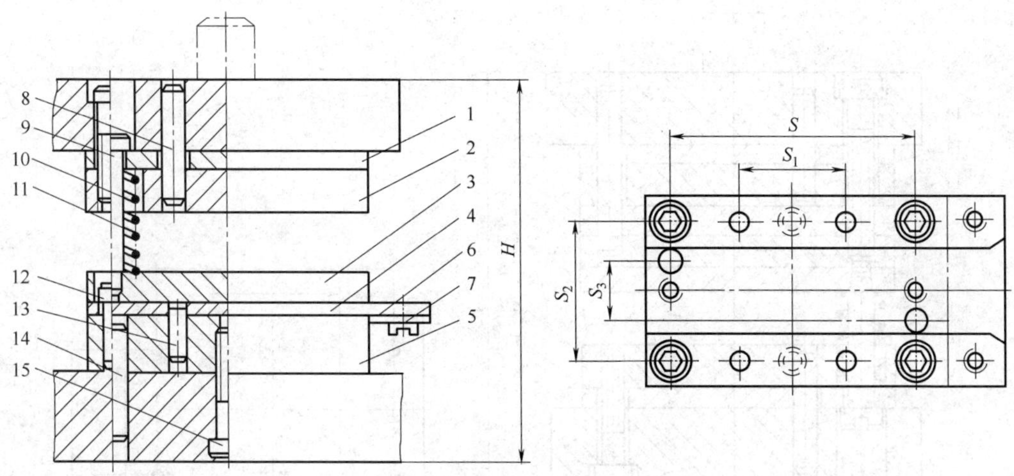

图 4-43　弹压卸料横向送料典型组合

1—上垫板；2—凸模固定板；3—卸料板；4—导料板；5—凹模；6—承料板；7、9、12、15—内六角螺钉；8、13、14—圆柱销；10—卸料螺钉；11—弹簧

3. 冷冲模复合模典型组合

1) 矩形厚凹模典型组合

如图 4-44 所示为复合模矩形厚凹模典型组合。

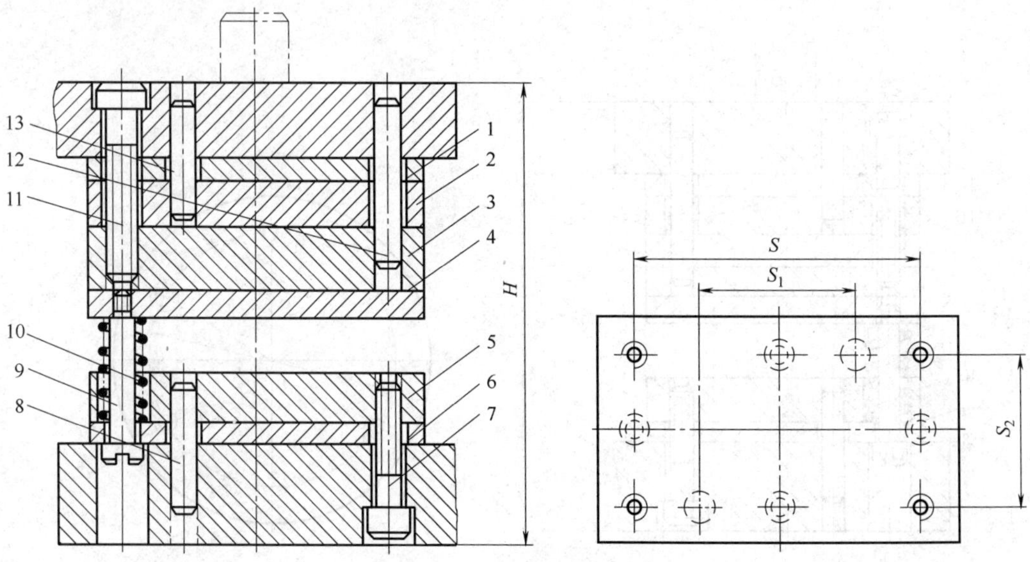

图 4-44　矩形厚凹模典型组合

1、6—垫板；2、5—凸模固定板；3—凹模；4—卸料板；7、11—内六角螺钉；8、12、13—圆柱销；9—卸料螺钉；10—弹簧

2) 矩形薄凹模典型组合

图 4-45 所示为复合模矩形薄凹模典型组合。

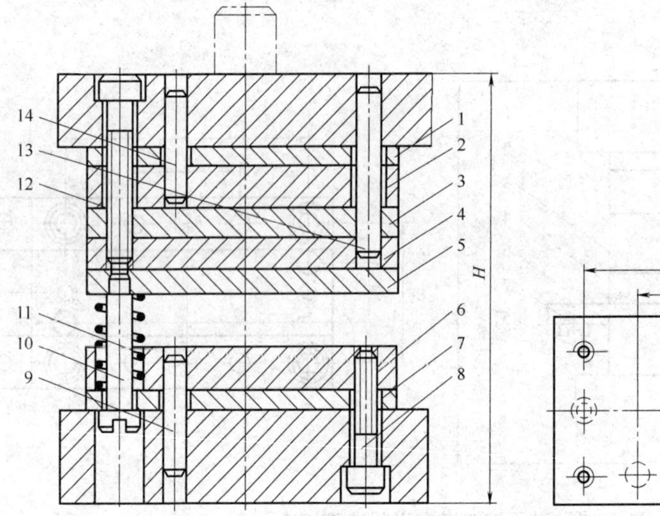

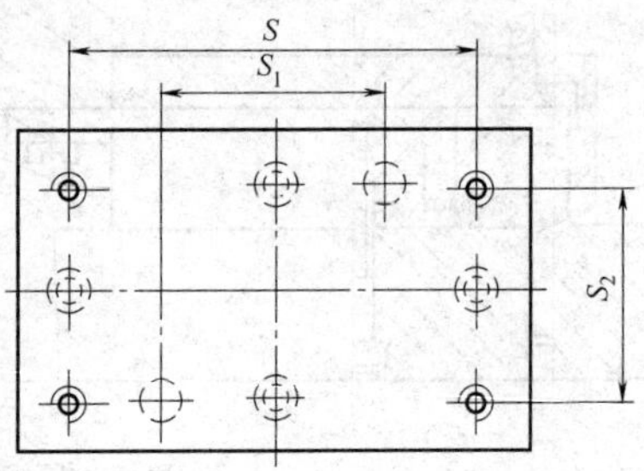

图 4-45　矩形薄凹模典型组合

1、7—垫板；2、6—凸模固定板；3—空心垫板；4—凹模；5—卸料板；8、12—内六角螺钉；9、13、14—圆柱销；10—卸料螺钉；11—弹簧

3) 圆形厚凹模典型组合

图 4-46 所示为复合模圆形厚凹模典型组合。

图 4-47 所示为复合模圆形薄凹模典型组合。

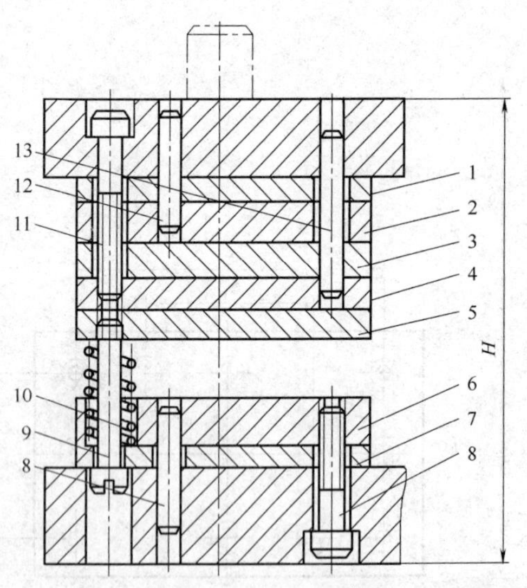

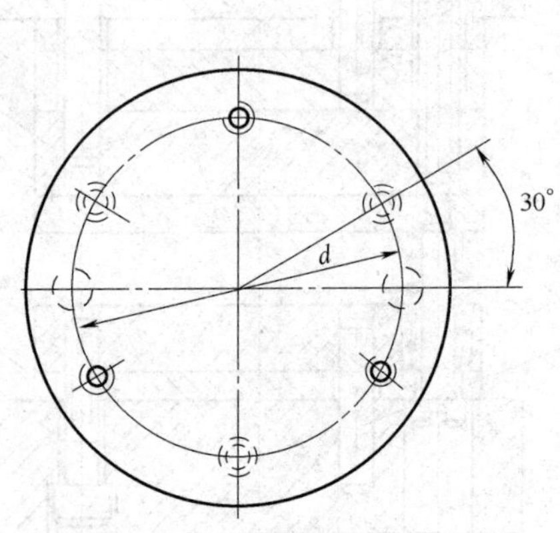

图 4-46　圆形厚凹模典型组合

1、6—垫板；2、5—固定板；3—凹模；4—卸料板；7、11—内六角螺钉；8、12、13—圆柱销；9—卸料螺钉；10—弹簧

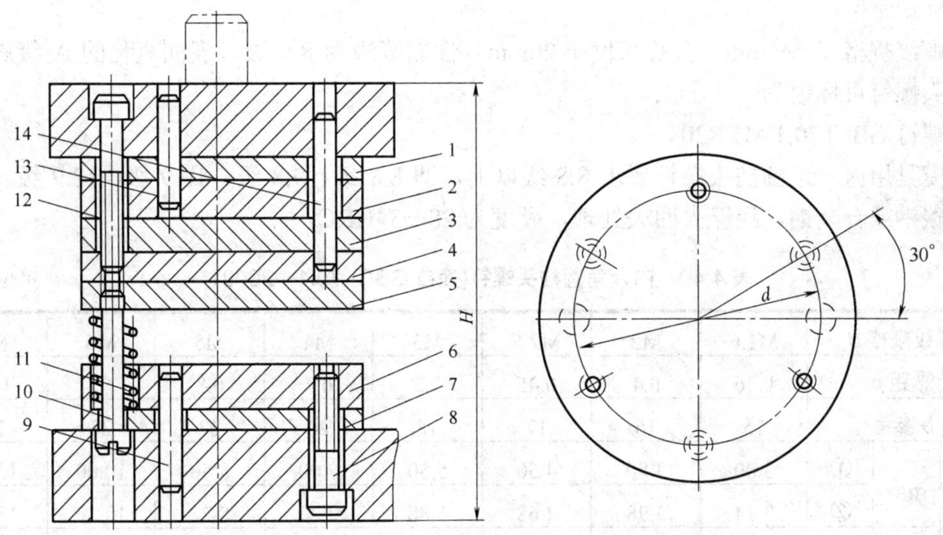

图 4-47　圆形薄凹模典型组合

1、7—垫板；2、6—固定板；3—空心垫板；4—凹模；5—卸料板；

8、12—内六角螺钉；9、13、14—圆柱销；10—卸料螺钉；11—弹簧

4.4　模具常用螺钉与销钉

冷冲模(包括塑料模)零件的连接和紧固常用内六角圆柱头螺钉和沉头螺钉，模具零件的定位使用圆柱销。

1. 内六角圆柱头螺钉

内六角圆柱头螺钉结构如图 4-48 所示，国标 GB/T 70.1—2008(内六角圆柱头螺钉标准)中对其规格进行了比较详细的分类，并对每一种规格的参数做出了明确的规定，如表 4-40 所示。

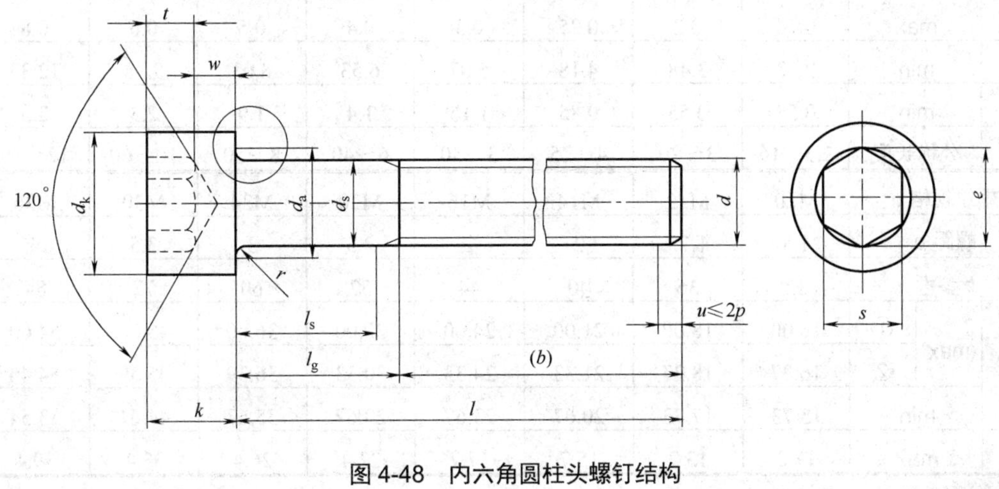

图 4-48　内六角圆柱头螺钉结构

标记示例：

螺纹规格 *d*=M5mm、公称长度 *l*=20mm、性能等级为 8.8 级、表面氧化的 A 级内六角圆柱头螺钉可标记为

螺钉 GB/ T70.1 M5 ×20。

模具用内六角圆柱头螺钉要求 8.8 级以上，即 8.8 级、9.8 级、10.9 级、12.9 级。材料为中碳钢或合金钢，经淬火回火处理，硬度为 28—34HRC。

表 4-40　内六角圆柱头螺钉(摘自 GB/T 70.1—2008)　　单位：mm

螺纹规格 d			M1.6	M2	M2.5	M3	M4	M5	M6	M8
螺距 p			0.36	0.4	0.45	0.5	0.7	0.8	1	1.25
b 参考			15	16	17	18	20	22	27	28
d_k	max	①	3.00	3.80	4.50	5.50	7.00	8.50	10.00	13.00
		②	3.14	3.98	4.68	5.68	7.22	8.72	10.22	13.27
	min		2.68	3.62	4.32	5.32	6.78	8.28	9.78	12.73
d_a	max		2	2.6	3.1	3.6	4.7	5.7	6.8	9.2
d_s	max		1.60	2.00	2.50	3.00	4.00	5.00	6.00	8.00
	min		1.46	1.86	2.36	2.86	3.82	4.82	5.83	7.78
e	min ③		1.73	1.73	2.3	2.87	3.44	4.58	5.75	6.86
l_f	max		0.34	0.51	0.51	0.51	0.6	0.6	0.68	1.02
k	max		1.60	2.00	2.50	3.00	4.00	5.00	6.00	8.00
	min		1.46	1.86	2.36	2.86	3.82	4.86	5.7	7.64
R	min		0.1	0.1	0.1	0.1	0.2	0.2	0.25	0.4
s	公称		1.5	1.5	2	2.5	3	4	5	6
	max	④	1.545	1.545	2.045	2.56	3.071	4.084	5.084	6.095
		⑤	1.530	1.560	2.060	2.580	3.080	4.095	5.140	6.140
	min		1.520	1.520	2.020	2.520	3.020	4.020	5.020	6.020
t	min		0.7	1	1.1	1.3	2	2.5	3	4
u	max		0.16	0.2	0.25	0.3	0.4	0.5	0.6	0.8
d_w	min		2.72	3.48	4.18	5.07	6.53	8.03	9.38	12.33
w	min		0.55	0.55	0.85	1.15	1.4	1.9	2.3	2.3
l	公称长度		2.5～16	3～20	4～25	3～30	6～40	8～50	10～60	12～80

螺纹规格 d			M10	M12	M14	M16	M20	M24	M30	M36
螺距 p			1.5	1.75	2	2	2.5	3	3.5	4
b 参考			32	36	40	44	52	60	72	84
d_k	max	①	16.00	18.00	21.00	24.00	30.00	36.00	45.00	54.00
		②	16.27	18.27	21.33	24.33	30.33	36.39	45.39	54.46
	min		15.73	17.73	20.67	23.67	29.67	35.67	44.61	53.54
d_a	max		11.2	13.7	15.7	17.7	22.4	26.4	33.4	39.4

续表

d_s	max		10.00	12.00	14.00	16.00	20.00	24.00	30.00	36.00
	min		9.78	11.73	13.73	15.73	19.67	23.67	29.67	35.61
e	min ③		9.15	11.43	13.72	16	19.44	21.73	25.15	30.85
l_f	max		1.02	1.45	1.45	1.45	2.04	2.04	2.89	2.89
k	max		10.00	12.00	14.00	16.00	20.00	24.00	30.00	36.00
	min		9.64	11.57	13.57	15.57	19.48	23.48	29.48	35.38
r	min		0.4	0.6	0.6	0.6	0.8	0.8	1	1
s	公称		8	10	12	14	17	19	22	27
	max	④	8.115	10.115	12.142	14.142	17.23	19.275	22.275	27.275
		⑤	8.175	10.175	12.212	14.212				
	min		8.025	10.025	12.032	14.032	17.05	19.065	22.065	27.065
t	min		5	6	7	8	10	12	15.5	19
u	max		1	1.2	1.4	1.6	2	2.4	3	3.6
d_w	min		15.33	17.23	20.17	23.17	28.87	37.81	43.61	52.54
w	min		4	4.8	5.8	6.8	8.6	10.4	13.1	15.3
l	公称长度		16～100	20～120	25～140	25～160	30～200	40～200	45～200	55～200

注：①对光滑头部；②对滚花头部；③$e_{min}=1.14s_{min}$；④用于 12.9 级；⑤用于其他性能等级。

1. l 公称为商品长度规格，其尺寸系列为 2.5mm、3mm、4mm、5mm、6mm、8mm、10mm、12mm、16mm、20mm、25mm、30mm、35mm、40mm、45mm、50mm、55mm、60mm、65mm、70mm、80mm、90mm、100mm、110mm、120mm、130mm、140mm、150mm、160mm、180mm、200mm、220mm、240mm、260mm、280mm、300mm。

2. 力学性能等级的选择：对于钢，d<3mm 时根据协议；3mm≤d≤39mm 时选 8.8 级、10.9 级、12.9 级；d>39mm 时根据协议。对于不锈钢(参考国际 GB/T 3098.6—2000)，d≤24mm 时选 A2－70、A4－70；24≤d<39mm 时选 A2－50、A4－50；d>39 时根据协议；有色金属 CU2、CU3 参考国际 GB/T 3098.10—1993。

2. 圆柱销

销钉用于模具、工具上零件与零件之间定位，也用于机器上轴的零件固定或传递动力。国标 GB/T 119.2—2000(圆柱销标准)规定 A 型(普通淬火、磨削)、B 型(车削、表面淬火)及马氏体不锈钢三种圆柱销，如图 4-49 所示。不同直径公差满足不同的使用要求，尺寸规格如表 4-41 所示。

3. 内螺纹圆柱销

内螺纹孔供旋入螺栓拔出圆柱销用，适用于盲孔。国标 GB/T 120.2—2000(内螺纹圆柱销标准)规定 A 型球面圆柱端，适用于普通淬火钢或马氏体不锈钢；B 型平端，适用于表面淬火。其结构如图 4-50 所示，尺寸规格如表 4-42 所示。

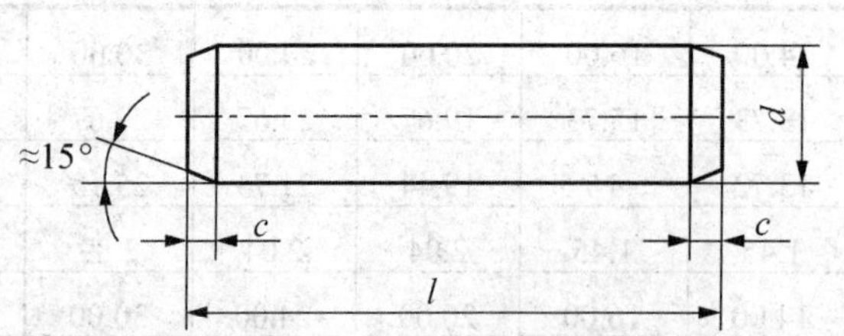

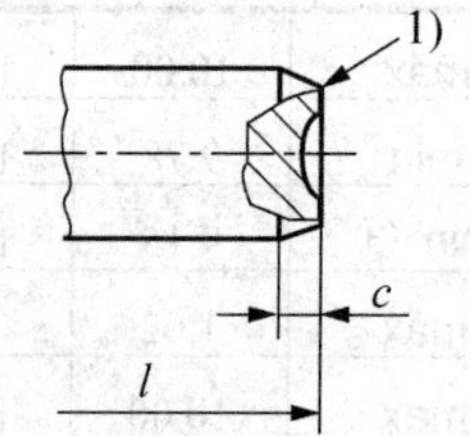

图 4-49　圆柱销结构

表 4-41　圆柱销尺寸规格(摘自 GB/T 119.2—2000)　　单位：mm

公称直径 d/m6(公差)	1.5	2	2.5	3	4	5	6	8	10	12	16	20
C	0.3	0.35	0.4	0.5	0.63	0.8	1.2	1.6	2.0	2.5	2.5	3.5
长度 l	4～16	5～20	6～25	8～30	8～40	10～50	12～60	14～80	18～95	22～140	22～140	35～200

注：① 长度系列(mm)：2，3，4，5，6，8，10，12，14，16，18，20，22，24，26，28，30，32，35，40，45，50，55，60，65，70，75，80，85，90，95，100，120，140，160，180，200。

② 材料/硬度(HRC)：Y12、Y15、35 钢/28～35，45 钢/38～46，30CrMnSiA 钢/37～42。

③ 表面处理：氧化(磨削表面除外)。

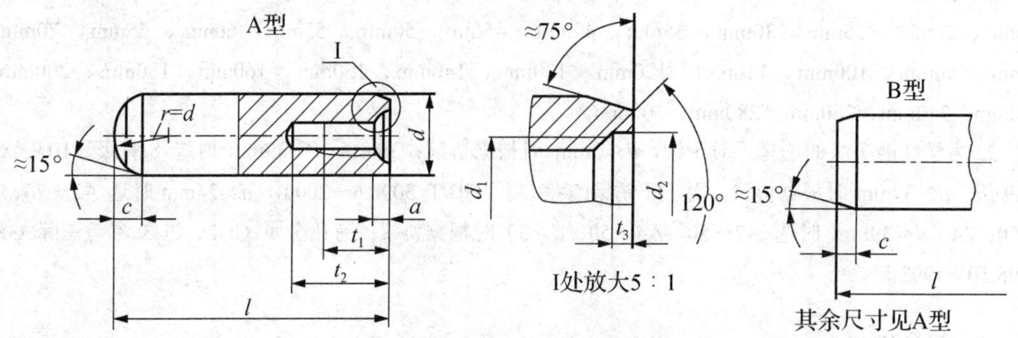

图 4-50　内螺纹圆柱销结构

4. 圆锥销(锥销、斜销)

圆锥销表面上制有 1∶50 锥度，销与销孔之间连接紧密可靠，具有对准容易、在承受横向载荷时能自锁等优点。其主要用于模具、夹具及机器零件定位，也可作固定零件、传递动力用，尤其适用于经常拆卸的场合。国标 GB/T 117.2—2000(圆锥销标准)规定 A 型(磨削)和 B 型(车削)两种，如图 4-51 所示，尺寸规格如表 4-43 所示。内螺纹圆锥销多一螺纹孔，以便旋入螺钉，把圆锥销从销孔中拔出，适用于不穿通的销孔或从销孔中很难取出普通圆锥销的场合，国标代号 GB/T 118—2000(内螺纹圆锥销标准)。内螺纹圆锥销结构如图 4-52 所示，尺寸规格如表 4-44 所示。

表 4-42 内螺纹圆柱销尺寸规格(摘自 GB/T 120.2—2000) 单位：mm

公称直径 d	螺纹规格 d_1	螺纹长度 $t_1 \geqslant$	螺孔深度 t_2	孔口深度 t_3	长度 l
6	M4	6	10	1	16～60
8	M5	8	12	1.2	18～80
10	M6	10	16	1.2	22～100
12	M6	12	20	1.2	26～120
16	M8	16	25	1.5	32～160
20	M10	18	28	1.5	40～200

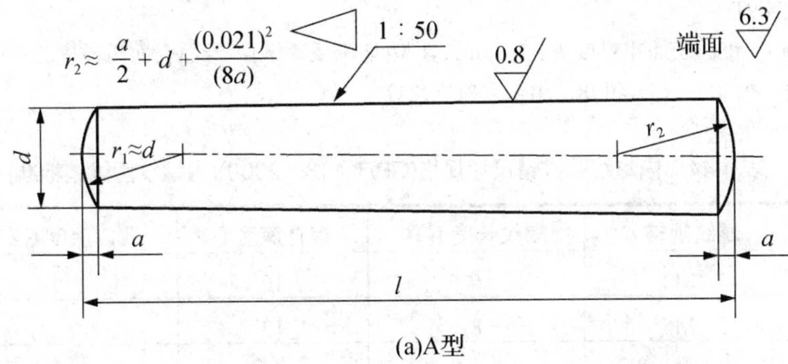

(a)A型

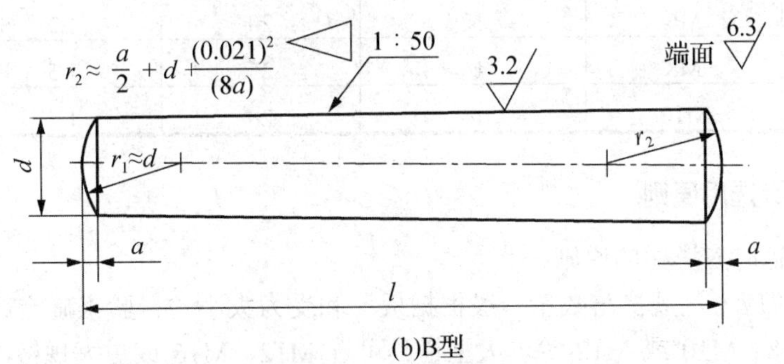

(b)B型

图 4-51 圆锥销结构

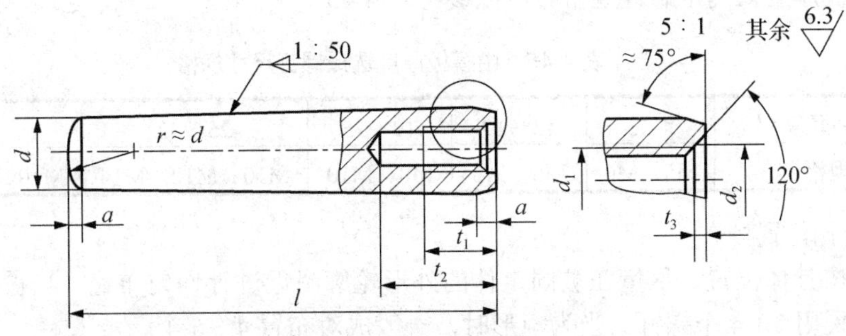

图 4-52 内螺纹圆锥销结构

表 4-43　圆锥销尺寸规格(摘自 GB/T 117.2—2000)(圆锥销标准)　　单位：mm

公称直径 d/h10	1.5	2	2.5	3	4	5	6	8	10	12	16	20
a	0.2	0.25	0.3	0.4	0.5	0.63	0.8	1.0	1.2	1.6	2.0	2.6
长度 l	8～24	10～35	10～35	12～45	14～55	18～60	22～90	22～120	26～160	32～180	40～140	45～200

注：①l 系列(公称尺寸)为 4,5,6,8,10,12,14 ,16,18, 20, 22,24, 26, 28, 30, 32, 35, 40, 45, 50, 55, 60, 65, 70, 75, 80, 85, 90, 95, 100,120,140,160,180,200mm。公称长度大于 200mm，按 20mm 递增。

②材料：Y12、Y15、35(28—38HRC)、45(38—46HRC)、30CrMnSiA(35—40HRC)、1Cr13、2Cr13、Cr17Ni2、0Cr18Ni9Ti。

③A 型(磨削)：锥面表面粗糙度 Ra=0.8μm；B 型(切削或冷镦)；锥面表面粗糙度 Ra=3.2μm。

④其他公差，如 a11、c11 和 f8，由供需双方协议。

表 4-44　内螺纹圆锥销尺寸规格(GB/T 118—2000)(内螺纹圆锥销标准)　　单位：mm

公称直径 d	螺纹规格 d_1	螺纹长度 t_1≥	螺孔深度 t_2	孔口深度 t_3	长度 l
6	M4	6	10	1	16～60
8	M5	8	12	1.2	18～80
10	M6	10	16	1.2	22～100
12	M6	12	20	1.2	26～120
16	M8	16	25	1.5	32～160
20	M10	18	28	1.5	40～200

5. 模具螺钉选用原则

1) 选用螺钉时应遵循的原则

螺钉承受拉应力，规格与数量一般根据板厚和受力大小的经验来确定。中小型模具一般采用 M6、M8、M10 或 M12 等，大型模具可选 M12、M16 或更大规格，但是选用过大的螺钉一方面会给攻螺纹带来困难，另一方面占据位置过大且会造成模板强度和刚度下降。根据模板厚度来确定螺钉规格时可以参考表 4-45。

表 4-45　由模板厚度选择螺钉尺寸规格　　单位：mm

凹模(模板)厚度 H	≤13	13～19	19～25	25～32	>35
螺钉规格	M5、M6	M6、M8	M8、M10	M10、M12、M14	M10、M12、M16

2) 螺钉孔位置排布

螺钉要按具体位置，尽量在被固定件的外形轮廓附近进行均匀布置。当被固定件为圆形时，一般采用 3～4 个螺钉。当为矩形时，一般成对布置 4～6 个。

螺钉之间、螺钉与销钉之间及螺钉、销钉与外边缘的距离均不应过小，以防降低模板强度。螺钉孔与销钉孔之间的最小距离参见图 4-53 和表 4-46。

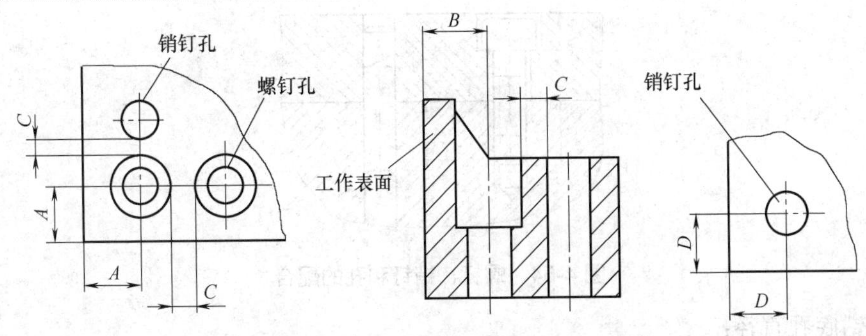

图 4-53　螺钉孔与销钉孔距离示意

表 4-46　螺钉孔与销钉孔的最小距离

单位：mm

螺钉规格		M6	M8	M10	M12	M16	M20	M24
A	淬火	10	12	14	16	20	25	30
	不淬火	8	10	11	13	16	20	25
B	淬火	12	14	17	19	24	28	35
C	淬火	5						
	不淬火	3						
销钉孔		ϕ4	ϕ6	ϕ8	ϕ10	ϕ12	ϕ16	ϕ20
D	淬火	7	9	11	12	15	16	20
	不淬火	4	6	7	8	10	13	16

3) 螺钉通过孔的尺寸

螺钉沉头孔深度和过孔直径与螺钉尺寸有一定的要求，如表 4-47 所示。

表 4-47　内六角螺钉通过孔的尺寸规格

单位：mm

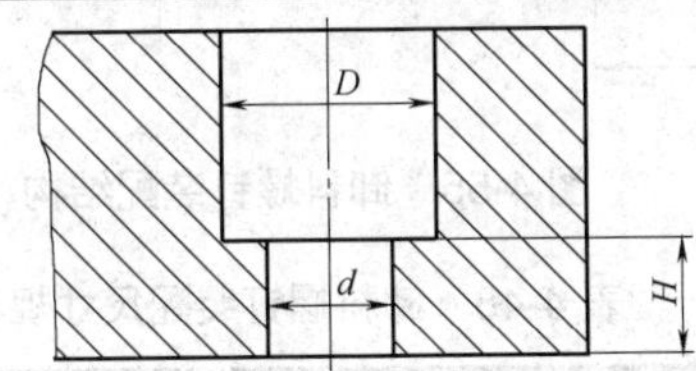

螺钉直径 / 螺钉孔尺寸	M6	M8	M10	M12	M16	M20	M24
d	7	9	11.5	13.5	17.5	21.5	25.5
D	11	13.5	16.5	19.5	25.5	31.5	37.5
H	3～25	4～35	5～45	6～55	8～75	10～85	12～95

4) 螺钉与销钉和孔的配合关系

螺钉拧入的深度不能太浅，否则紧固不牢靠；也不能太深，否则加工与拆装工作量大。通常螺钉与螺纹孔配合长度为 2～2.5 倍螺钉直径，如图 4-54 所示。

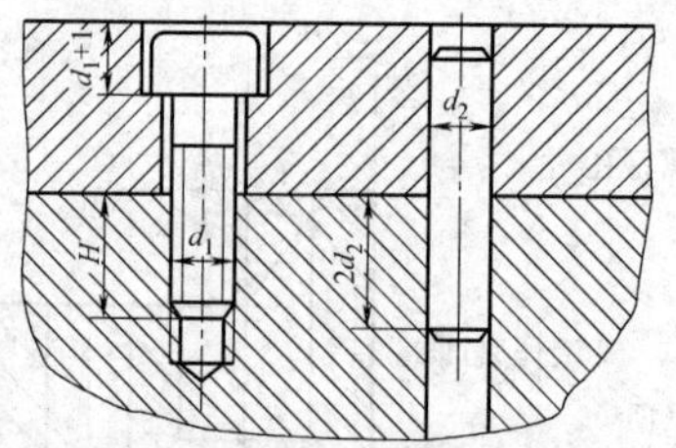

图 4-54　螺钉、销钉和孔的配合

螺孔钻底孔直径：

(1) 螺距 $t<1$mm 时，$d_0=d_M-t$。

(2) 螺距 $t>1$mm 时，$d_0=d_M-(1.04\sim1.06)t$。

式中，d_0 为钻孔直径；d_M 为螺纹公称直径。

5) 冲模卸料螺钉装配尺寸

冲模卸料螺钉装配尺寸与凸模或凸凹模、行程都有一定的关系，装配结构如图 4-55 所示，尺寸规格如表 4-48 所示。

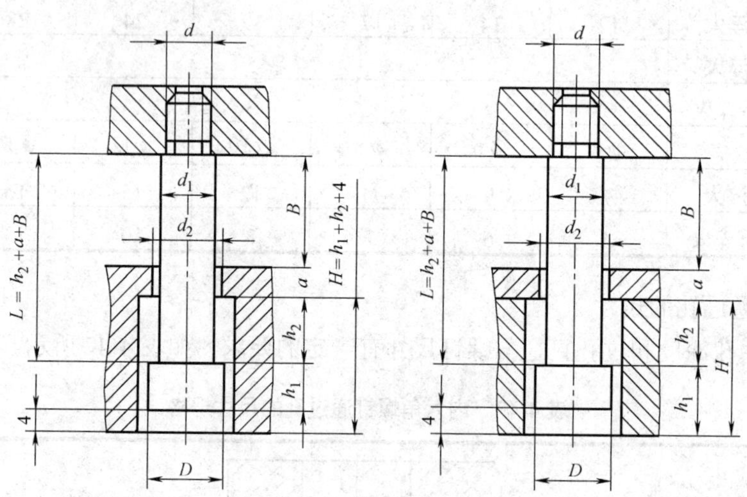

图 4-55　卸料螺钉装配结构

表 4-48　卸料螺钉装配尺寸规格

单位：mm

d	d_1	d_2	D	h_1	
				圆柱头螺钉	内六角螺钉
M4	6	6.5	9	3.5	4
M6	8	8.5	12	5	6
M8	10	10.5	14.5	6	8
M10	12	13	17	7	10
M12	14	15	20	8	12

注：$a_{min}=1/2\ d_1$，使用垫板时 a 为垫板厚度。H 在扩孔情况下，$H=h_1+h_2+4$，如使用垫板时可打通垫板。h_2 为板料行程。B 为弹簧或橡胶压缩后的高度。

4.5　带料送进侧挡与侧压装置

1. 带料送进侧挡装置

图 4-56(a)所示为用淬硬圆柱销作侧向挡料的导料销；图 4-56(b)所示为带滚轮的导料销；图 4-56(c)所示为带漏斗形进、出料口的导料滚轮；图 4-56(d)所示为带定心机构的导料轮。

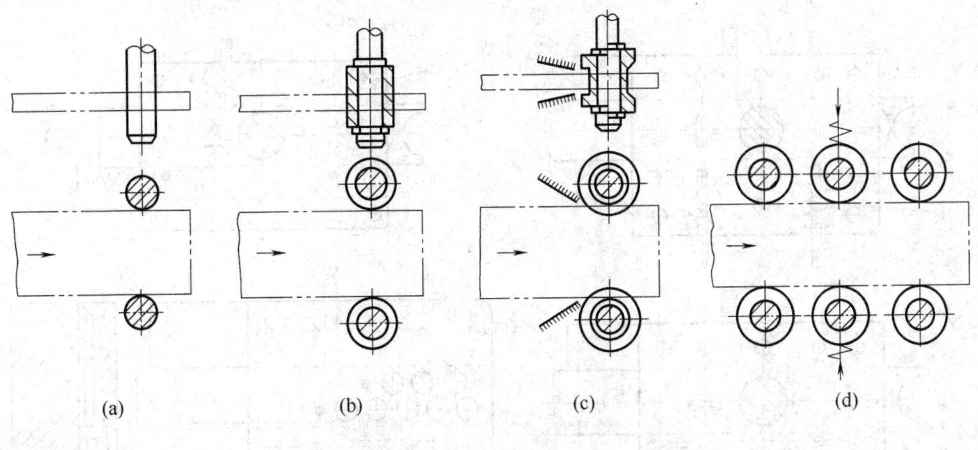

图 4-56　带料送进侧挡装置

2. 带料侧压装置

(1) 图 4-57 所示为推荐采用的弹簧侧压装置结构，图 4-57(a)所示为装在固定卸料板上，图 4-57(b)所示为装在凹模侧边。

(2) 图 4-58 所示为级进模导料槽与侧压装置。

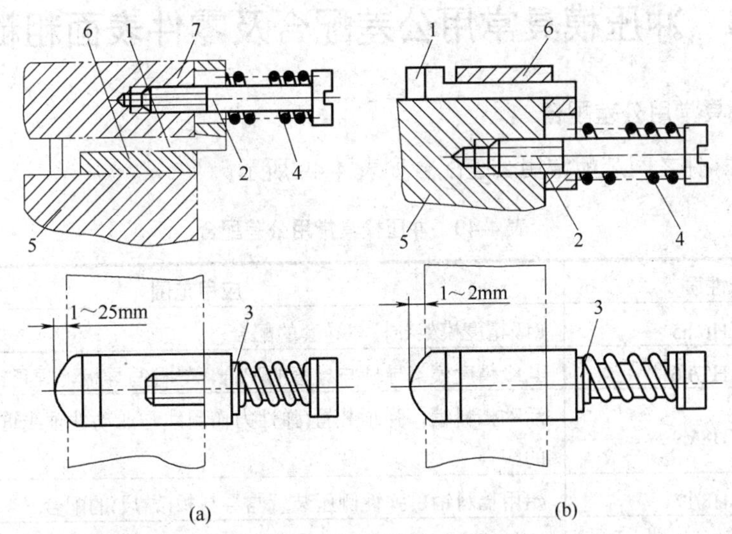

图 4-57　弹簧测压装置

1—侧压板；2—圆柱头螺钉；3—垫圈；4—弹簧；5—凹模；6—导料板；7—导板(固定卸料板)

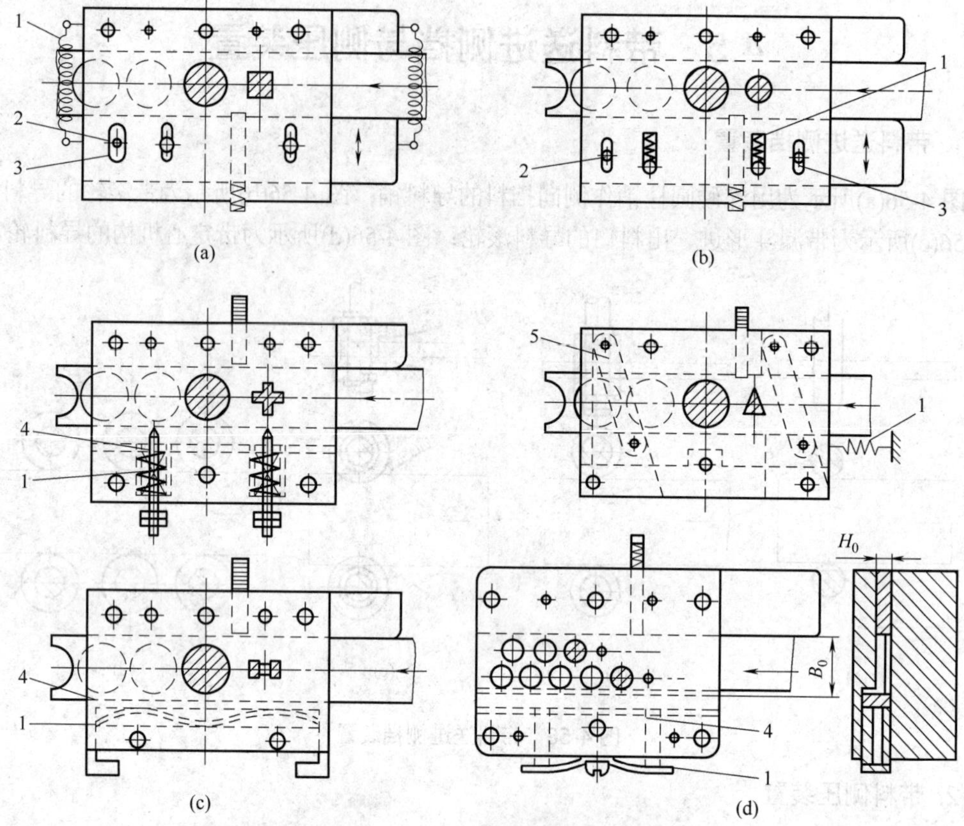

图 4-58　级进模导料槽与侧压装置

1—弹簧；2—调整螺钉；3—活动侧压板；4—弹压板；5—摆杆

4.6　冲压模具常用公差配合及零件表面粗糙度

1. 冲压模具常用公差配合

冲压模具零件之间装配常用公差配合如表 4-49 所示。

表 4-49　冲压模具常用公差配合

配合性质		应用范围
间隙配合	H6/h5	I 级精度模架导柱与导套的配合
	H7/h6	II 级精度模架导柱与导套的配合，导柱与导板，导正销与孔的配合
	H8/d9	活动挡料销，弹顶装置(弹性力作用线与活动件轴线重合时)销与销孔的配合
	H8/f9	始用挡料销、弹性侧压装置与导料板(导尺)的配合
	H9/h8	卸料螺钉与螺孔的配合
	H11/d11	活动挡料销与销孔的配合(弹性力作用线与活动件轴线不重合时)
	H9/d11	模柄与压力机的配合

续表

配合性质		应用范围
过渡配合	H6/m5	导套或衬套与模座，小凸模、小凹模与固定板的配合
	H7/m6	凸模与固定板、模柄与模座孔的配合
过盈配合	R6/h5	Ⅰ级精度模架导柱与模座的配合
	H7/s6、R7/h6	Ⅱ级精度模架导柱与模座的配合
	H6/r5	Ⅰ级精度模架导套与模座的配合
	H7/r6	Ⅱ级精度模架导套与模座、凹模与固定板的配合
	H7/n6	模柄与模座的配合，销钉与销钉孔的配合，凸凹模与固定板的配合

2. 冲压模具零件表面粗糙度

冲压模具零件表面粗糙度值、表面微观特征与加工方法如表 4-50 所示。

表 4-50　冲压模具零件表面粗糙度

表面粗糙度 Ra/μm	表面微观特征	加工方法	适用范围
0.1	暗光泽面	精磨、研磨、普通磨光	1. 精冲模刃口部分 2. 冷挤压模凸凹模关键部分 3. 滑动导柱工作表面
0.2	不可辨加工痕迹方向	精磨、研磨、珩磨	1. 要求高的凸、凹模成形面 2. 导套工作表面
0.4	微辨加工痕迹方向	精铰、精镗、磨、刮	1. 冲裁模刃口部分 2. 拉深、成形、压弯的凸、凹模的工作表面 3. 滑动和精确导向表面
0.8	可辨加工痕迹方向	车、镗、磨、电加工	1. 凸、凹模工作表面，镶块的接合面 2. 模板、垫板、固定板的上、下表面 3. 静配合和过渡配合的表面 4. 要求准确的工艺基准面
1.6	看不清加工痕迹	车、镗、磨、电加工	1. 模板平面 2. 挡料销、推杆、顶板等零件的主要工作表面 3. 凸、凹模的次要表面 4. 非热处理零件配合用内表面
3.2	微见加工痕迹	车、刨、铣、镗	1. 不磨加工的支承面、定位面和紧固面 2. 卸料螺钉支承面
6.3	可见加工痕迹	车、刨、铣、镗、钻	不与制件或其他冲模零件接触的表面
12.5	有明显可见的刀痕	粗车、粗刨、粗铣、锯、锉、钻	粗糙的不重要表面
	表面自然形成	铸、锻、焊	不需要机械加工的表面

4.7 冲压件尺寸公差等级

1. 冲裁件尺寸公差等级(见表 4-51)

表 4-51　冲裁件尺寸公差等级

材料厚度 t/mm	内空与外形		孔中心距、孔边距	
	普　级	精　级	普　级	精　级
≤1	IT13	IT10	IT13	IT11
>1~4	IT14	IT11	IT14	IT13

2. 精冲件尺寸公差等级(见表 4-52)

表 4-52　精冲件尺寸公差等级

材料厚度 t/mm	普级	精级	孔距、孔边距
≤4	IT10	IT9	IT10
>4~10	IT11	IT10	IT11

3. 弯曲件、拉深件、成形件尺寸公差等级

弯曲件、拉深件、成形件尺寸公差等级如表 4-53 所示。

表 4-53　弯曲件、拉深件、成形件尺寸公差等级

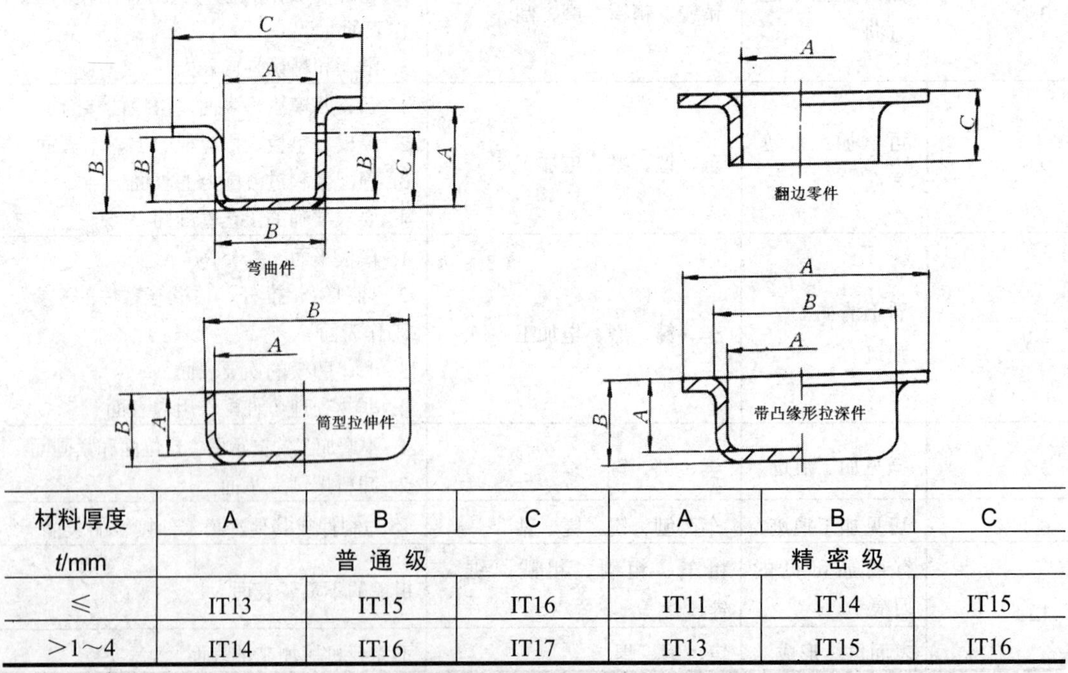

材料厚度 t/mm	A	B	C	A	B	C
	普通级			精密级		
≤	IT13	IT15	IT16	IT11	IT14	IT15
>1~4	IT14	IT16	IT17	IT13	IT15	IT16

本 章 小 结

本章主要介绍冷冲模零配件技术要求，冲模零件结构与标准，常用模具结构典型组合，模具常用螺钉与销钉，带料送进侧挡与侧压装置，冲压模具常用公差配合及零件表面粗糙度等内容。通过本章的学习，能熟练应用冷冲模零件标准，掌握模具零件结构，能够正确设计冲模零件。

思考与练习

1. 冲压模常用圆凸模与圆凹模有哪些形式？简述材料与热处理硬度、机械加工工艺。
2. 冲压模常用定位与导正装置主要有哪些零件？简述其工作原理与作用。
3. 冲压模常用卸料及压料零件有哪些？简述其工作原理与作用。
4. 简述废料切刀的类型与作用。
5. 冲压模常用弹簧类型有哪些？简述各自特点和应用场合。
6. 冲压模常用模柄类型有哪些？简述各自特点和应用场合。
7. 常用冲压模具结构典型组合有哪些形式？各应用在什么场合？

第 5 章　冲压模具典型结构

技能目标

- 熟练掌握冲压模具基本结构特点及工作原理。
- 掌握冲压模具典型结构特点及工作原理。

冲压模具种类有冲裁模、弯曲模、拉深模、翻边模、胀形模、缩口模、复合模、多工位级进模及旋压模等。弯曲模变化万千，而多工位级进模精度高、零件多、结构复杂，综合应用了各种基本结构，因此，设计与制造难度大，为冲压模具设计与制造的最高境界。

本章提供了 42 套冲压模具典型结构，供初学者设计模具时参考。

5.1　冲裁模典型结构

冲裁模有冲孔模、落料模、修边模、切断模、切舌模、剖切模等。

模具名称	冲侧孔模	应用	产品冲侧孔

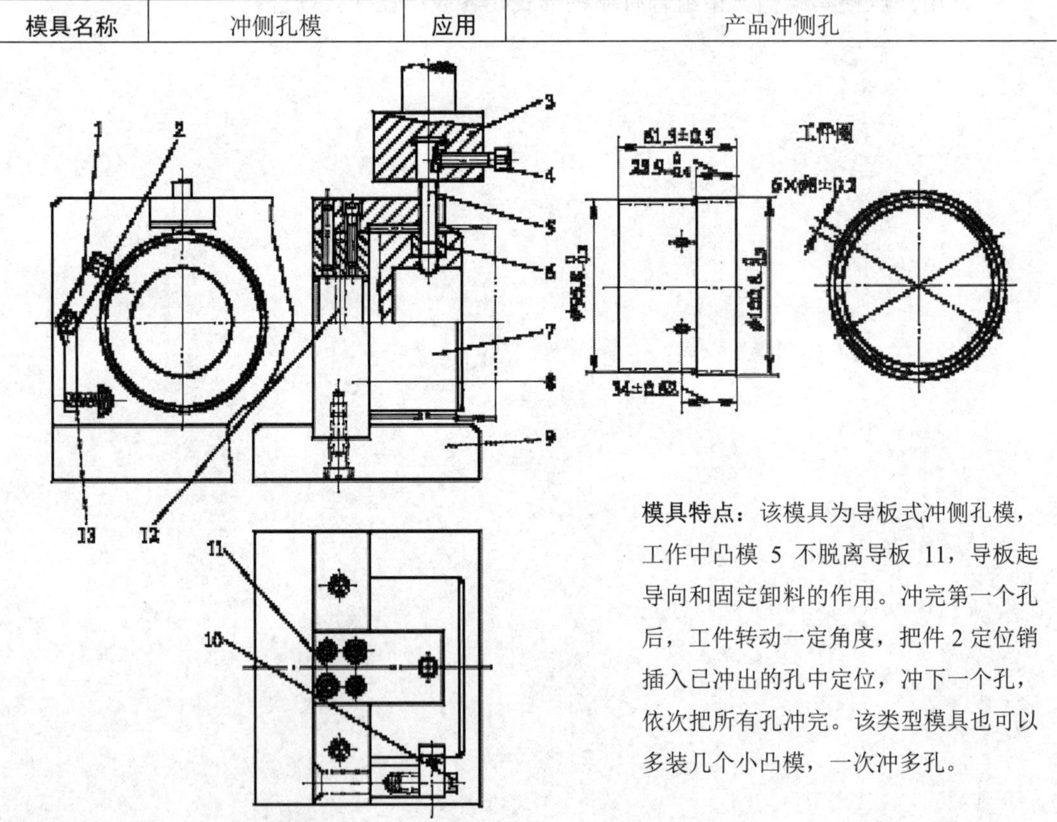

模具特点：该模具为导板式冲侧孔模，工作中凸模 5 不脱离导板 11，导板起导向和固定卸料的作用。冲完第一个孔后，工件转动一定角度，把件 2 定位销插入已冲出的孔中定位，冲下一个孔，依次把所有孔冲完。该类型模具也可以多装几个小凸模，一次冲多孔。

1—摇臂；2—定位销；3—上模座；4—螺钉；5—凸模；6—凹模；7—凹模体；8—支架；9—底座；10—螺钉；11—导板；12—销钉；13—压缩弹簧

续表

模具名称	无导向快换冲孔模	应用	精度低、中小批量

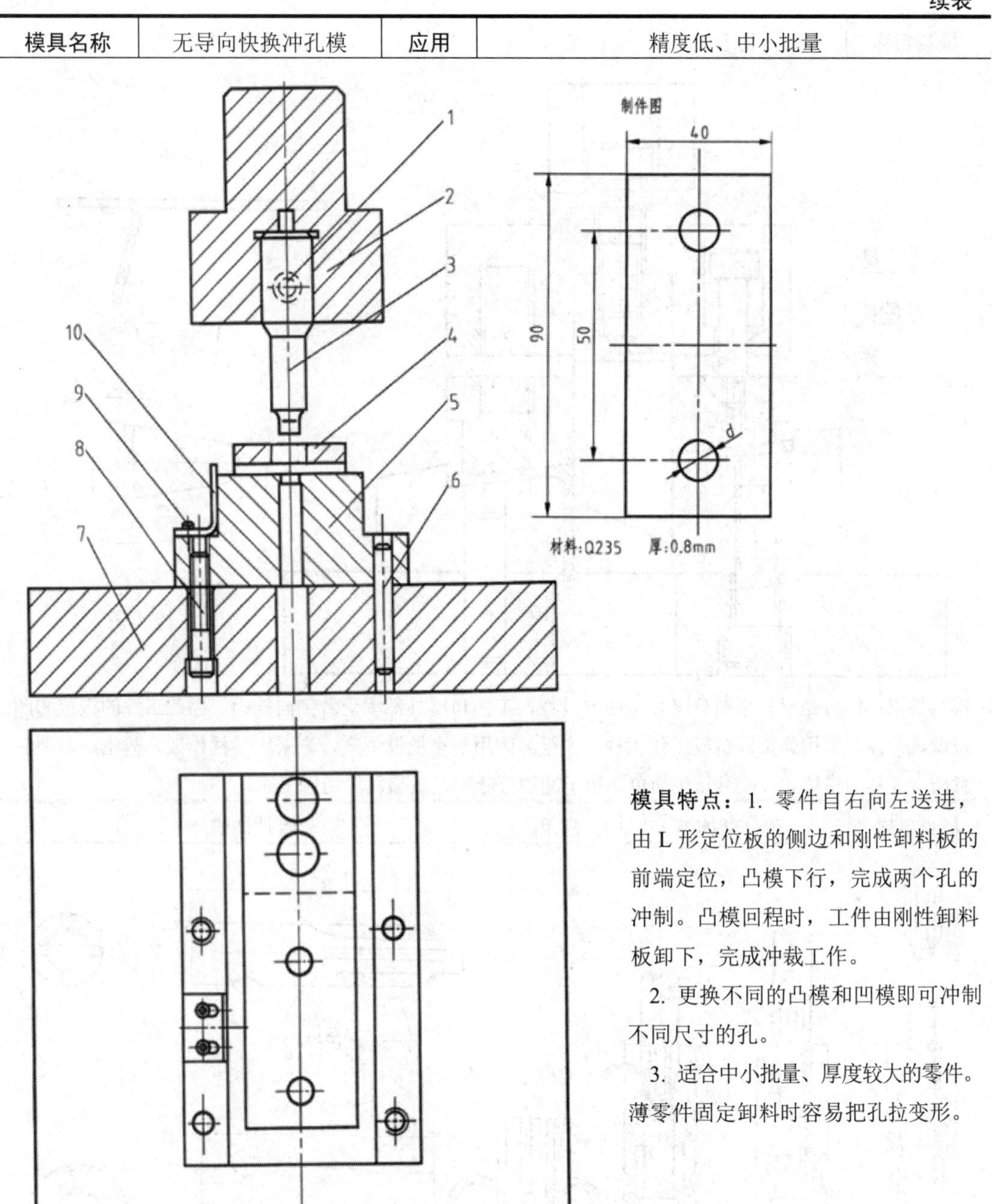

模具特点：1. 零件自右向左送进，由 L 形定位板的侧边和刚性卸料板的前端定位，凸模下行，完成两个孔的冲制。凸模回程时，工件由刚性卸料板卸下，完成冲裁工作。

2. 更换不同的凸模和凹模即可冲制不同尺寸的孔。

3. 适合中小批量、厚度较大的零件。薄零件固定卸料时容易把孔拉变形。

1—紧固螺钉；2—模柄；3—凸模；4—刚性卸料板；5—下模；6—圆柱销；7—下模座；8、9—内六角螺钉；10—L 形定位板

续表

模具名称	切舌模	应用	冲切百叶窗、散热孔

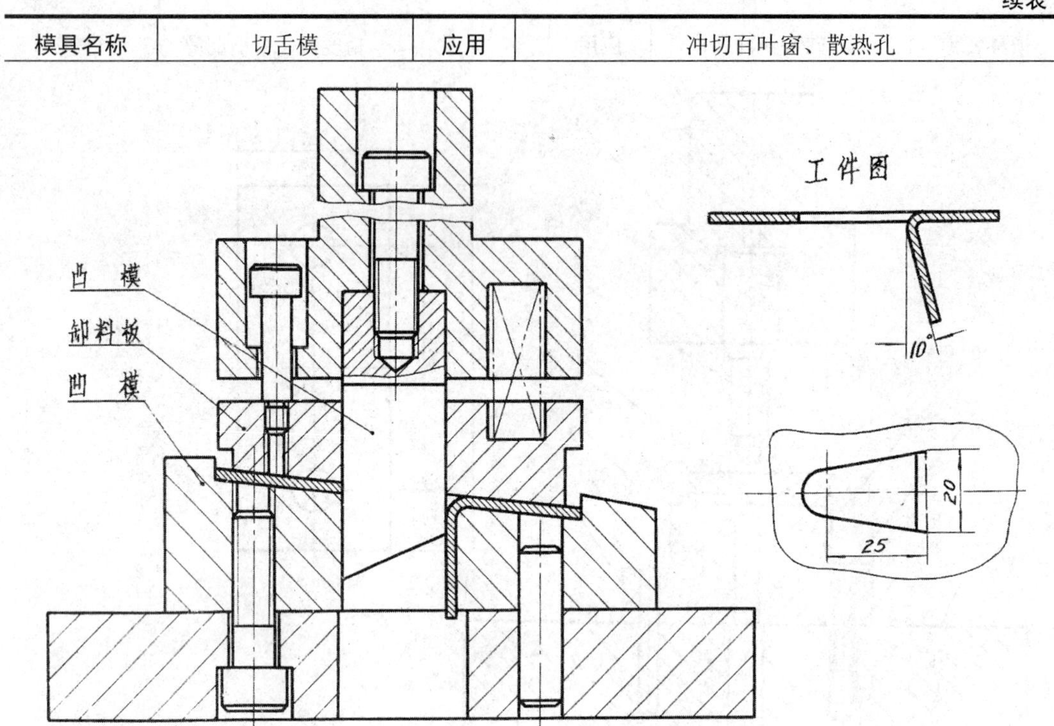

模具特点：切舌是材料逐渐分离和弯曲的过程，工件和模具都承受着侧向推力。因此工件的定位和凹模做成一体，采用弹簧卸料板压住工件。本模具因用于小批量生产，未采用导柱模架，故生产时要注意防止模具的错移。该模具结构简单，用于冲切百叶窗、散热孔等切舌工序。

模具名称	管件切槽模	应用	管件切槽

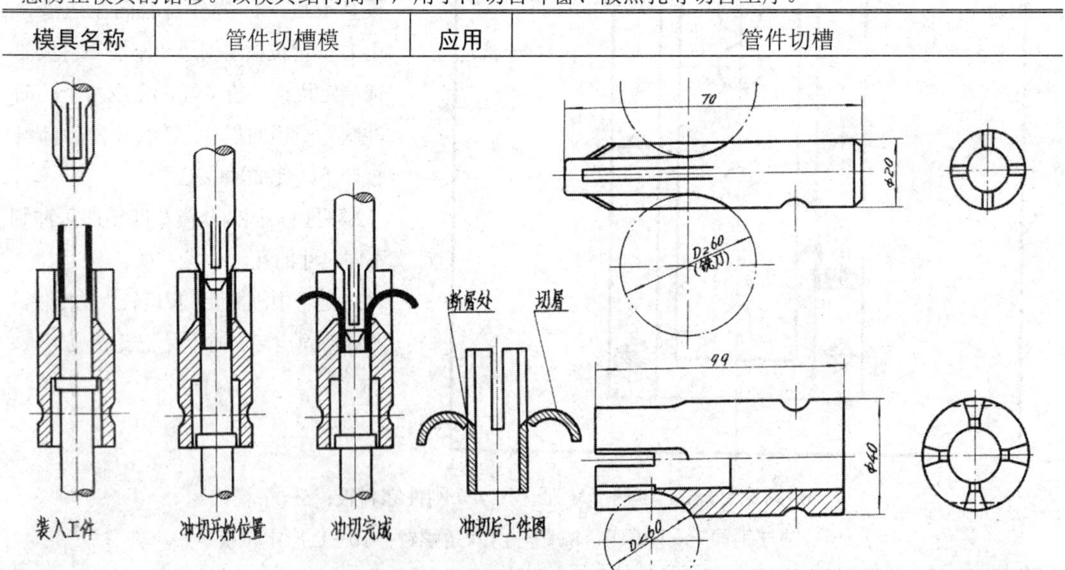

模具特点：本模可冲切的槽宽为 1.5mm 左右。工作时，凸模向下逐步冲切管壁，冲切力大幅度降低，模具使用寿命长。

续表

模具名称	下出料正装落料模	应用	大批量、零件平整度要求不高

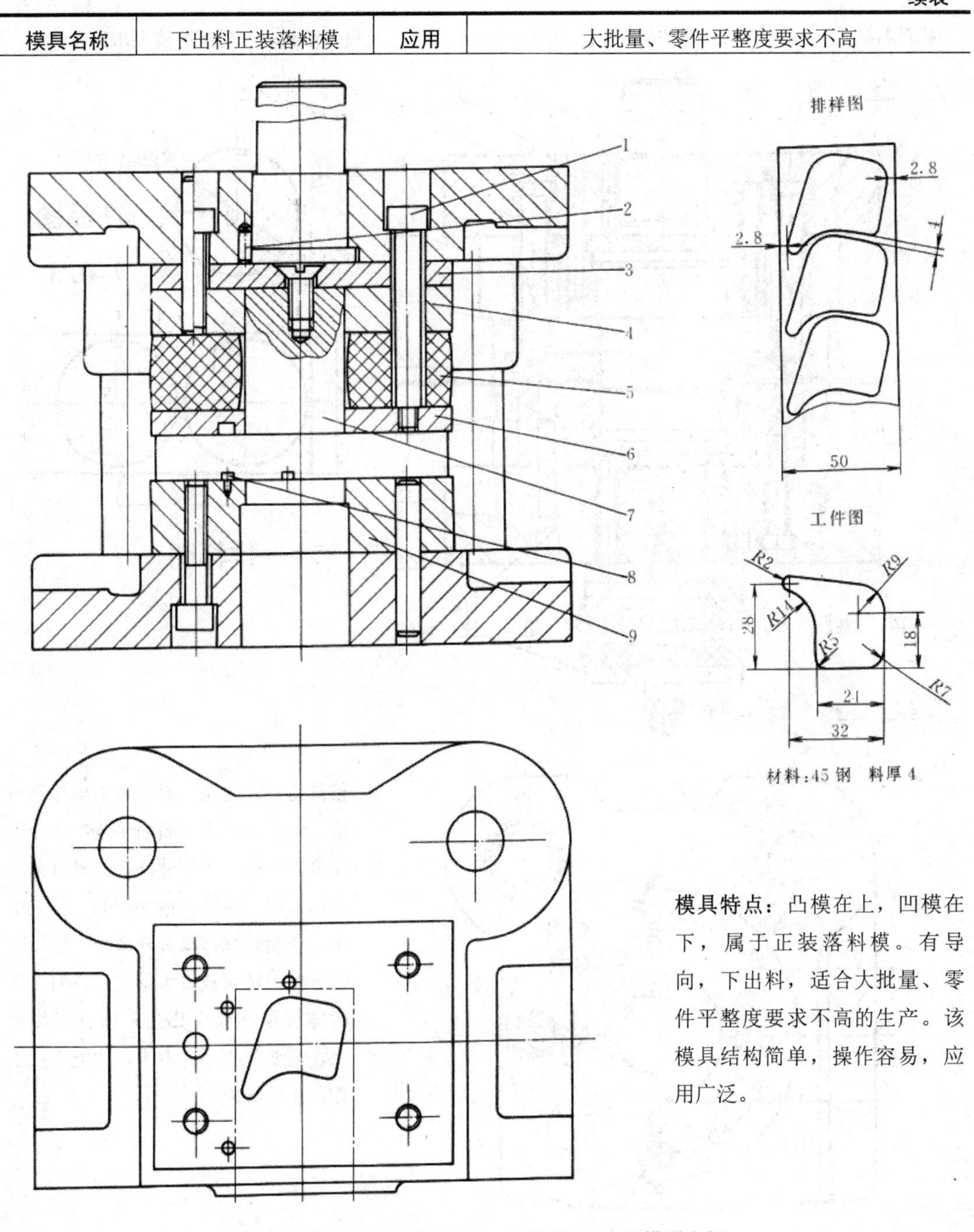

模具特点：凸模在上，凹模在下，属于正装落料模。有导向，下出料，适合大批量、零件平整度要求不高的生产。该模具结构简单，操作容易，应用广泛。

1—卸料螺钉；2—圆柱销；3—上垫板；4—凸模固定板；
5—聚氨酯弹性体；6—卸料板；7—凸模；8—导料销；9—凹模

续表

模具名称	上出料正装落料模	应用	大批量、薄料、零件平整度要求高

φ80

产品图

t=0.3

84

82

排样图

模具特点：这是一套正装上出件落料模。该模冲出工件表面平整，适合于厚度较小的中小工件冲裁。模具采用导柱、导套导向，故冲制的工件毛刺小、质量较高，模具寿命长，使用安装方便，适用成批大量生产。但工作时零件从凹模中顶出，留在工作面上，需要先把零件取走，才能继续工作，操作麻烦。

1—上模座；2—矩形弹簧；3—卸料螺钉；4—内六角螺钉；5—模柄；6—圆柱销；7—圆柱销；8—上垫板；9—凸模固定板；10—凸模；11—卸料板；12—凹模；13—顶件块；14—下模座；15—顶杆；16—托板；17—螺栓；18—挡料销；19—导柱；20—导套；21—六角螺母；22—橡胶；23—导料销

续表

模具名称	倒装冲孔落料复合模	应用	大批量、零件平整度和精度要求一般

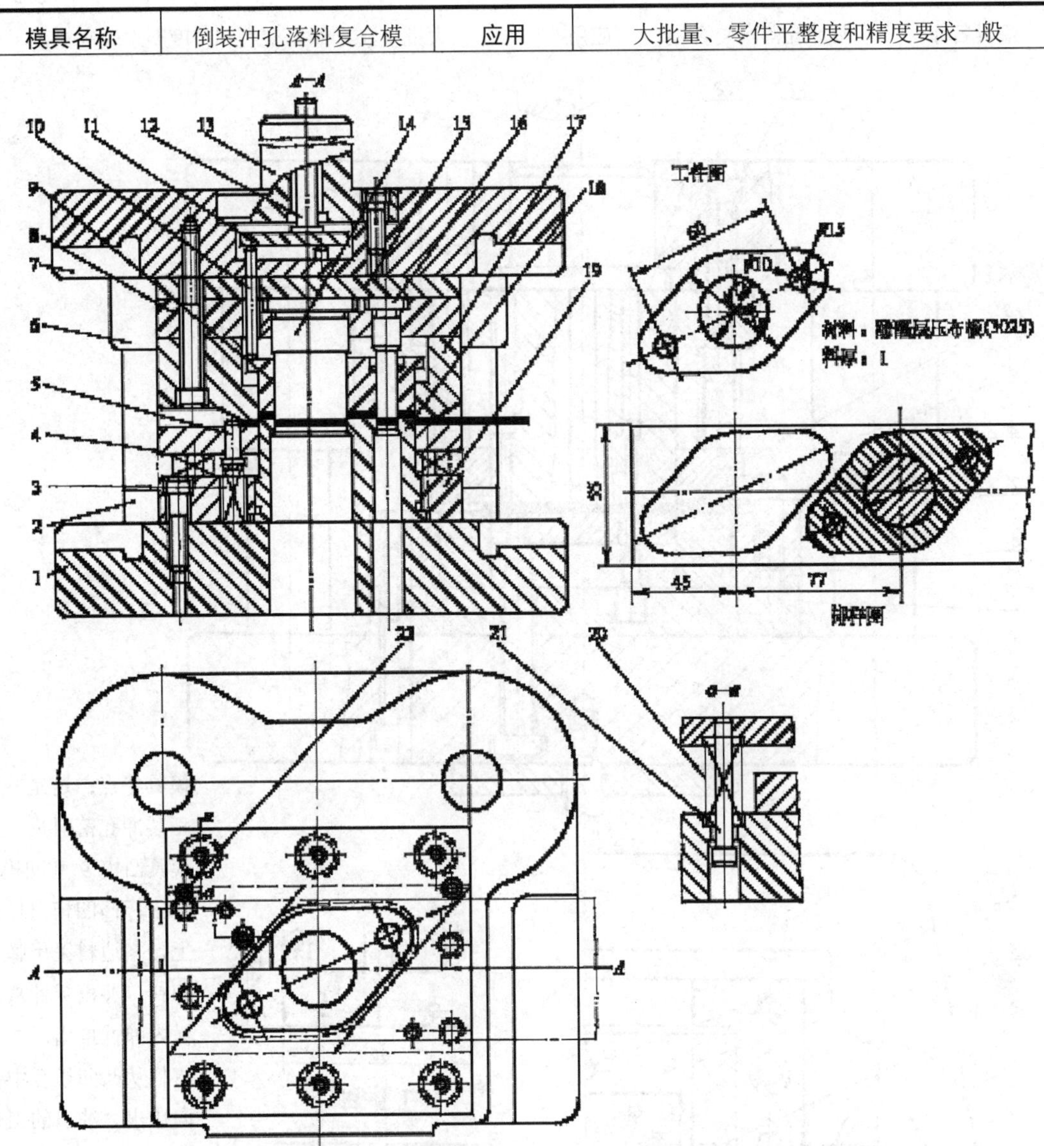

1—下模座；2—导柱；3—弹簧；4—卸料板；5—活动挡料销；6—导套；7—上模座；8—凸模固定板；9—推件块；10—推杆；11—推板；12—打杆；13—模柄；14、16—冲孔凸模；15—上垫板；17—落料凹模；18—凸凹模；19—凸凹模固定板；20—卸料弹簧；21—卸料螺钉；22—导料销

模具特点：这是一套倒装冲孔落料模。该模具凸模 14 和凹模 17 在上，凸凹模 18 在下，冲孔废料从凸凹模漏料孔中落下，搭边料采用弹性卸料，冲出零件从凹模内刚性推出。冲出工件表面平整度和精度一般，适合较厚的工件冲裁。模具结构简单，成本低、寿命长，操作方便，适用大批量生产。

续表

模具名称	正装冲孔落料复合模	应用	大批量、零件平整度和精度要求较高

模具特点：这是一套正装冲孔落料模。该模具凸模 9 和凹模 3 在下，凸凹模 11 在上，搭边料采用弹性卸料，冲出零件从凹模内弹性推出。冲孔废料从凸凹模孔中侧向排出。冲出的工件毛刺小、平整度和精度高，适合较薄的工件冲裁。但模具结构复杂，成本高，操作不方便，适用于大批量生产。

1—下模座；2、3—凹模拼块；4—挡料销；5—下垫板；6—凹模框；7—顶件块；8—定位板；9—凸模；10—卸料板；11—凸凹模；12—推杆

续表

模具名称	多件套筒式冲模	应用	大批量、零件平整度和精度要求不高

工件图

材料：20钢 $t=0.5$

45° 45° $\phi 38$ $\phi 45$ $\phi 50$ $\phi 21$ $\phi 38$ $\phi 21$ $\phi 14$

排样图

1—打杆；2—打板；3—半环形键；4—上凸凹模Ⅰ；5—凸模；6—打料板；7—连接销；8—冲孔凸模；9—下凸凹模固定板；10—顶料杆；11—下垫板；12—限位销；13—衬套；14—下凸凹模Ⅰ；15—顶料块Ⅰ；16—中间垫板；17—顶料块Ⅱ；18—凹模；19—卸料板；20—推杆；21—上凸凹模固定板；22—上垫板；23—上凸凹模Ⅱ

模具特点：本模具可同时复合冲裁出三个圆形工件，其凹模、凸模均采用套筒式镶合结构。在件 14 的筒壁上开三个长圆孔，用件 7 将内外顶料块 15 和 17 连接起来，以便将工件顶出。件 5 的上端加工有环形槽，将件 3 半环形键镶入，用于固定件 5。

续表

模具名称	方盒剖切模	应用	剖切拉深件成多件

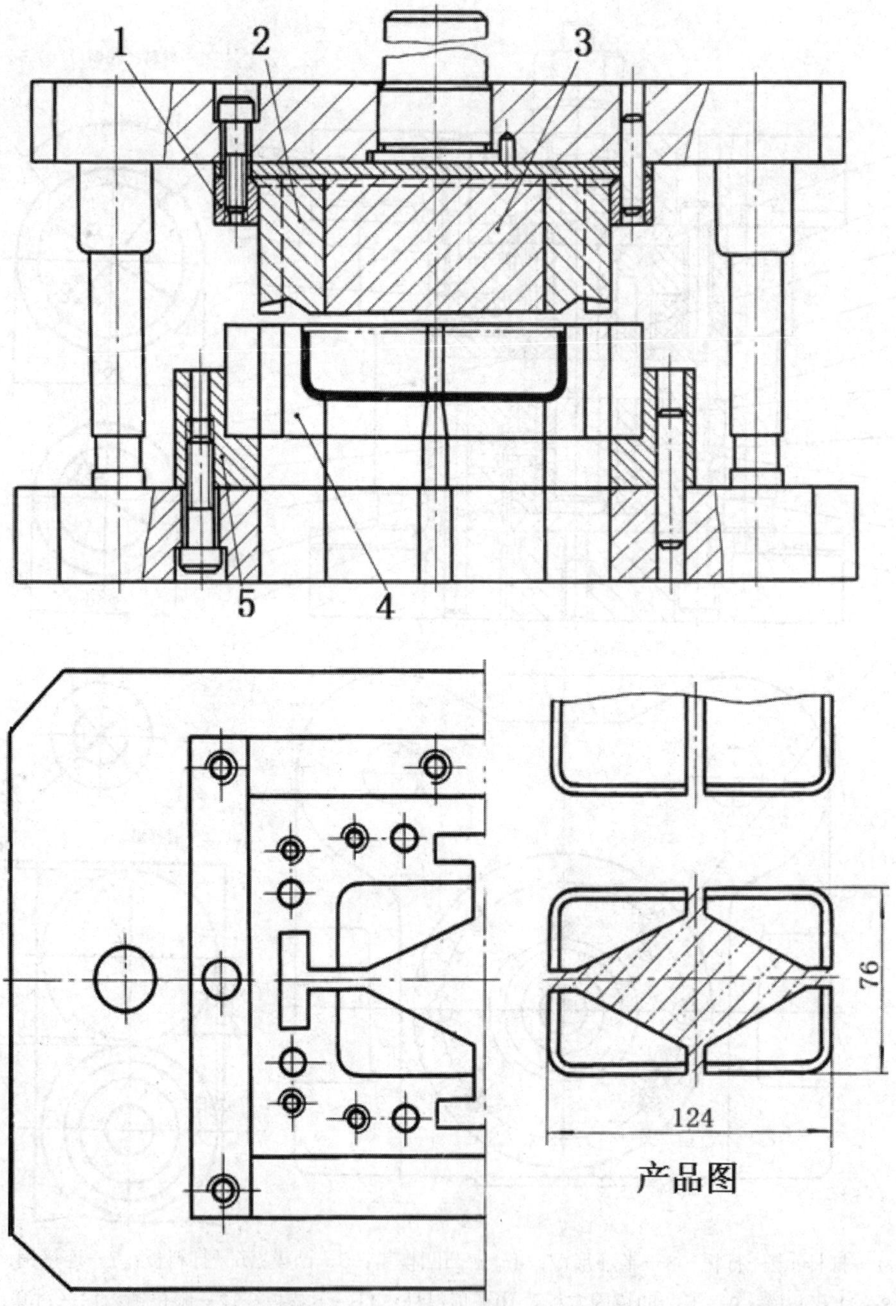

1—凸模固定板；2—切侧壁凸模；3—切底凸模；4—切底凹模；5—切侧壁凹模

模具特点：该模将拉深件切成所需工件的剖切模。剖切时要对拉深件的底部、侧壁分离(即对水平、垂直两个方向的材料分离)，但凸模只做上、下往复运动，件 2 凸模刃口要有一定斜度，才能使材料逐渐分离时工件不致变形。凸、凹模采用镶拼结构，制造简单，维修更换方便。

续表

模具名称	浮动式水平切边模	应用	圆形、盒形拉深件水平切边

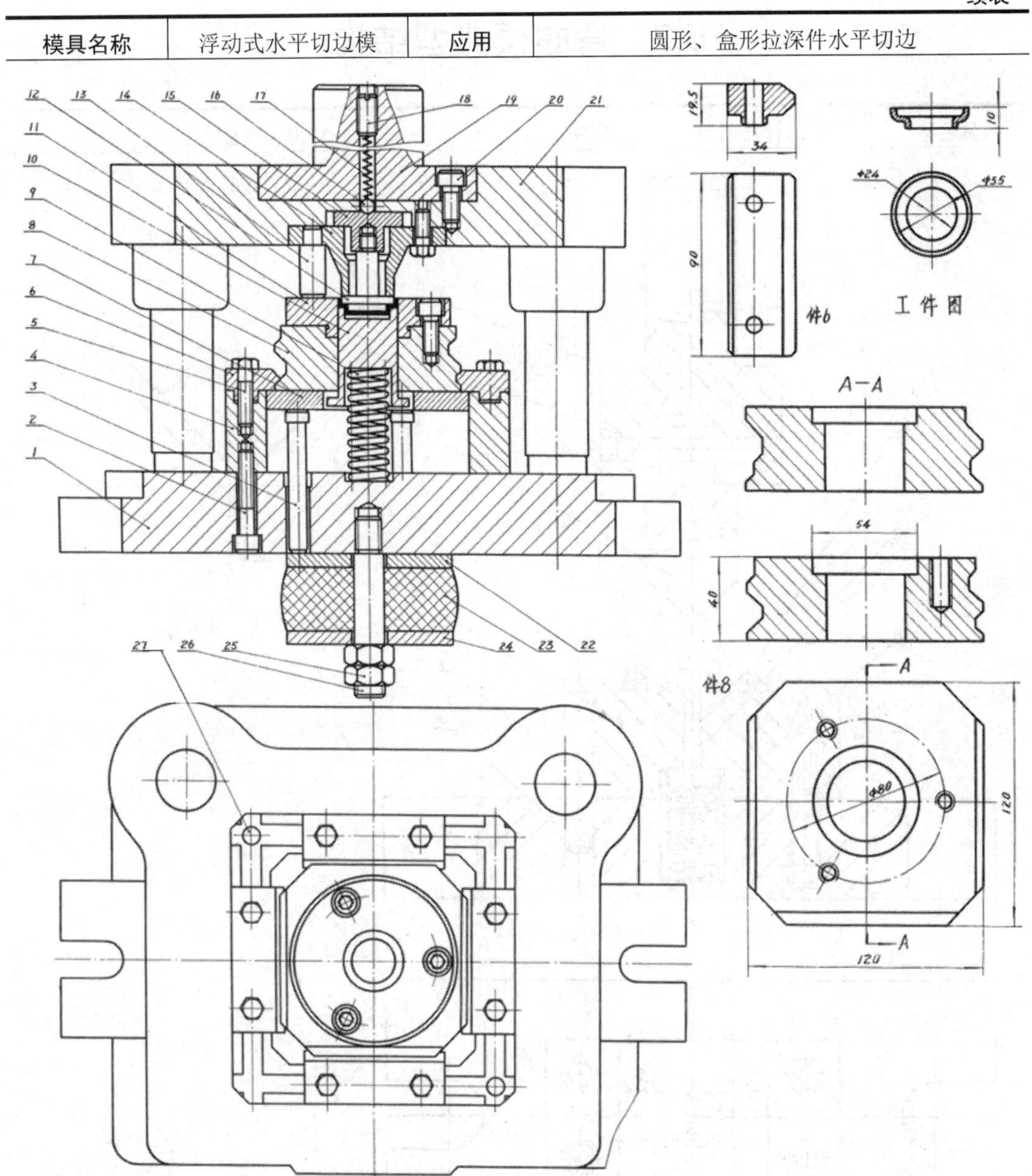

1—下模座；2、5、20—内六角螺钉；3—顶杆；4—定位板；6—斜楔；7—托板；8—滑块；9—弹簧；10—顶件块；11—切边凹模；12—活动型芯；13—限位柱；14—切边凸模；15—滑座；16—钢珠；17—弹簧；18—顶丝；19—模柄；21—上模座；22—顶板；23—橡胶；24—托板；25—螺母；26—螺杆；27—圆柱销

模具特点：工作时，先将毛坯放在顶件块 10 上，上模下行，活动型芯 12 及凸模 14 插入毛坯内，随即三个限位柱 13 压住凹模 11(凹模镶固在滑块 8 上，滑块的四边均有凸轮槽与四边的斜楔 6 相互接触)向下运动，凹模及凹模内的毛坯一方面向下移动，另一方面在水平方向(先向左，再向后，又向右，最后向前)逐渐移动，从而将毛坯的余边切去。凸模 14 与凹模 11 的间隙由限位柱 13 控制，本模具的间隙取 0.05～0.08mm。活动型芯 12 与凸模 14 同心，便于插入毛坯内。在滑动座的上端面作一凹窝，并由有弹簧 17 紧压的钢珠 16 与之配合，使活动芯在切边完毕复位时保持在中心位置。凹模与滑块的回升则靠弹顶器通过三根顶杆 3 作用顶起。

5.2 弯曲模典型结构

模具名称	V 形件弯曲模	应用	V 形件弯曲

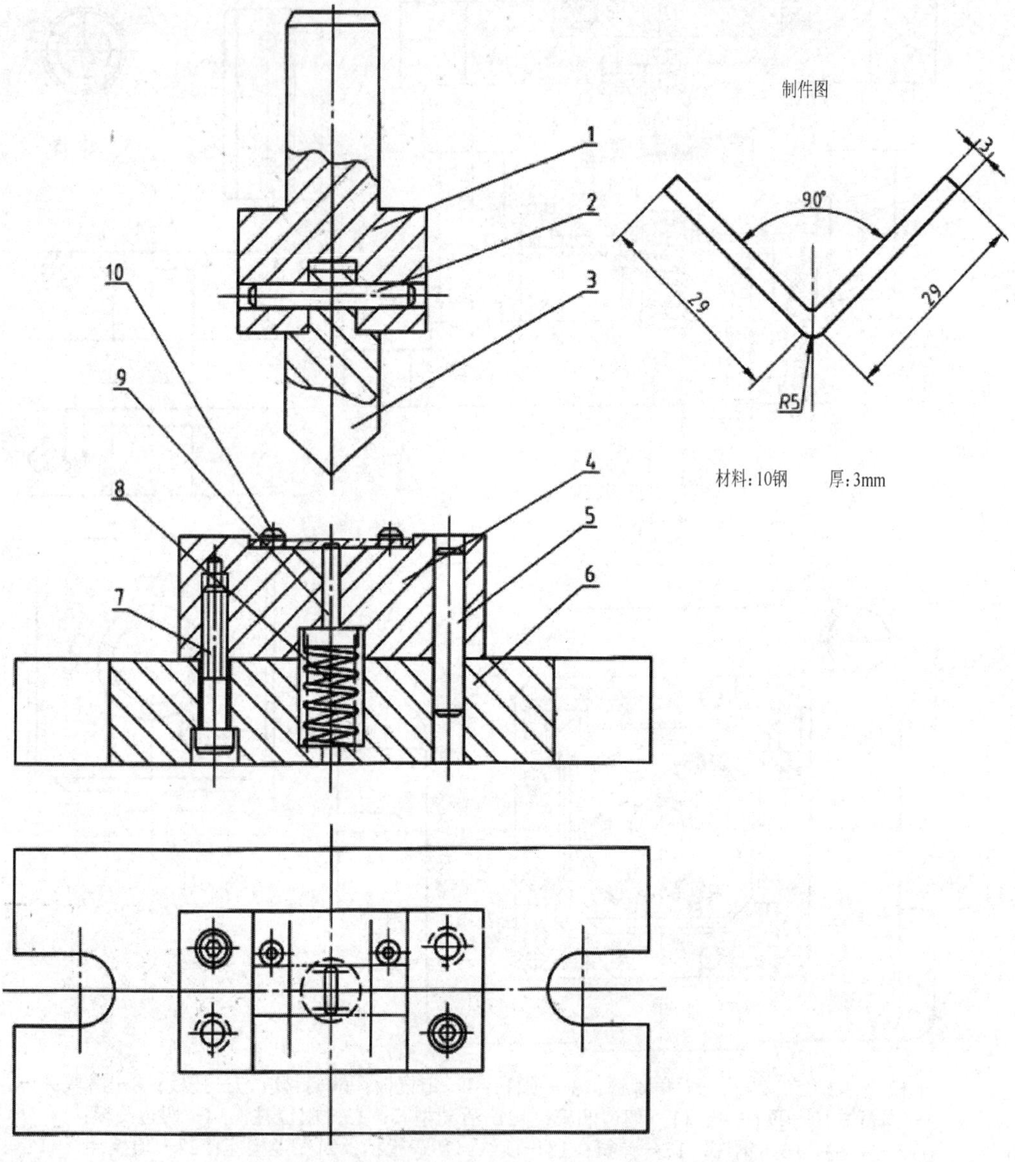

制件图

材料：10钢　　厚：3mm

1—模柄；2、5—销钉；3—凸模；4—凹模；6—下模座；
7—螺钉；8—弹簧；9—顶杆；10—定位销

模具特点： 工作时毛坯放于凹模 4 工作面上，由定位销 10 定位，上模下行至接触坯件后，继续下压毛坯，在凸模 3 和顶杆 9 的双向夹持下逐步成形。顶杆 9 在弹簧 8 的弹力作用下，向上顶紧工件，防止其偏移。本结构系简易压弯模，供弯制各种单角或双角弯曲件使用。

续表

模具名称	L 形件弯曲模	应用	L 形件弯曲

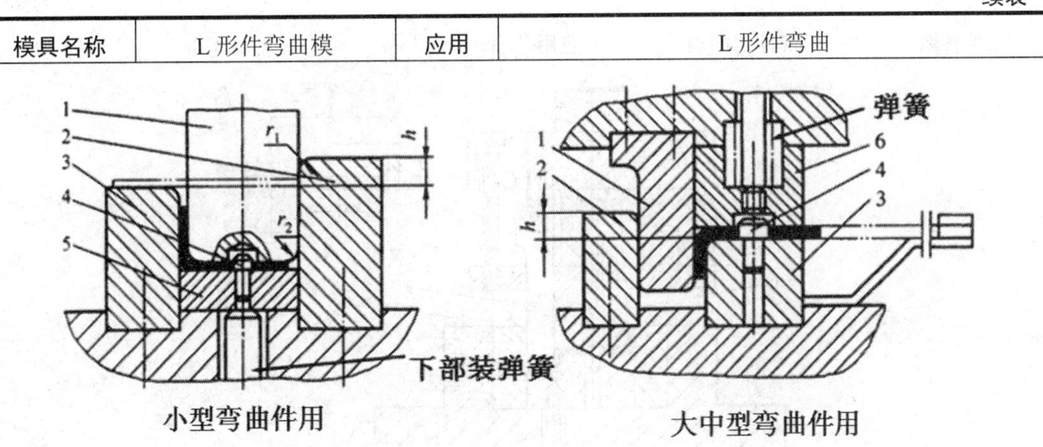

1—弯曲凸模；2—定位块兼靠板；3—凹模；4—定位销；5—顶板；6—压板

模具特点：工作时毛坯贴近定位块 2，用定位销 4 定位，防止弯曲时因受力不均而偏移。凸模 1 靠紧定位块 2，防止凸模两侧受力不均而变形，影响产品质量。

模具名称	U 形件弯曲模	应用	U 形件弯曲

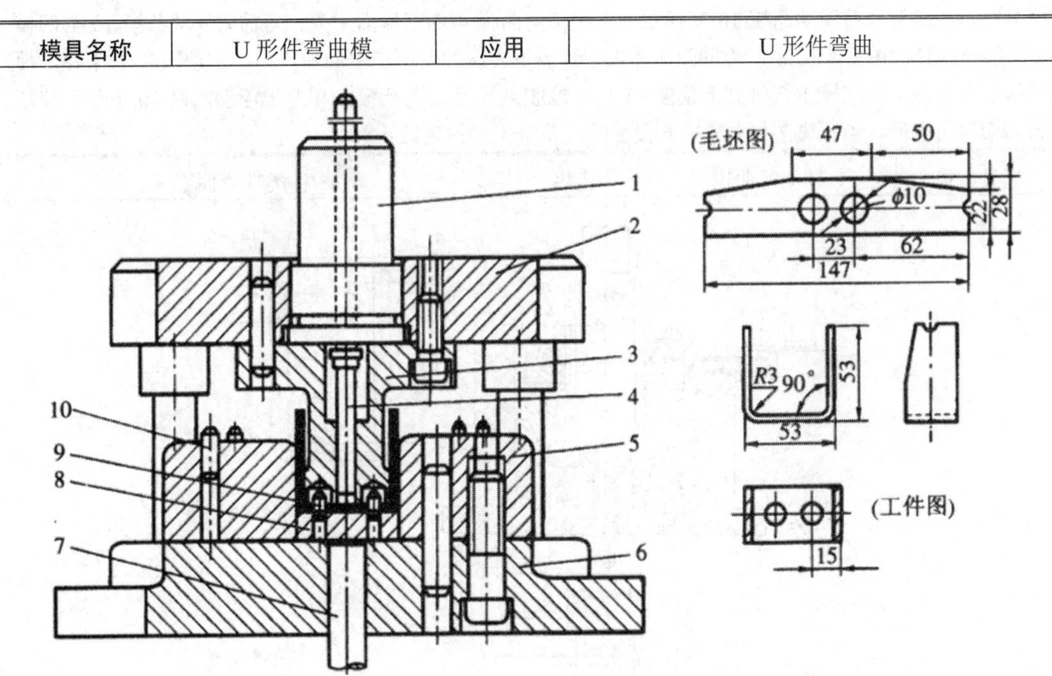

1—模柄；2—上模座；3—凸模；4—推杆；5—凹模；6—下模座；

7—顶杆；8—顶板；9—定位销；10—挡料销

模具特点：工作时用定位销 9 定位，防止偏移。开模后顶板把零件从凹模中推出，推杆 4 把零件从凸模上推落。

续表

模具名称	Z 形件弯曲模	应用	Z 形件弯曲

材料：45钢，t=2

1—下凹模；2—反侧压板；3—定位销；4—凸模；5—模柄；6—上模座；7—垫块；8—橡胶；9—浮动凸模托板；10—浮动凸模；11—下模座；

模具特点：在弯曲前浮动凸模 10 在橡胶的作用下与凸模 4 的下端面平齐。弯曲时浮动凸模 10 与凹模 1 将坯料压紧，由于橡胶 8 产生的弹压力大于顶板下方缓冲器所产生的弹压力，推动凹模 1 下移，使坯料左端弯曲。当凹模 1 接触到下模座 11 后，橡胶 8 压缩，则凸模 4 相对于浮动凸模 10 下移，使坯料右端弯曲成形。当压块 7 与上模座 6 接触时，整个工件得到校正。

模具名称	杆类弯曲模	应用	杆类件弯曲

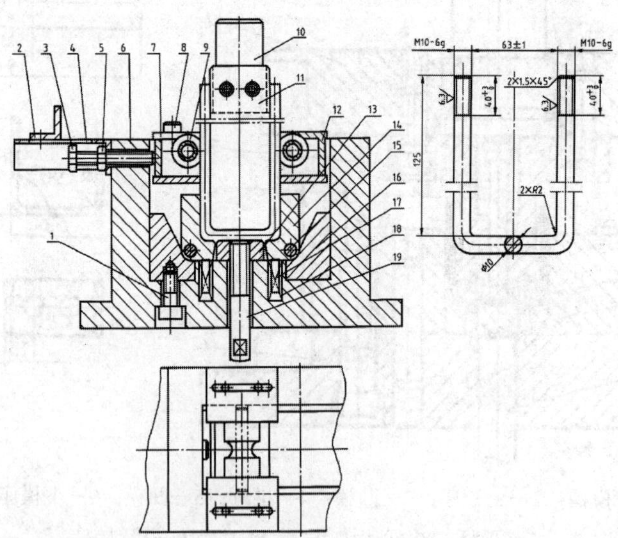

1、8—内六角螺钉；2—定位板；3—六角头螺钉；4—支承板；5—六角螺母；6—下模框；7—盖板；9—滚拉式凹模；10—模柄；11—弯曲上模；12—支承座；13—顶板；14—摆块；15—轴销；16—导向块；17—弹簧；18—弹簧销；19—顶杆

模具特点：毛坯放在槽轮凹模 9 上，由定位板 2 定位，当凸模将坯料压弯至下死点时，迫使两摆动凹模 14 内压，使工件贴紧凸模，弯成 U 形，既弥补弯曲回弹量又起整形作用。凸模上行，弹簧顶销使摆动凹模张开复位。此模具可用于不同规格的型材弯曲工艺。

续表

模具名称	转轴式异形件弯曲模	应用	异形件的弯曲

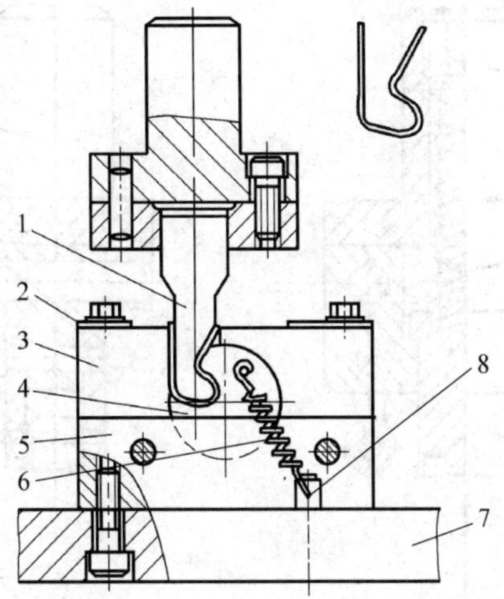

1—凸模；2—定位板；3—凹模；4—转动凹模；5—摆动凹模限位板；
6—拉簧；7—下模座；8—弹簧挂销

模具特点：将毛坯放在两块定位板 2 之间，凸模下行时，在凹模 3 上首先弯成 U 形，然后压迫转轴凹模 4 逆时针转动，将工件弯曲成形。上模回程时，弹簧拉动转轴复位，零件最后卡在凸模 1 上，可纵向取出。该模具用于弯制异形件。

模具名称	转轴式双侧弯曲模	应用	弯曲角小于 90° U 形件的弯曲

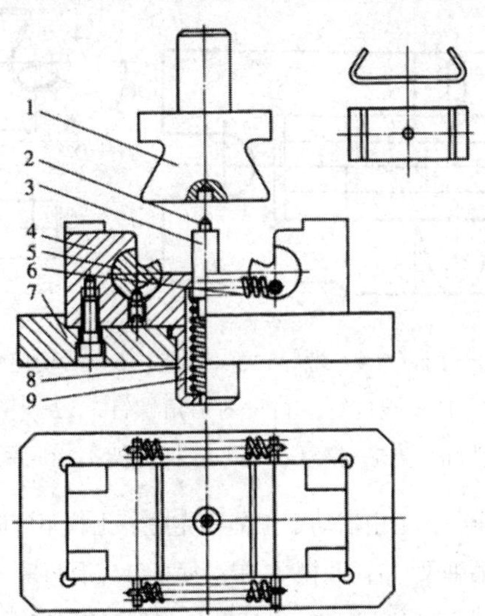

1—凸模；2—定位销；3—顶杆；4—凹模；5—摆动凹模；6—拉簧；7—下模座；8—弹簧座；9—弹簧

模具特点：该模具用于弯制角度小于 90° 的夹形弯曲件。当凸模 1 下行时，首先将毛坯的两侧弯成 90° U 形件，然后与转轴凹模 5 接触，使其向中间方向旋转，将工件弯曲成形。凸模 1 回程时，摆动凹模 5 靠弹簧 6 的拉力使其复位，工件留在凸模上，可纵向取出。

续表

模具名称	摆杆式双侧弯曲模	应用	用于压线卡类工件的弯曲

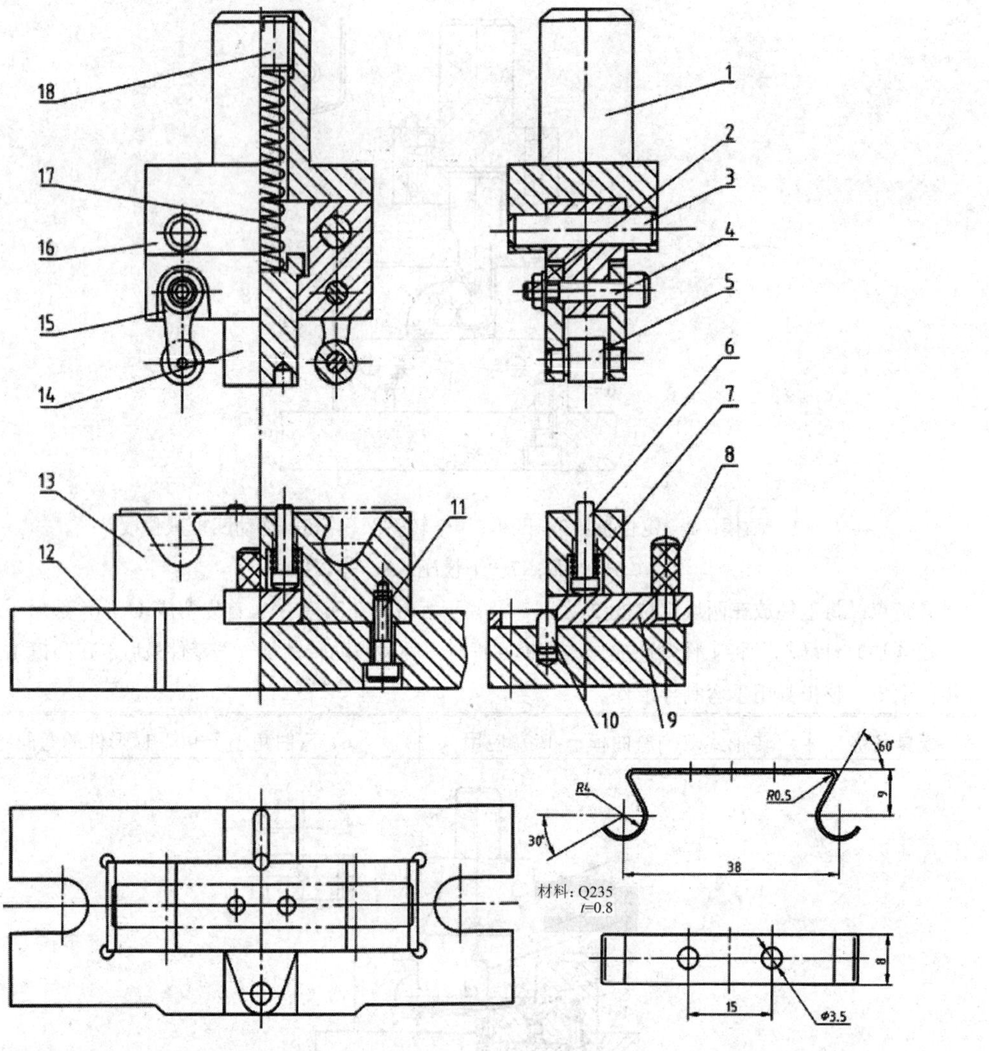

1—模柄；2—螺母；3—销钉；4—螺钉；5—转轮；6—活动定位销；7、17—弹簧；8—手柄；9—推板；10—限位钉；11—内六角螺钉；12—下模座；13—凹模；14—压料板；15—摆杆；16—摆杆支架；18—紧定螺钉

模具特点：工作时毛坯放在凹模 13 上由活动定位销 6 定位。上模下行时，压料板 14 将毛坯压紧，上模继续下行时，压料板 14 压缩弹簧 17；凸模 5 带动摆杆 15 沿凹模 13 的斜槽滑动，将工件压弯成形。上模回程后，工件留在凹模 13 内，手动拉出推板 9，使活动定位销 6 下落，纵向取出工件。

续表

模具名称	弹性夹弯曲模	应用	用于弯制各种弹性夹类的弯曲件

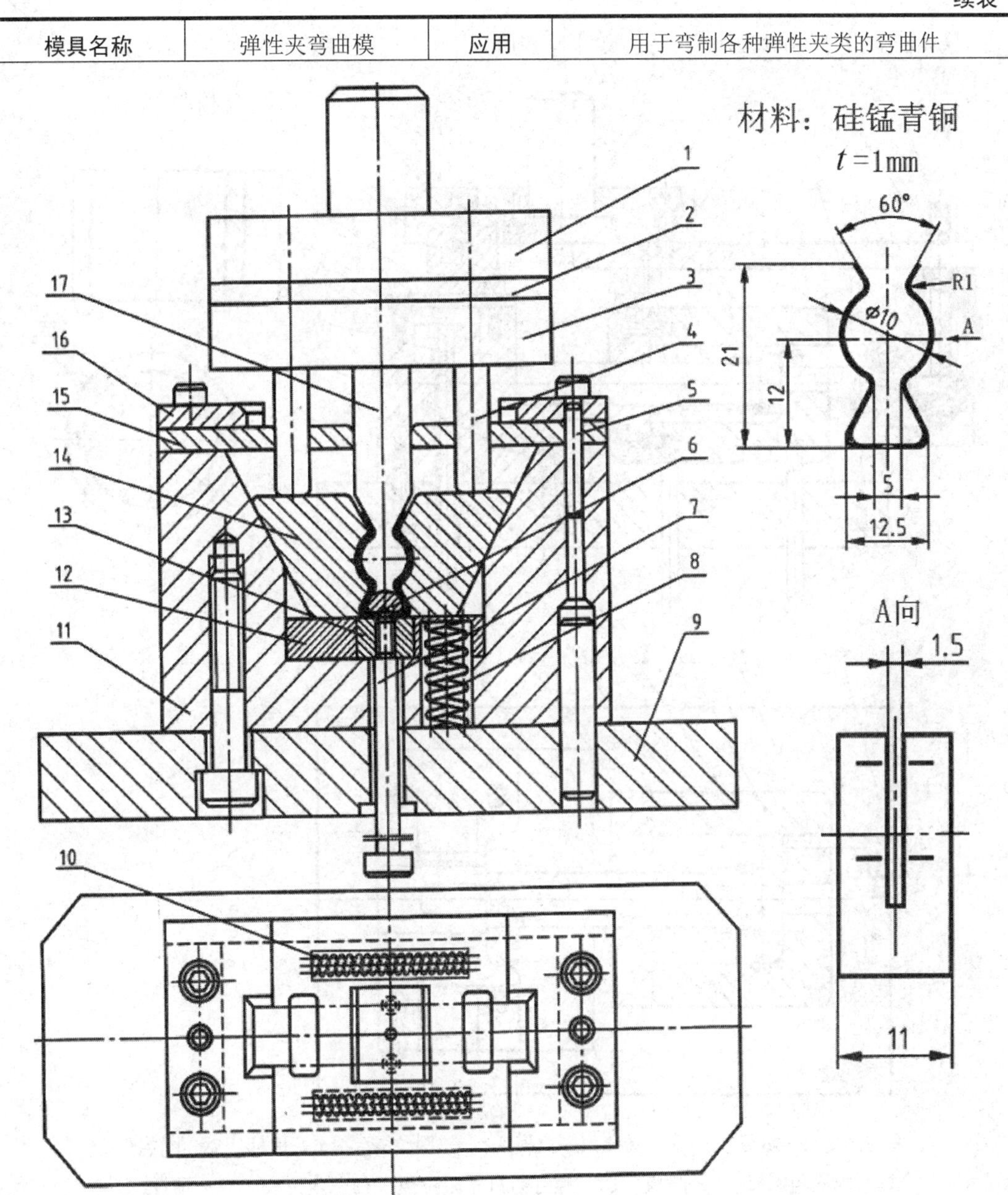

1—上模座；2—上垫板；3—支柱固定板；4—支撑柱；5—销钉；6—定位销；7—卸料螺钉；8—弹簧；9—下模座；10—拉簧；11—模套；12—顶板；13—定位板；14—滑块凹模；15—凹模；16—定位板；17—凸模

模具特点：本结构用于弯制各种弹性夹类的弯曲件。适用于弯制料厚在 1mm 以内的工件。毛坯放在预成形的凹模 15 上，以定位板 16 定位。当上模下行时，凸模 17 通过凹模 15，将毛坯首先弯成 U 形，并进入两块成形滑块 14 中间，上模继续下行，支撑柱 4 推动滑块凹模 14 向下运动，并沿模套 11 的斜面导轨向中心收缩，将工件弯曲成形。

续表

模具名称	自动推件圆形弯曲模	应用	用于圆套类工件的弯曲

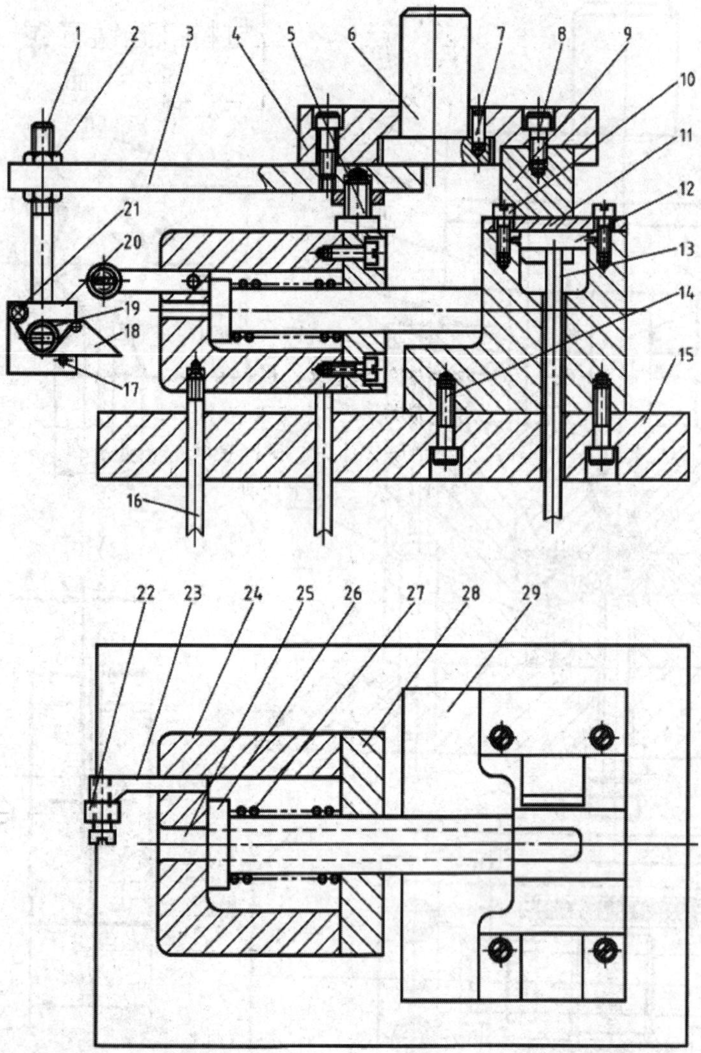

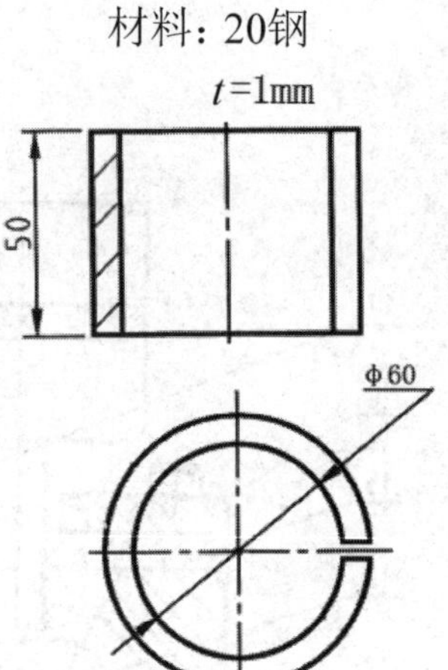

材料：20钢

t=1mm

50

φ60

1—立柱；2—螺母；3—固定板；4—上模座；5—限位螺钉；6—模柄；7—止转销；8—内六角螺钉；9—凸模；10—螺钉；11—限位板；12—定位块；13—顶杆；14—螺钉；15—下模座；16—推杆；17—限位销；18—摆块；19—复位弹簧；20—固定板；21—弹簧柱；22—滚轮；23—组合顶杆；24—固定支架；25—成形芯轴；26—推管；27—弹簧；28—压盖；29—凹模

模具特点：该模具是一副圆形零件自动推件弯曲模，板料放在定位块 12 上，上模下行，在凸模 9 的作用下，先在成形芯轴 25 上弯曲成 U 形，凸模继续下压，把制件与凹模 29 贴紧弯成一个圆套形制件。上模回程时，摆块 18 驱动滚轮 22 推动组合顶杆 23 向左移动，推动推管 26 把制件从芯轴上推出，完成制件自动脱模。

续表

模具名称	大圆弯曲模	应用	用于圆套类工件的弯曲

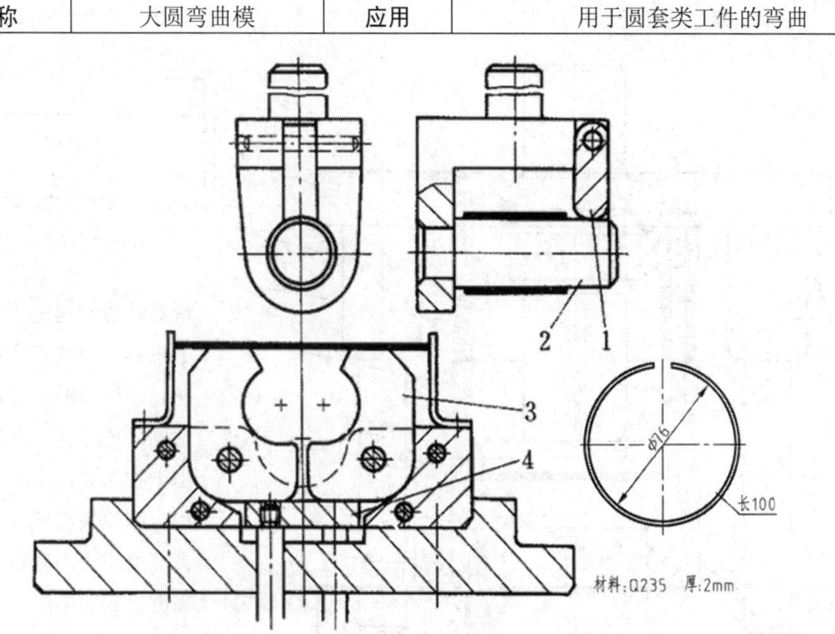

1—支撑柱；2—凸模；3—摆动凹模；4—顶板

模具特点：凸模下行先将坯料弯成 U 形，继续下行，摆动凸模将 U 形弯成圆形，工件顺凸模轴线方向推开支撑柱 1 取下。该模具生产效率较高，适合于直径大于 20mm 的大圆成形。但由于回弹大，在工件接缝处会留有缝隙和少量直边，工件精度差，模具结构也较复杂。

5.3　拉深模典型结构

模具名称	无压边圈正装拉深模	应用	用于变形量较小、厚料拉深件

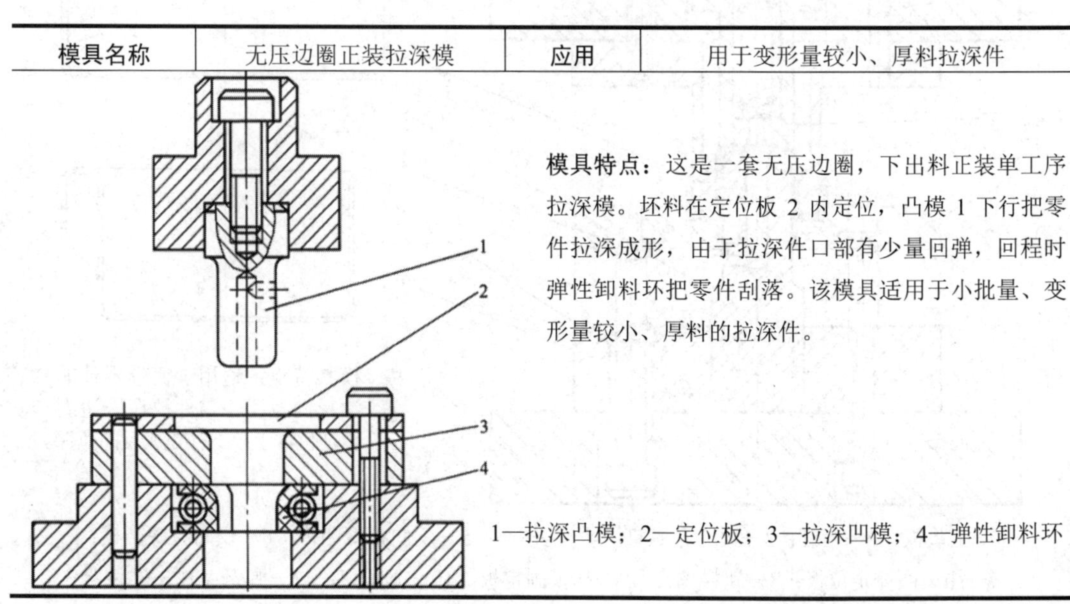

模具特点：这是一套无压边圈，下出料正装单工序拉深模。坯料在定位板 2 内定位，凸模 1 下行把零件拉深成形，由于拉深件口部有少量回弹，回程时弹性卸料环把零件刮落。该模具适用于小批量、变形量较小、厚料的拉深件。

1—拉深凸模；2—定位板；3—拉深凹模；4—弹性卸料环

续表

模具名称	带压边圈正装拉深模	应用	用于变形量较大的浅拉深件

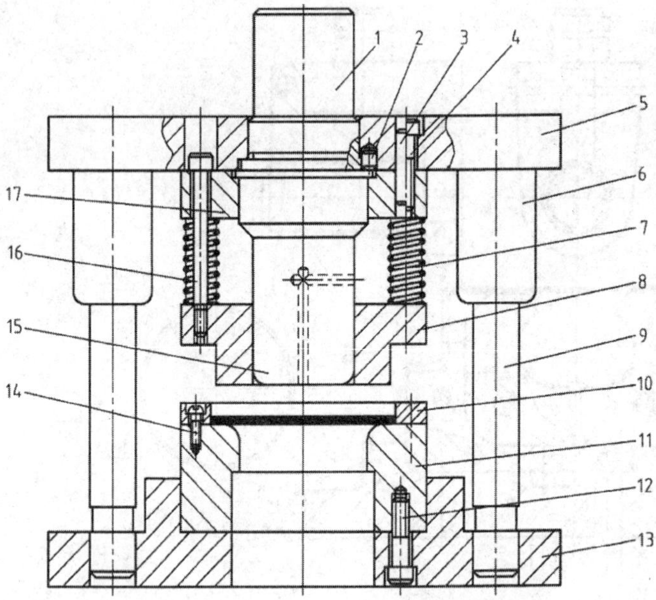

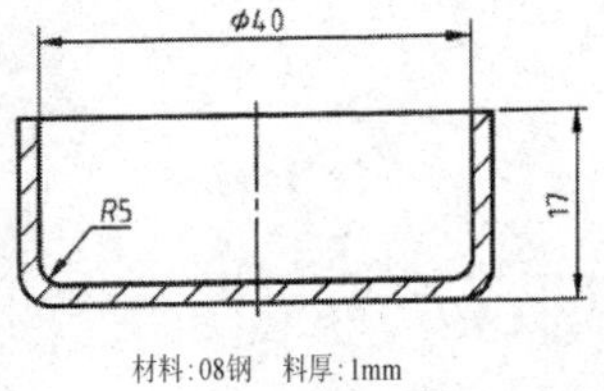

φ40

R5

17

材料:08钢　料厚:1mm

模具特点：这是一套有压边圈，下出料正装单工序拉深模。坯料在定位板 10 内定位，拉深时压边圈压紧零件，然后拉深成形。由于拉深件口部有少量回弹，回程时凹模底部把零件刮落。该模具高度闭合高度较高，适合拉深高度较低的工件。

1—模柄；2—止转销；3—定位销；4—内六角螺钉；5—上模座；6—导套；7—弹簧；8—压边圈；9—导柱；10—定位板；11—拉深凹模；12—内六角螺钉；13—下模座；14—内六角螺钉；15—拉深凸模；16—卸料螺钉；17—凸模固定板

模具名称	反向拉深模	应用	用于后次拉深反向拉深

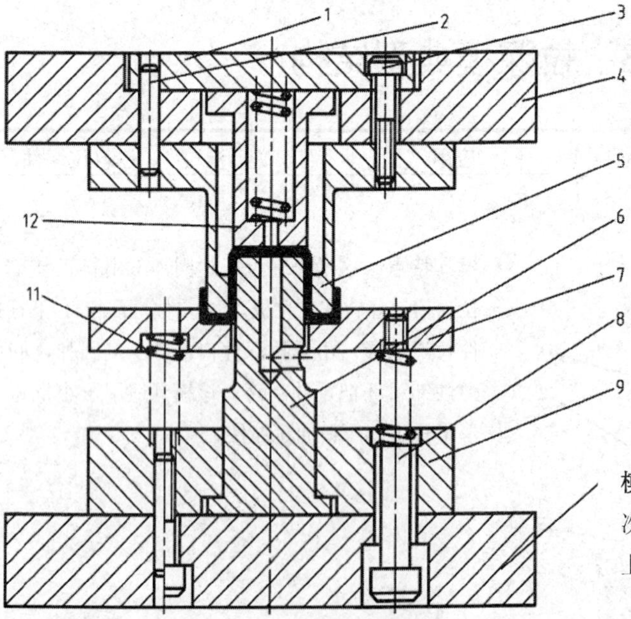

毛坯图

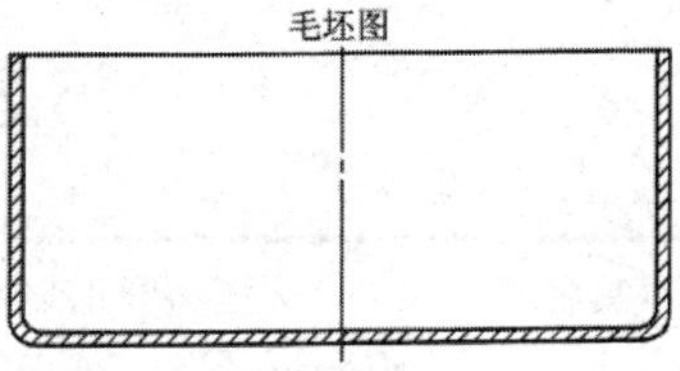

材料：08F
料厚 $t=1$mm

制件图

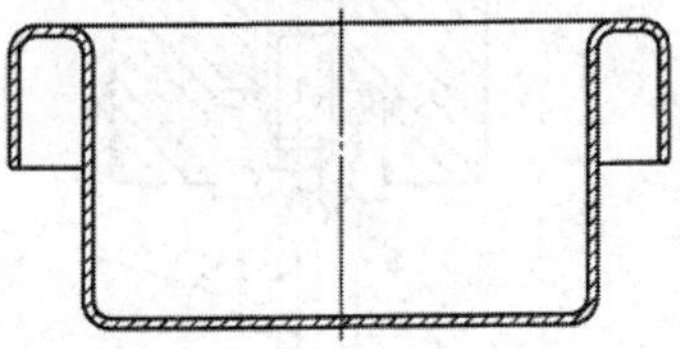

模具特点：适用于筒形零件的二次反向拉深。零件放在压边圈 7 上定位，上模下行完成反向拉深。

1—上垫板；2—销钉；3—内六角螺钉；4—上模座；5—反向拉深凹模；6—反向拉深凸模；7—压边圈兼定位板；8—卸料螺钉；9—凸模固定板；10—下模座；11—弹簧；12—推件器

续表

模具名称	带压边圈倒装拉深模	应用	用于变形量较大的拉深件

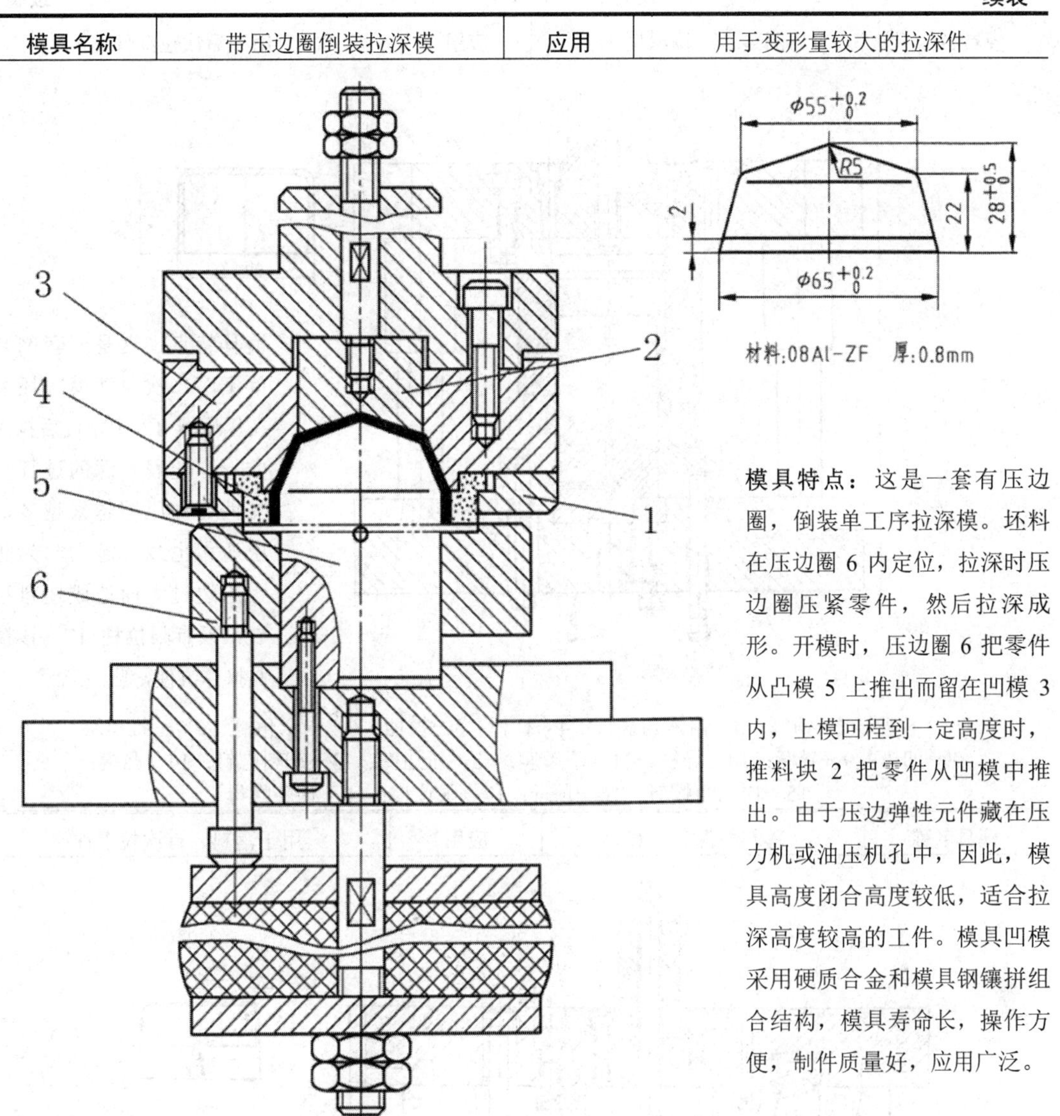

模具特点：这是一套有压边圈，倒装单工序拉深模。坯料在压边圈 6 内定位，拉深时压边圈压紧零件，然后拉深成形。开模时，压边圈 6 把零件从凸模 5 上推出而留在凹模 3 内，上模回程到一定高度时，推料块 2 把零件从凹模中推出。由于压边弹性元件藏在压力机或油压机孔中，因此，模具高度闭合高度较低，适合拉深高度较高的工件。模具凹模采用硬质合金和模具钢镶拼组合结构，模具寿命长，操作方便，制件质量好，应用广泛。

1—凹模固定板；2—推件块；3—组合凹模Ⅰ；4—硬质合金组合凹模Ⅱ；5—凸模；6—压边圈

续表

模具名称	倒装二次拉深模	应用	用于后次拉深件

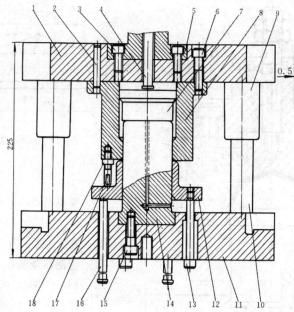

模具特点：这是一套倒装单工序二次拉深模。坯料在压边圈 12 上定位后拉深成形，随着拉深的进行，弹性元件压缩越来越多，压边力也越来越大，为防止压边过大而造成坯料拉裂，设有限位柱 17。该模具操作方便，应用广泛。

1—上模座；2—销钉；3—内六角螺钉；4—打杆；5—模柄；6—内六角螺钉；7—推料块；8—凹模；9—导套；10—导柱；11—下模座；12—压边圈；13—卸料螺钉；14—凸模；15—内六角螺钉；16—顶杆；17—限位柱；18—调整螺母

模具名称	落料拉深复合模	应用	用于落料、首次拉深件

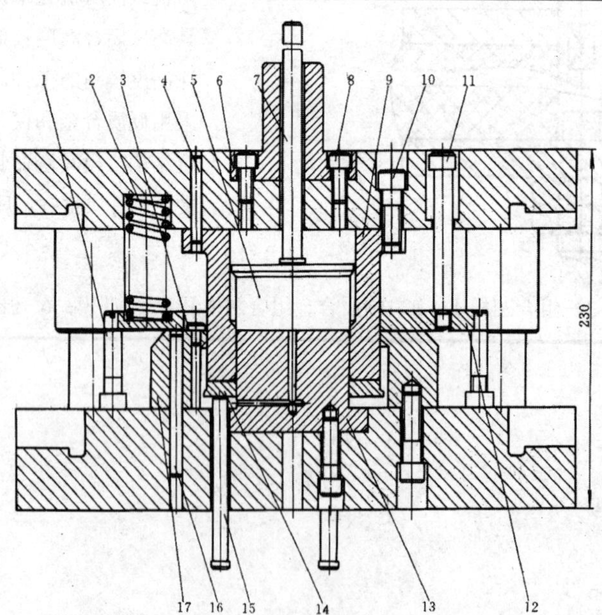

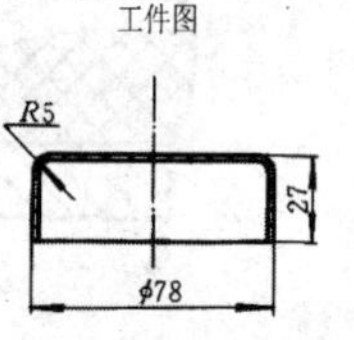

模具特点：本模具是带有弹性卸料装置的落料拉深复合模。毛坯用件 1、3 定位，上模下降，件 9、17 落料后，件 9、13 进行拉深，件 14 用于压边和卸料，件 15 下接弹顶器。

1—挡料螺栓；2—弹簧；3—挡料销；4—圆柱销；5—推件块；6—模柄；7—推杆；8—螺钉；9—凸凹模；10—螺钉；11—卸料螺钉；12—卸料板；13—凸模；14—压边圈；15—顶杆；16—圆柱销；17—落料凹模

续表

模具名称	方盒落料拉深复合模	应用	用于方形盒件落料、首次拉深

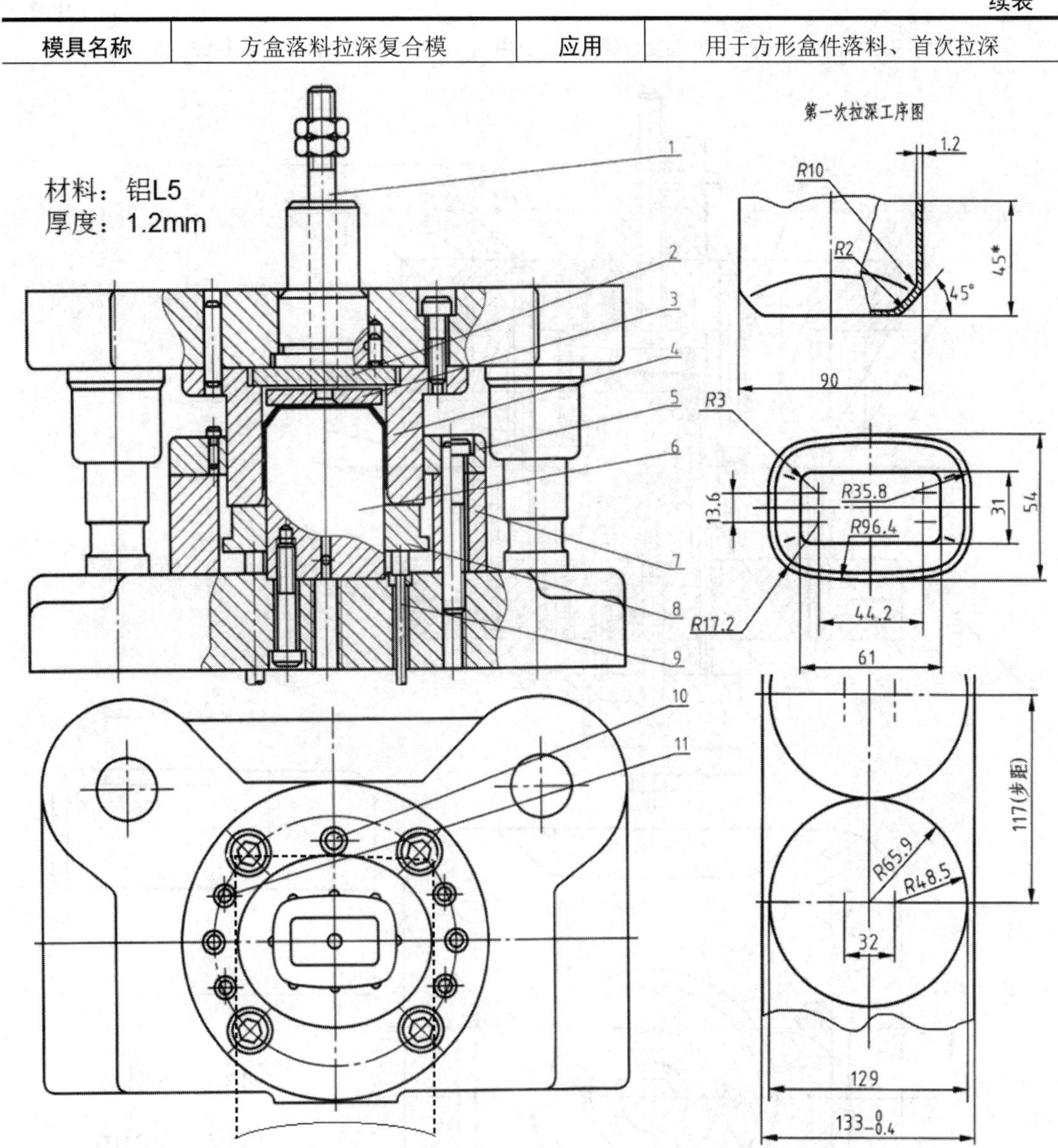

1—打杆；2—垫板；3—推板；4—凸凹模；5—落料凹模；6—拉深凸模；
7—垫板；8—压边圈；9—顶杆；10—挡料销；11—导料销

模具特点：本模具结构属于倒装落料拉深复合模，适用于高矩形及高圆筒形的拉深件。毛坯排样无中间搭边料，冲裁后废料中间自动断开，不用设置卸料板卸料，模具结构简单，操作方便。

续表

模具名称	落料拉深冲孔切边复合模	应用	圆形件落料、首次拉深、冲孔、切边

材料：铝L3

料厚：2mm

1—螺钉；2—卸料板；3—上模座；4—弹簧；5—上凸凹模；6—上垫板；7—圆柱销；8—打杆；9—模柄；10—推板；11—螺钉；12—卸料螺钉；13—导套；14—冲孔凸模；15—推料环；16—橡胶；17—卸料螺钉；18—圆柱销；19—螺钉；20—下凸凹模；21—螺钉；22—顶杆；23—压边圈；24—落料凹模；25—螺母；26—下模座；27—导柱

模具特点：本模具是多工序复合模。在一次冲压过程中，能完成零件的落料、拉深、冲孔、切边等工序。由于切边是靠上下模挤断的，因此，适用于较软的材料，如铝、铜及其合金。螺钉 1 用于对条料的辅助支承，螺母 25 可以将螺钉 1 锁紧在调整好的位置上。

5.4　翻边模典型结构

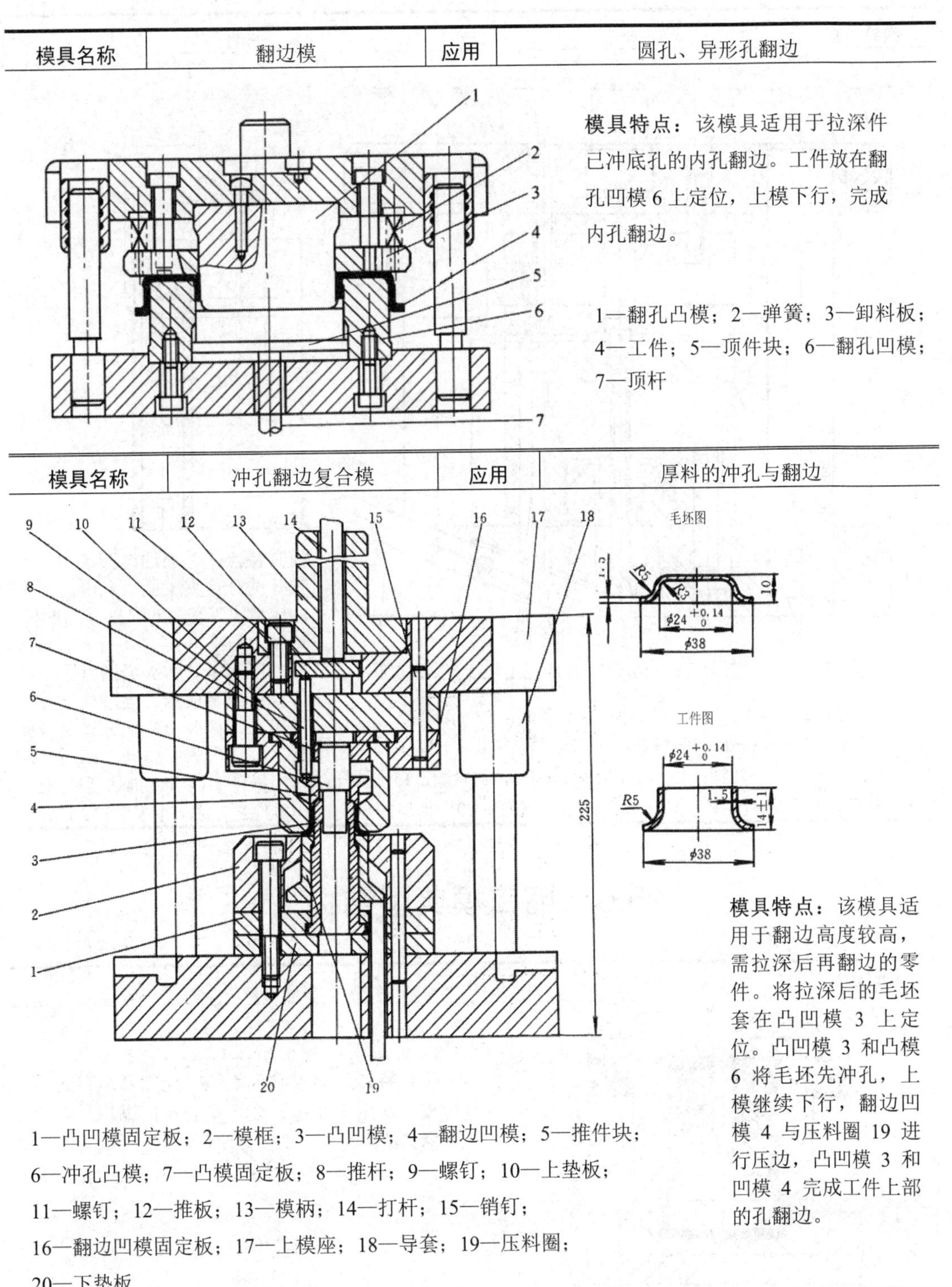

模具名称	翻边模	应用	圆孔、异形孔翻边

模具特点：该模具适用于拉深件已冲底孔的内孔翻边。工件放在翻孔凹模 6 上定位，上模下行，完成内孔翻边。

1—翻孔凸模；2—弹簧；3—卸料板；4—工件；5—顶件块；6—翻孔凹模；7—顶杆

模具名称	冲孔翻边复合模	应用	厚料的冲孔与翻边

毛坯图

工件图

模具特点：该模具适用于翻边高度较高，需拉深后再翻边的零件。将拉深后的毛坯套在凸凹模 3 上定位。凸凹模 3 和凸模 6 将毛坯先冲孔，上模继续下行，翻边凹模 4 与压料圈 19 进行压边，凸凹模 3 和凹模 4 完成工件上部的孔翻边。

1—凸凹模固定板；2—模框；3—凸凹模；4—翻边凹模；5—推件块；6—冲孔凸模；7—凸模固定板；8—推杆；9—螺钉；10—上垫板；11—螺钉；12—推板；13—模柄；14—打杆；15—销钉；16—翻边凹模固定板；17—上模座；18—导套；19—压料圈；20—下垫板

5.5 扩口模典型结构

模具名称	扩口模	应用	管件扩口

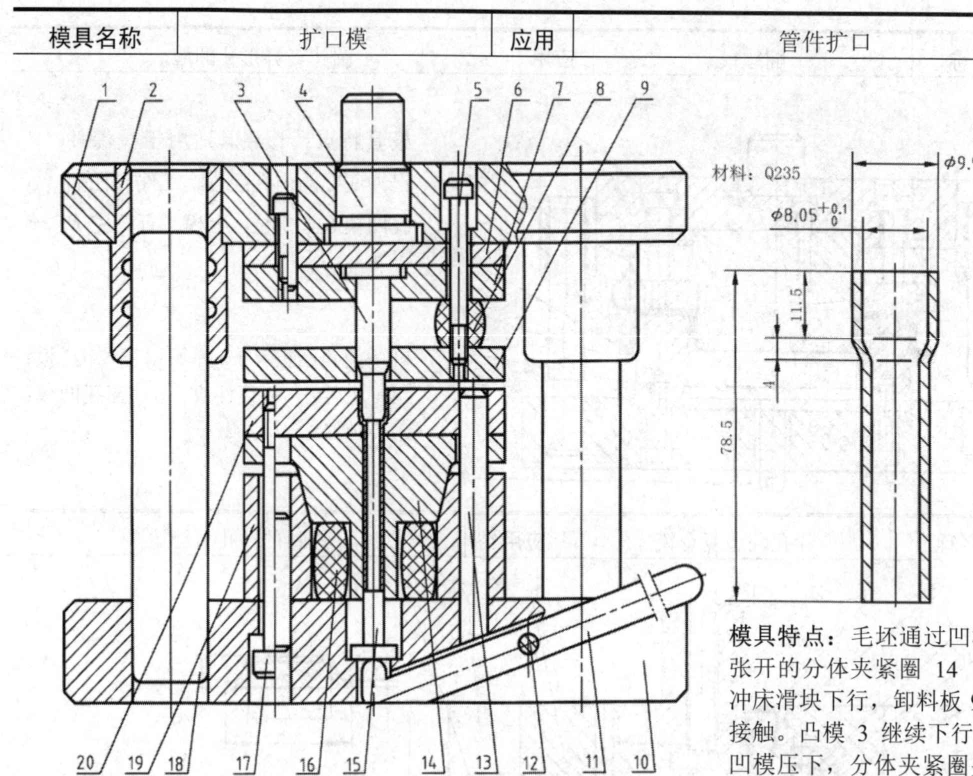

1—上模座；2—导套；3—扩口凸模；4—模柄；5—卸料螺钉；6—上垫板；7—固定板；8—橡胶；9—卸料板；10—下模座；11—推件手柄；12—转销；13—小导柱；14—分体加紧圈；15—顶杆；16—橡胶；17—卸料螺钉；18—导柱；19—模套；20—扩口凹模

模具特点：毛坯通过凹模 20 放入张开的分体夹紧圈 14 内，上模随冲床滑块下行，卸料板 9 与凹模 20 接触。凸模 3 继续下行，卸料板把凹模压下，分体夹紧圈夹紧，凸模下行扩口至成形。当滑块上行，凸模离开，橡胶 16 把分体夹紧圈顶起，分体夹紧圈张开，凹模升起，再用推件手柄 11 推动顶杆 15，顶出零件，完成一个零件的成形。

5.6 缩口模典型结构

模具名称	无支承倒装式缩口模	应用	管件、筒形工件缩口

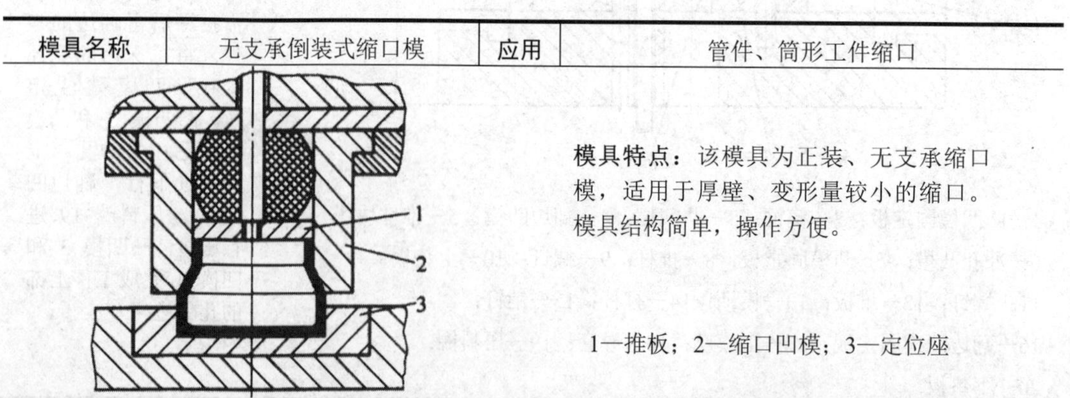

模具特点：该模具为正装、无支承缩口模，适用于厚壁、变形量较小的缩口。模具结构简单，操作方便。

1—推板；2—缩口凹模；3—定位座

续表

模具名称	内外支承倒装式缩口模	应用	管件、筒形工件缩口

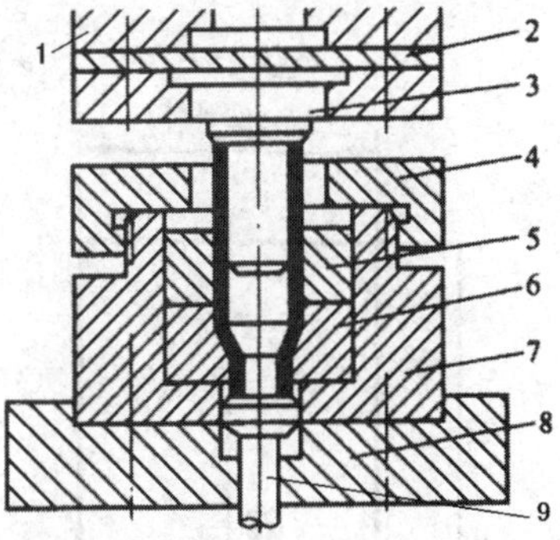

模具特点：工件内外支承，不易失稳，适合管材缩口。内外支承与管坯的间隙取 0.05～0.1mm。

1—上模座；2—上垫板；3—支承芯轴；4—紧固套；5—支承圈；6—凹模；7—凹模套；8—下模座；9—顶杆

模具名称	缩扩口复合模	应用	管件、筒形工件缩口、扩口同时进行

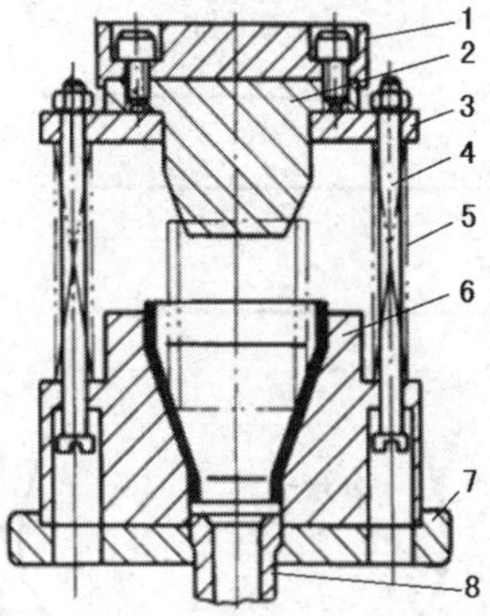

模具特点：工件扩口、缩口同时进行，变形量大，可以得到特别大的直径差。

1—上压板；2—扩口凸模；3—浮动托板；4—螺钉；5—弹簧；6—凹模；7—下模座；8—顶杆

5.7　胀形模典型结构

模具名称	瓣合刚性胀形模	应用	管件、筒形工件局部胀形

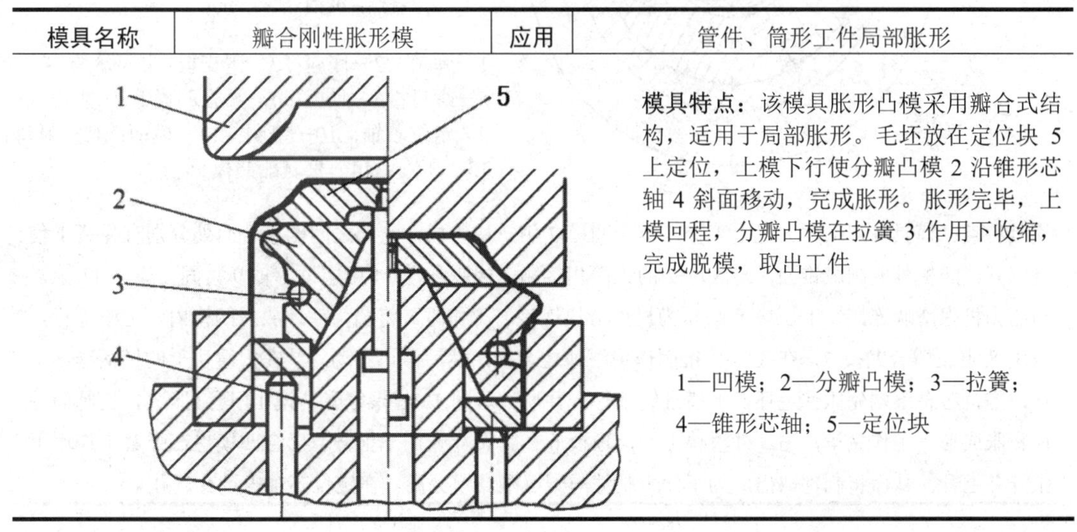

模具特点：该模具胀形凸模采用瓣合式结构，适用于局部胀形。毛坯放在定位块 5 上定位，上模下行使分瓣凸模 2 沿锥形芯轴 4 斜面移动，完成胀形。胀形完毕，上模回程，分瓣凸模在拉簧 3 作用下收缩，完成脱模，取出工件

1—凹模；2—分瓣凸模；3—拉簧；4—锥形芯轴；5—定位块

续表

模具名称	橡胶胀形模	应用	用于容器的胀形

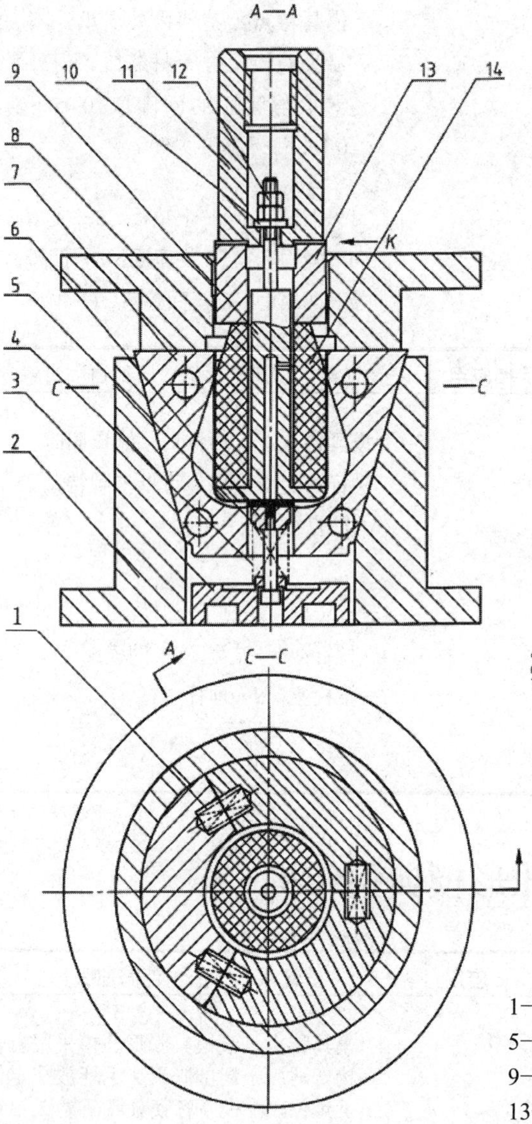

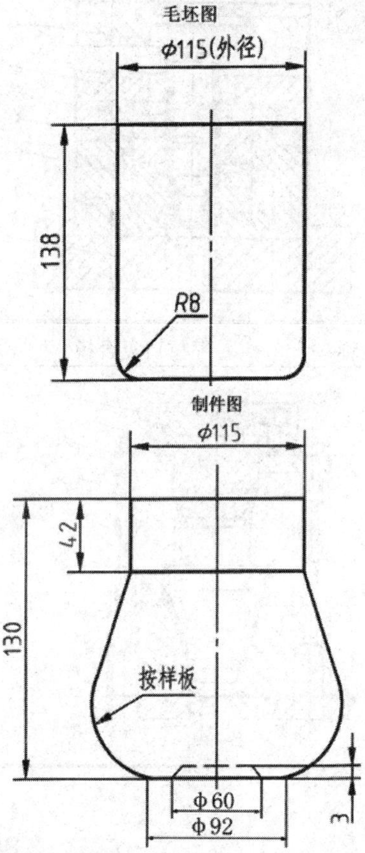

A—A

C—C

毛坯图

制件图

材料：08钢，厚0.5mm

1—弹簧；2—底座；3—下支板；4—弹簧；5—螺钉；6—顶板；7—瓣合凹模；8—上压块；9—定位芯轴；10—垫圈；11—模柄；12—螺母；13—压圈；14—聚氨酯凸模

模具特点：模具在双动压力机上工作。瓣合凹模 7 由三块组成，它们之间的接合面处分别有弹簧 1 使之张开，凹模外壁制成锥面，与底座 2 的锥面相接触。橡胶凸模 14 由定位芯轴 9 紧固在模柄 11 上，与压力机内滑块连接，上压块 8 与压力机外滑块连接。工作时，将圆筒毛坯放在凹模内，上模下行，压块 8 下压瓣合凹模 7，在底座 2 锥面作用下使之合拢，然后停止不动。装在内滑块上的模柄继续下行，定位芯轴下端先压住毛坯，上模继续下行，并通过压圈 13 将聚氨酯凸模 14 压缩胀大，使圆筒毛坯膨胀成形。工作完毕，内、外滑块上升，顶板 6 在弹簧 4 作用下上升，瓣合凹模也在弹簧 1 作用下张开并上升，从而将制件取出。为了便于制件与聚氨酯凸模分离，在定位芯轴内设有气孔。

5.8　多工位级进模典型结构

模具名称	硬质合金冲裁级进模	应用	大批量、高精度、平板类冲孔与落料

1—下模座；2—下垫板；3—顶杆；4—凹模固定板；5、18、26、27—凹模镶块；6—圆凸模；7—导正销；8—上垫板；9—凸模固定板；10—上模座；11、20—滚珠保持器；12—导套；13—检测导正钉；14—切断凸模；15—小导套；16、28—硬质合金镶块；17—落料凸模；19—导套；21—导柱；22、23—切口凸模；24—卸料板；25—左导料板；29—卸料螺钉；30—初始挡料板；31—右导料板；32—弹簧芯轴；33—导套压板；34—护板

模具特点：该模为硅钢片的连续冲模，凸模与凹模均采用硬质合金。采用高精度滚珠四导柱模架。卸料板上装有护板保护小凸模。

续表

模具名称	电机定转子自动叠铆冲裁级进模	应用	用于电机定转子自动冲压、叠铆

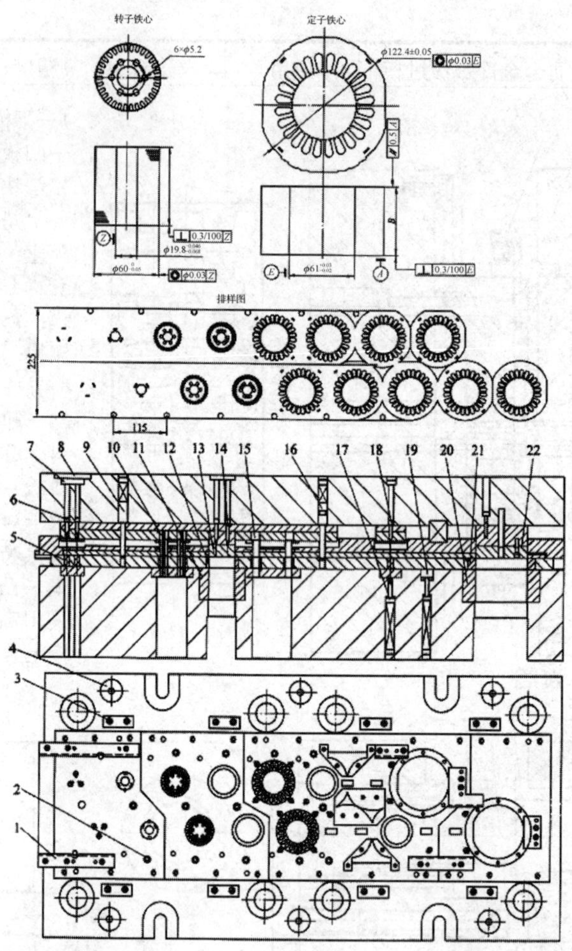

1—导料板；2—浮升销；3—卸料板平衡块；4—限位柱；5—转子铆接孔凹模；6—转子铆接孔凸模；7—抽板；8—抽板压板；9—导正销；10—转子槽孔凸模；11—转子叠铆压紧凹模；12—转子落料凹模；13—转子落料凸模；14—转子铆接凸模；15—定子槽孔凸模；16—检测销；17—定子预弯顶料销；18—定子铆接预弯凸模；19—抬料销；20—定子叠铆压紧凹模；21—定子落料凹模；22—定子落料凸模

模具特点：该模为电动机定、转子铁心套冲、叠铆级进冲模。根据定、转子片的内、外径尺寸具备套冲的条件，为使冲裁与叠铆在一副模具上完成，并结合考虑材料的利用率，排样采用了双排直排的形式，其排样由 10 个工位组成。①冲导正孔及冲转子铆接用孔；②冲转子片轴孔与V形铆接预弯；③冲转子片槽孔与 2 个ϕ5.2mm 的孔；④转子片落料并叠铆；⑤冲定子片槽孔与铆接孔；⑥冲定子片内径、外形与V形铆接预弯；⑦冲定子片外形与V形铆接预弯；⑧左侧定子片落料及叠铆；⑨右侧V形铆接预弯；⑩右侧定子片落料及叠铆。

因模具工作面积较大，选用了八导柱滚动导向模架。前送料采用两侧导板 1 导向，精定距采用导正钉，保证了带料的送进精度。同时为使带料平稳送进，在凹模内设置了双排抬料销 2，送进中带料浮离凹模平面一定的高度。

每个定子片第一件冲片的铆接点需要冲成通孔(工位①和工位⑤)，后续的冲片通过V形过盈铆接实现叠铆。该通孔的凸模设计成有抽板 7 的浮动结构，由控制系统控制气缸带动抽板 7 动作，控制该凸模 6 的冲裁。后续冲片铆接点设置了V形铆接预弯工位，以增加定转子片的铆接强度，该预弯凹模上设置了强力顶料销，把条料及时地顶出预弯凹模，防止条料粘模而引发叠料，损坏模具的刃口。定转子片叠铆后从落料凹模 21、12 处自动落下，并由传送带导出模具。

续表

模具名称	冲裁翻孔弯曲级进模	应用	用于小型复杂、大批量弯曲零件

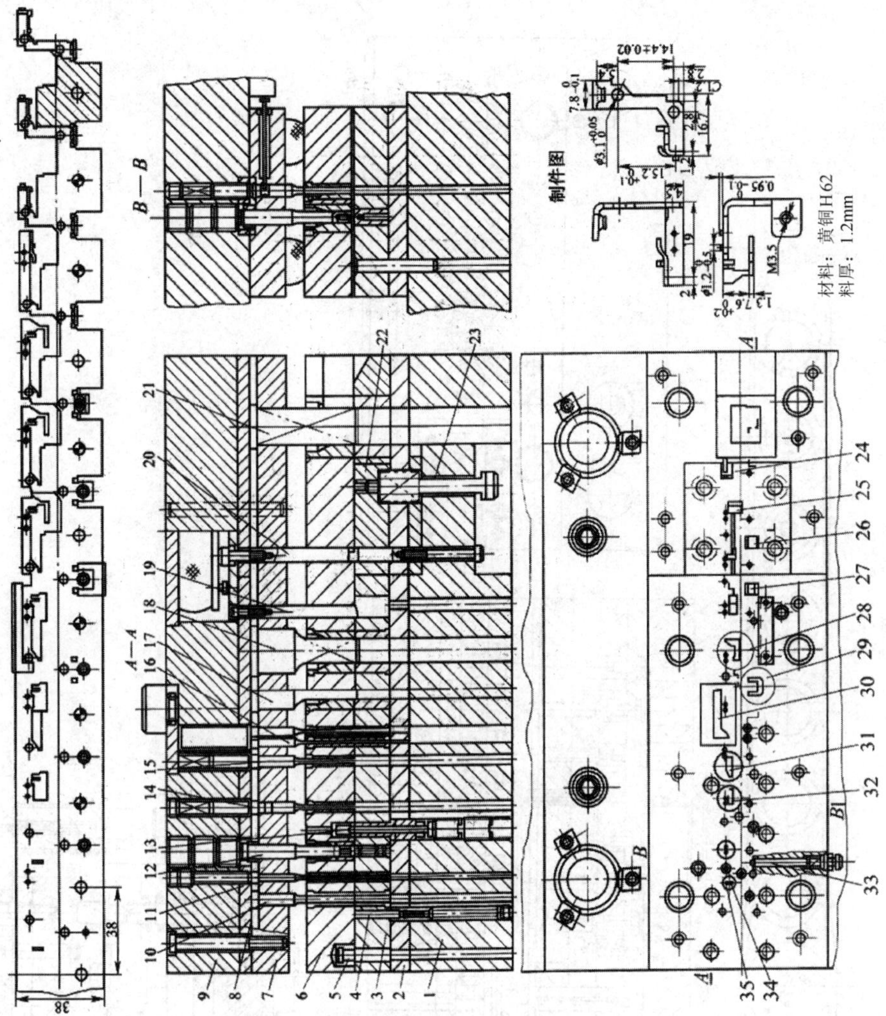

1—下模座；2—下垫板；3—凹模固定板；4—顶料装置；5—导料杆；6—卸料板；7—凸模固定板；8—上垫板；9—上模座；10—冲导正孔凸模；11、12—冲孔凸模；13—翻边凸模；14—检测导钉；15—导正销；16—方孔凸模；17、18—内形凸模；19、20—弯曲凸模；21—落料凸模；22—浮动块；23—限位螺旋套；24、25、26、27—弯曲凹模；28—悬臂凹模；29、30—外形凹模；31、32—内形凹模；33—初始挡料机构；34—长孔凹模；35—圆孔凹模

模具特点：该模是一套常闭触头工位级进冲模，是国外通用系列(Versatile System of Design，VSD)模具结构，采用了圆形或方形的镶拼块(如件 28、29、30、31、32 等)。经加工成为独立单元，然后将这些独立拼块以一定的过盈量镶入凹模固定板 3 及卸料板 6 内，其特点是刃块零件的商品化和更换方便，是国内最早运用的一种形式。模具采用四导柱导套滚动导向，可拆卸式导柱的模架，在固定板 7、卸料板 6、凹模 3 之间还设有 6 个小导柱导套滑动导向(图中未画出)。另设有安全检测导正钉 14，具体结构见 B—B 剖视。条料由初始挡料机构初定位，由导料杆 5 导正，保证了送料步距，模具 11 工位的安排如下：①冲 3 个长孔及工艺孔；②翻边、冲两个凸台；③冲内形；④冲内形；⑤冲外形及两个小方孔；⑥冲外形及悬臂部分；⑦成形弯曲；⑧向上弯曲；⑨向上弯曲；⑩空工位；⑪切断。

续表

模具名称	电机端盖拉深级进模	应用	用于大批量盒形件拉深

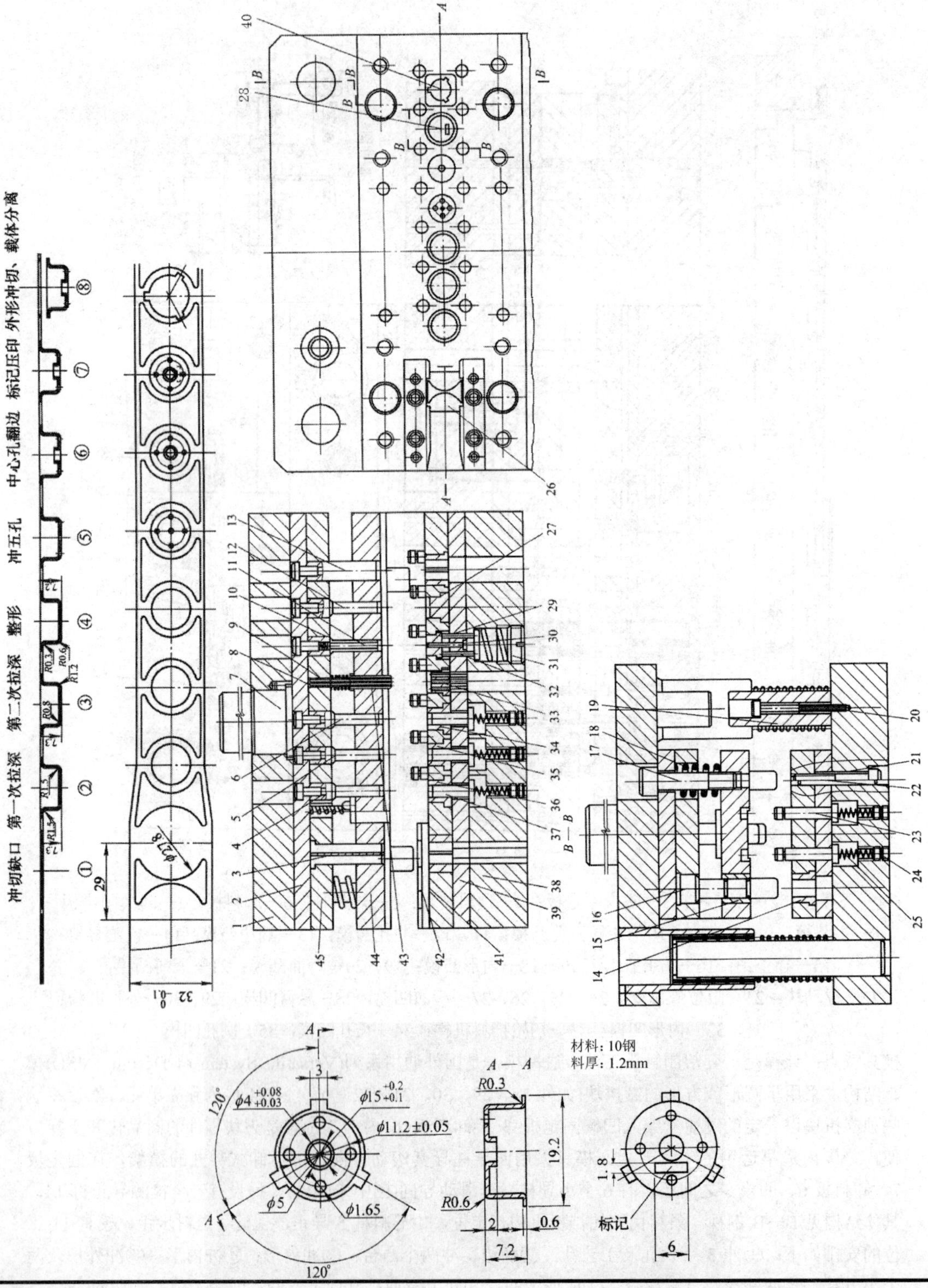

材料：10钢
料厚：1.2mm

续表

1—上模座；2—上垫板；3—冲缺口凸模；4、5—拉深凸模；6—整形凸模；7—模柄；8、9—冲孔凸模；10—翻边凹模；11、37—弹顶杆；12—压印凸模；13—外形落料凸模；14—凹模内导套；15—卸料板内导套；16—内导柱；17、30—翻边凸模；18、25—圆形截面弹簧；19—限位柱；20、21—内六角螺钉；22—圆柱销；23—带槽浮顶导料柱；24、31—螺塞；26—冲缺口凹模镶件；27—凹模镶块；28—标记压印镶块；29—翻边顶块；32—顶杆；33—冲孔凹模镶套；34—整形凹模；35、36—拉深凹模；38—下模座；39—下垫板；40—凹模落料镶块；41—凹模；42—侧面导板；43—冲孔导向套；44—卸料板；45—凸模固定板

模具特点：排样采用以自动送料机构送进为粗定位，以拉深凸模为各拉深工序间的定距尺寸。该冲件采用有切口的带料连续拉深工艺。在工艺切口冲切工位后，即安排了拉深工序，经一次拉深后，在其后的工位上设置了第二次拉深及整形工序，对直壁及凸缘与底部连接的过渡圆角 R 逐步整修到位。在整形后，再分别用三个工位进行底部冲孔、翻边、标记压印，最后为外形的整体落料工序。

排样图中共 8 个工位，①冲工艺切口；②第一次拉深；③第二次拉深；④整形；⑤冲 4 个小孔及冲翻边预孔；⑥翻边；⑦标记压印；⑧冲件外形落料。

带料宽度与各工位间的间距尺寸是依据拉深件坯料展开计算法和工艺切口形式，以及考虑了带料连续拉深材料的变形特点后所推荐的搭边值，再查阅有关冲压手册及资料所得的。

模具结构设计：该模具的主要冲压工艺由冲裁与拉深两大部分组成，模具总装结构如图所示。级进冲模的凸模导向精度是由卸料板的导向精度来保证的，除模架导柱外，卸料板与凸模固定板之间还必须设置辅助内导柱(件 16)，并分别在卸料板与凹模内都设置了内导套(件 14、件 15)，以保证导向精度和连续平稳的冲压。拉深级进冲模中，凸模兼具了对带料导向定位的作用，因而一般情况下，不再设置导正钉，因卸料力适宜，故采用了 12 个圆形截面弹簧(件 18)对称设置在上模部分。因该零件为浅拉深件，卸料板(件 44)采用了整体的结构形式，冲孔工位单独采用了兼具保护凸模作用的活动导向卸料套(件 43)，在上模的翻边凹模(件 10)内设置了卸料弹顶杆(件 11)以防止翻边后黏附在翻边凹模内。各冲裁、冲孔、翻边、拉深等工序的小凹模均以独立凹模的形式植入大凹模(件 41)。

设计导料装置时，先在模具前端的初始工位段两侧对称设置了一小段侧面导板，以保证材料的初始导向，在其后的拉深、整形及其他冲压区中，带料两侧各设置了一排带导向槽的浮顶导料柱(件 23)，带料由导料柱导向送进。在上、下模座的对应位置安装了限位柱(件 19)，保证了对模的方便。为保证模具在高速、连续冲压下的导向精度，该模具模架采用了滚动导向结构的滚珠四导柱钢结构模架。

本 章 小 结

本章介绍了冲压模具典型结构，通过本章的学习，应能模仿特定模具结构，模拟设计一些简单零件的冲压模具。

第 6 章　冲压模具设计课题

技能目标

- 能看懂书中所提供典型冲压件。
- 能熟练分析冲压工艺。
- 能设计中等复杂程度的冲压模具。

冲压成形方法在现代工业的主要部门如机械、家电、轻工、电子、交通和国防工业中得到了极其广泛的应用。各类产品、机器中的冲压件多种多样，千变万化，但万变不离其宗。本章提供 46 个冲压零件课题，根据所学知识能熟练读懂冲压件图纸，尤其是复杂的弯曲零件，并能分析冲压工艺，对于学好本课程至关重要。

课题一　垫板

冲压件名称	垫块	材料	20 钢	板厚	0.8mm	工件精度	IT13

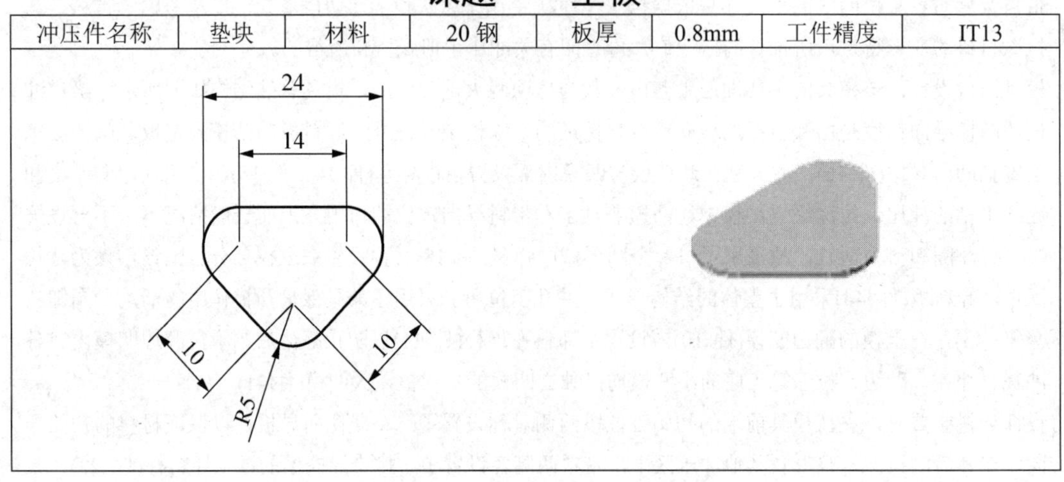

课题二　花孔垫圈

冲压件名称	花孔垫圈	材料	08 钢	板厚	1.5mm	工件精度	IT9

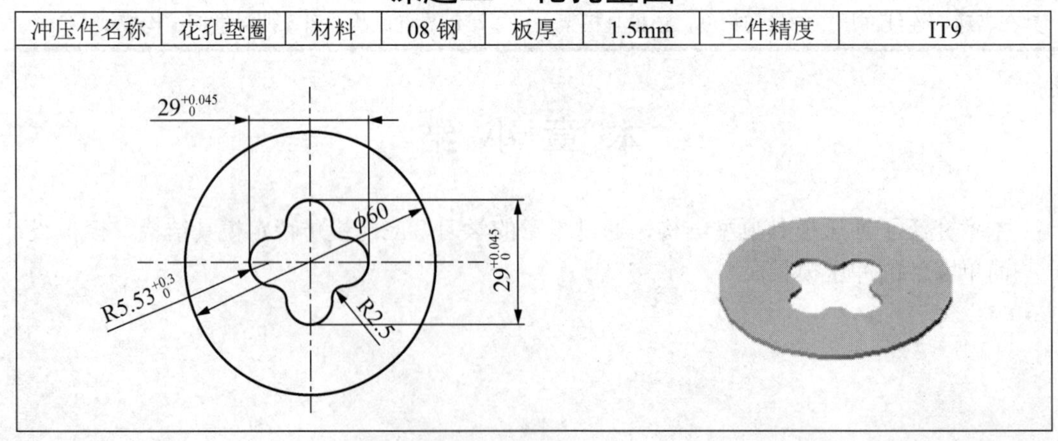

课题三　直角垫板

冲压件名称	直角垫片	材料	Q235	板厚	2.5mm	工件精度	IT9

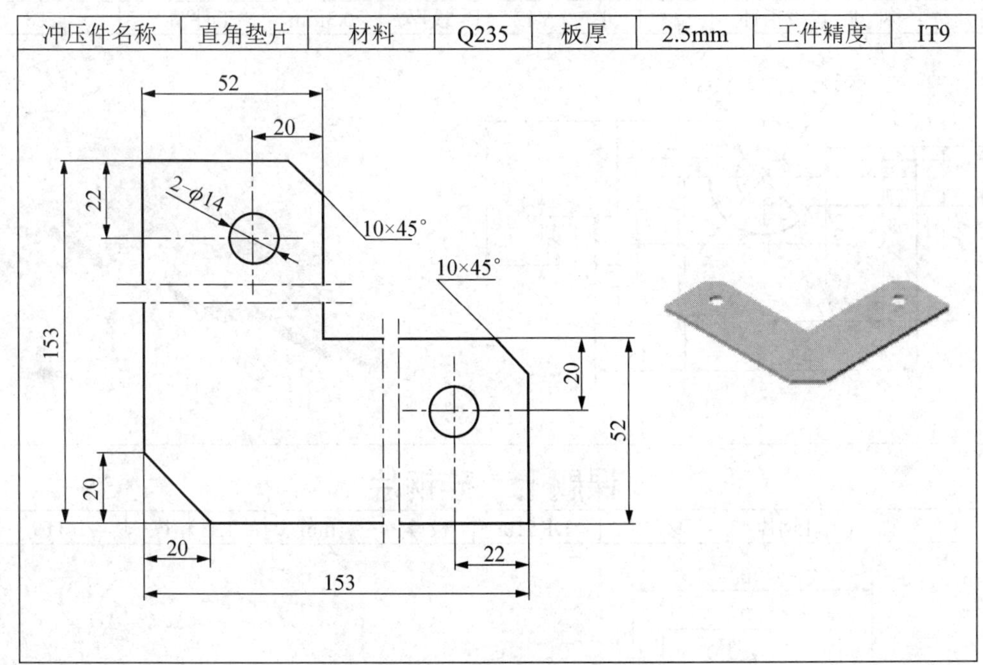

课题四　金属密封圈

冲压件名称	金属密封圈	材料	QSn4-4-2.5	板厚	0.2mm	工件精度	IT11

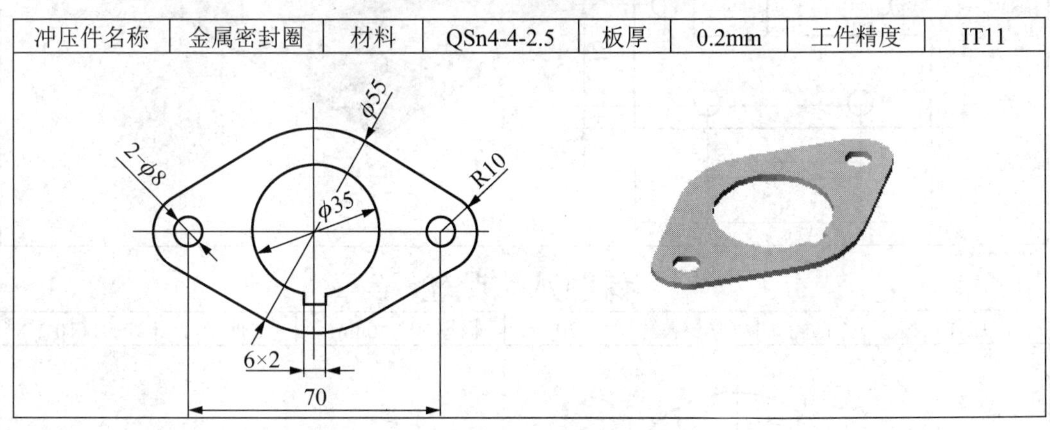

课题五　薄齿轮

冲压件名称	薄齿轮	材料	T8A	板厚	2.0mm	齿数	16	模数	1.5

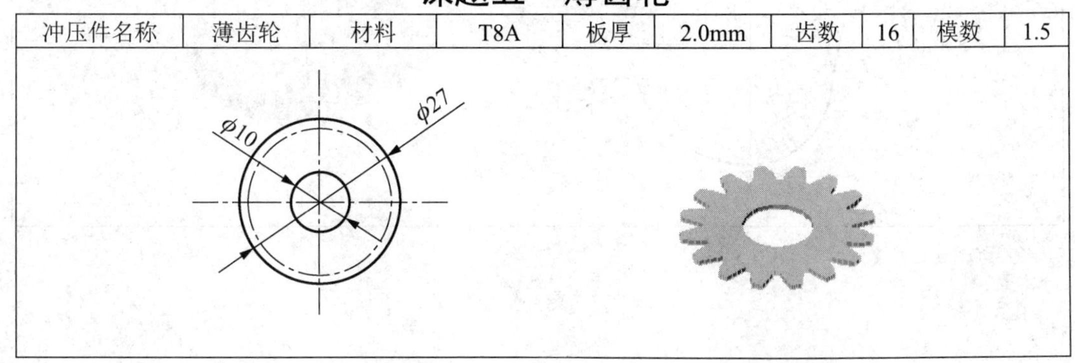

课题六　仪表指针

冲压件名称	仪表指针	材料	LY12	板厚	0.3mm	工件精度	IT8

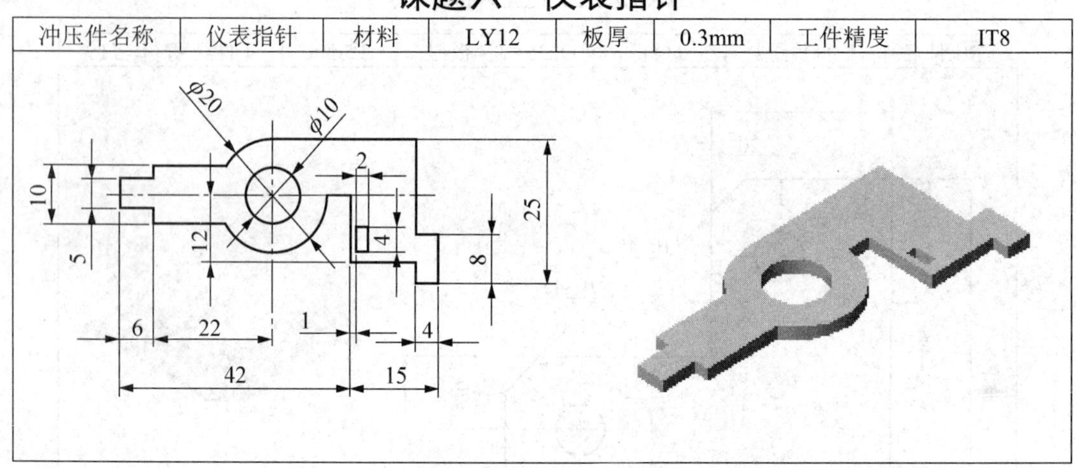

课题七　硅钢片

冲压件名称	硅钢片	材料	DR510	板厚	1mm	工件精度	IT9

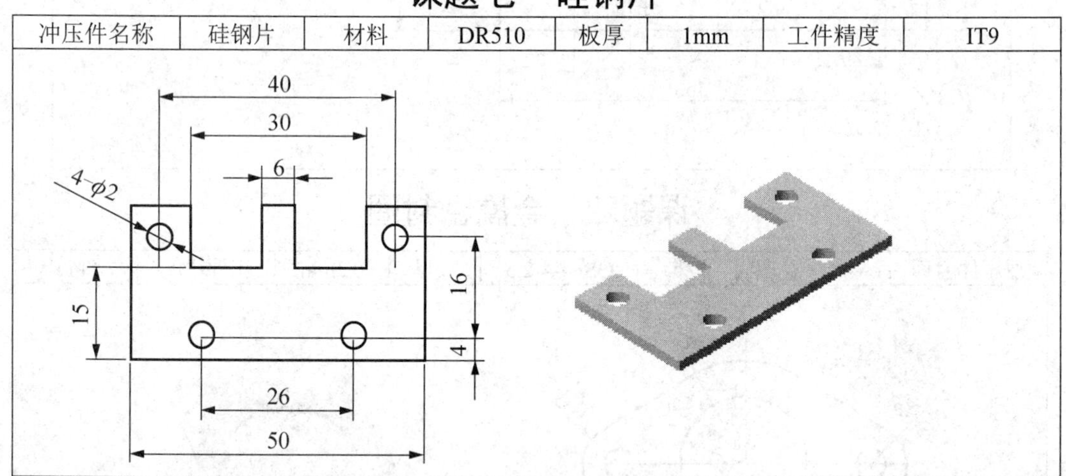

课题八　凸轮

冲压件名称	凸轮	材料	20	板厚	6mm	工件精度	IT10

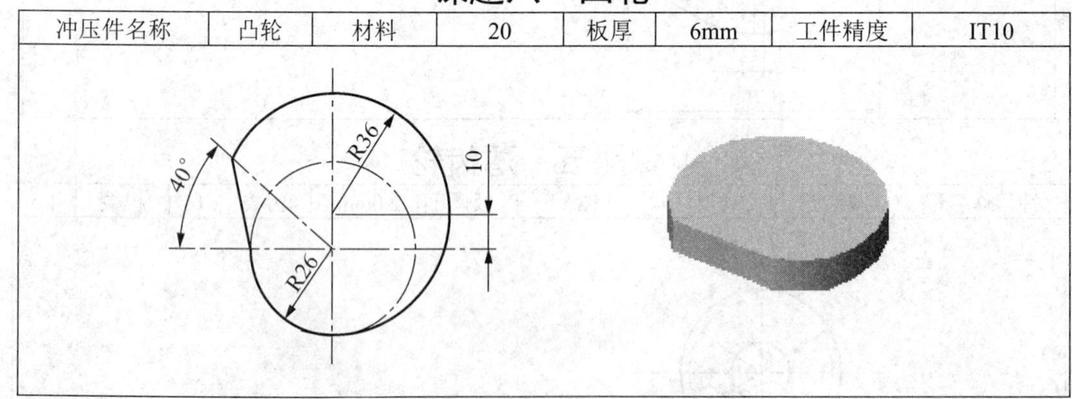

课题九　V 形件

冲压件名称	V 形件	材料	10	板厚	3mm	板宽	15mm

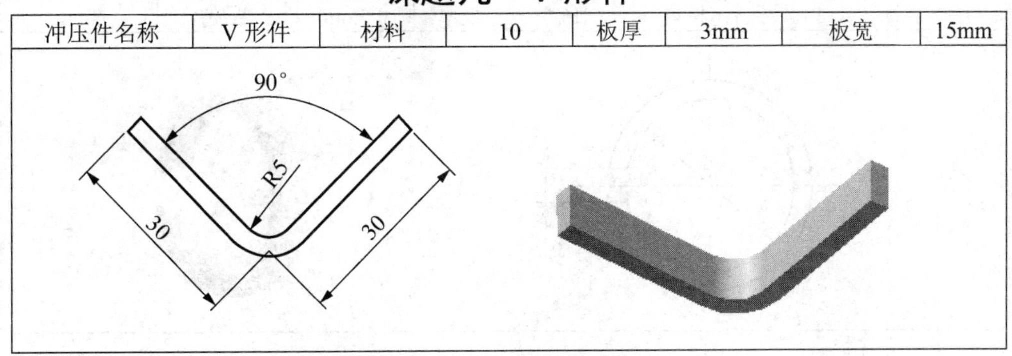

课题十　U 形螺栓

冲压件名称	U 形螺柱	材料	Q235	直径	ϕ10 圆钢	工件精度	IT9

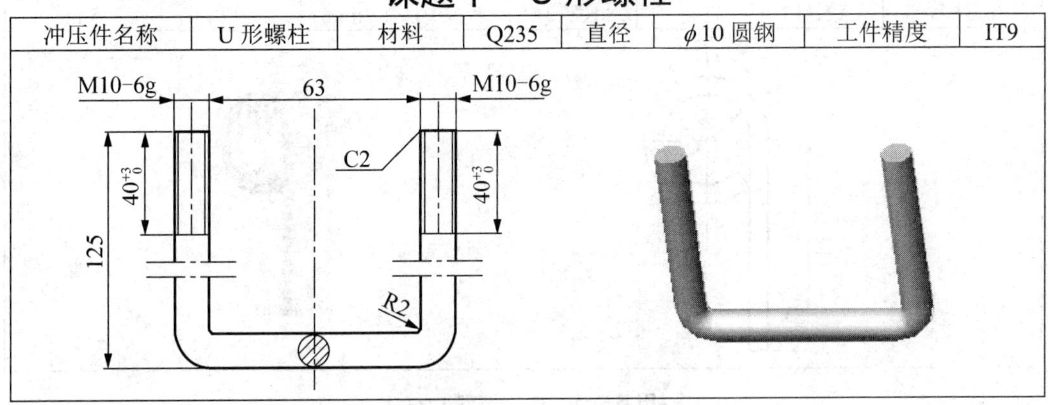

课题十一　U 形件

冲压件名称	U 形件	材料	15	板厚	1.5mm	板宽	16mm

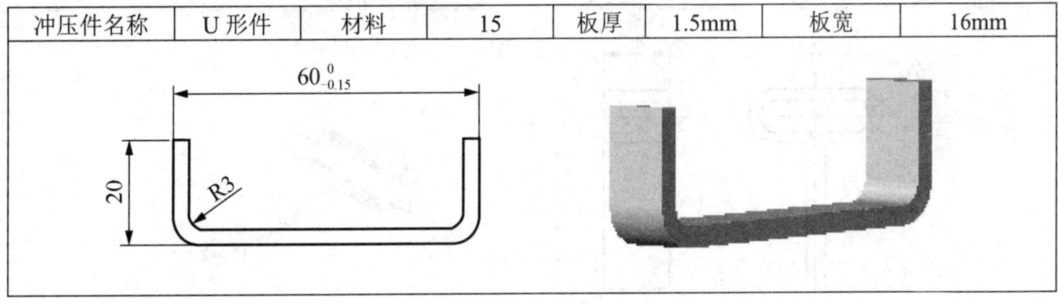

课题十二　圆环

冲压件名称	圆环	材料	Q255	板厚	2mm	板宽	10mm

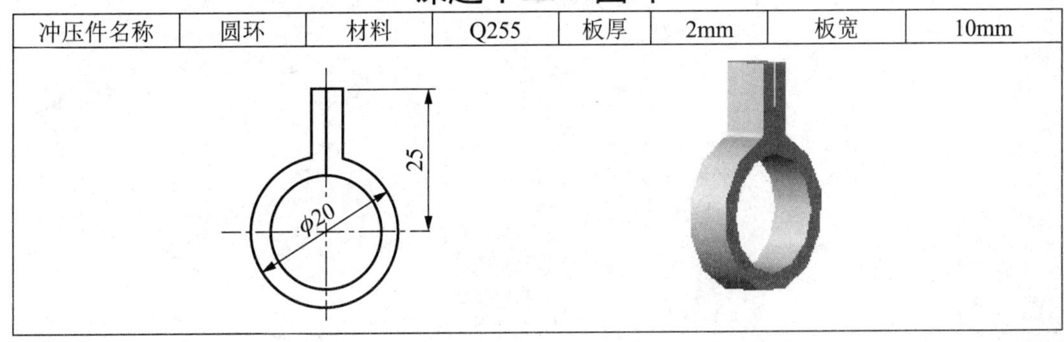

课题十三　开口圆环

冲压件名称	开口圆环	材料	H62	板厚	0.5mm	板宽	8mm

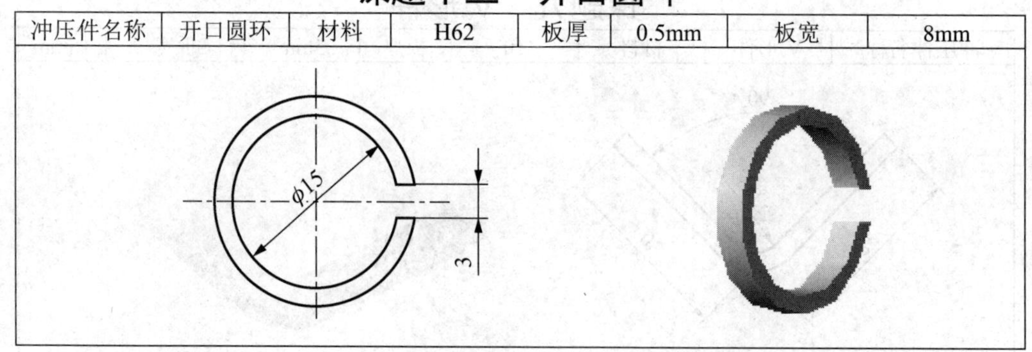

课题十四　铰链

冲压件名称	铰链	材料	1Cr13	板厚	1.2mm	板宽	15mm

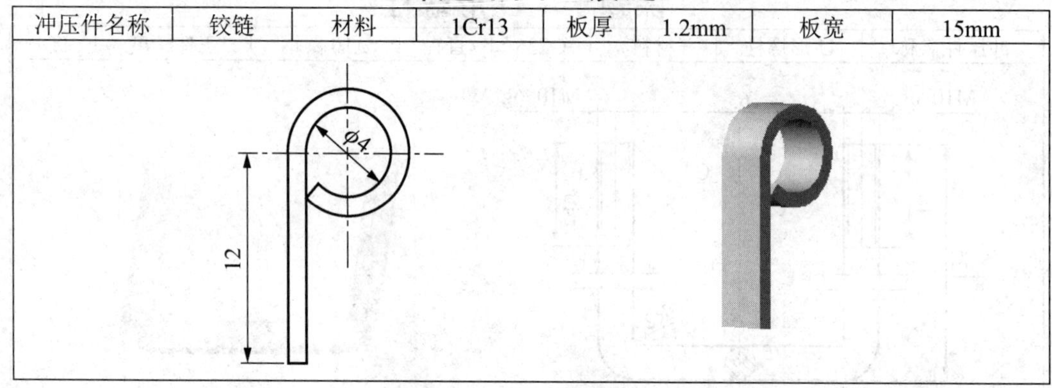

课题十五　开口销

冲压件名称	开口销	材料	Q195	板厚	0.6mm	工件精度	IT11

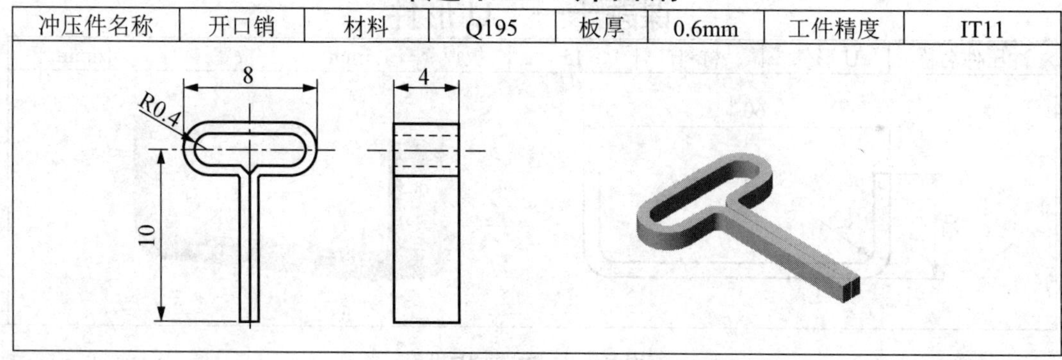

课题十六　双卷筒

冲压件名称	双卷筒	材料	H68	板厚	0.5mm	工件精度	IT10

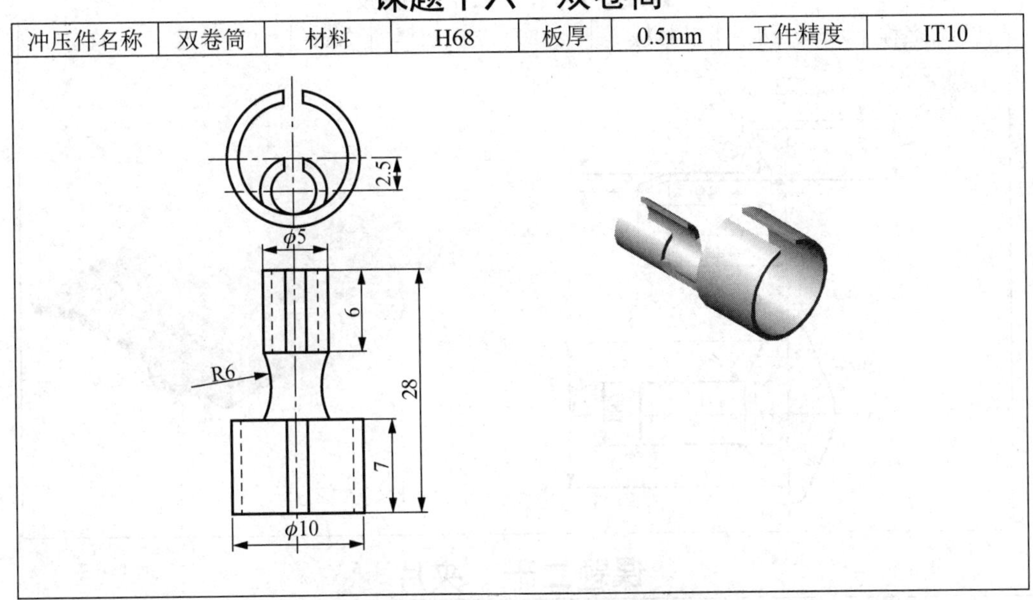

课题十七　压线卡滑轮

冲压件名称	压线卡滑轮	材料	Q235	板厚	0.5mm	工件精度	IT11

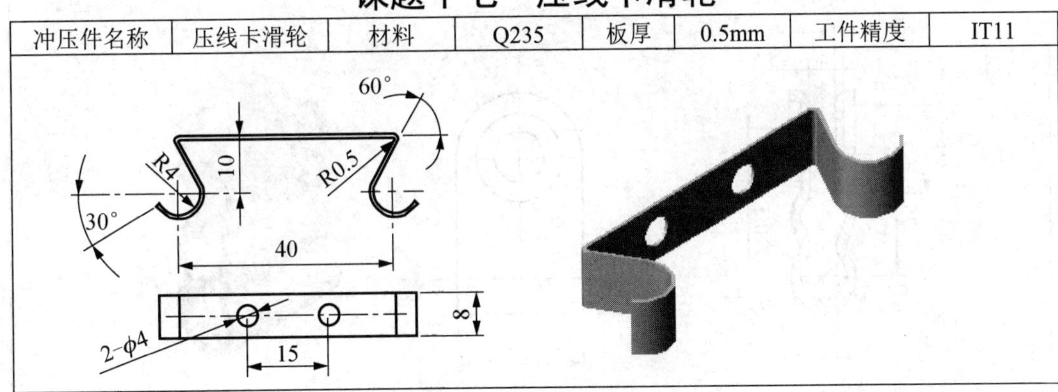

课题十八　弹性夹

冲压件名称	弹性夹	材料	硅锰青铜	板厚	1mm	板宽	4mm

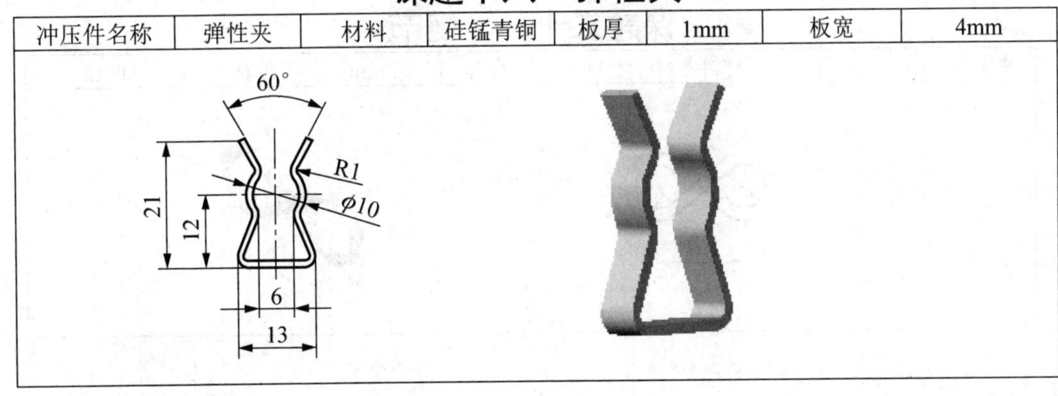

课题十九　Z 形压板

冲压件名称	Z 形压板	材料	20	板厚	2mm	工件精度	IT11

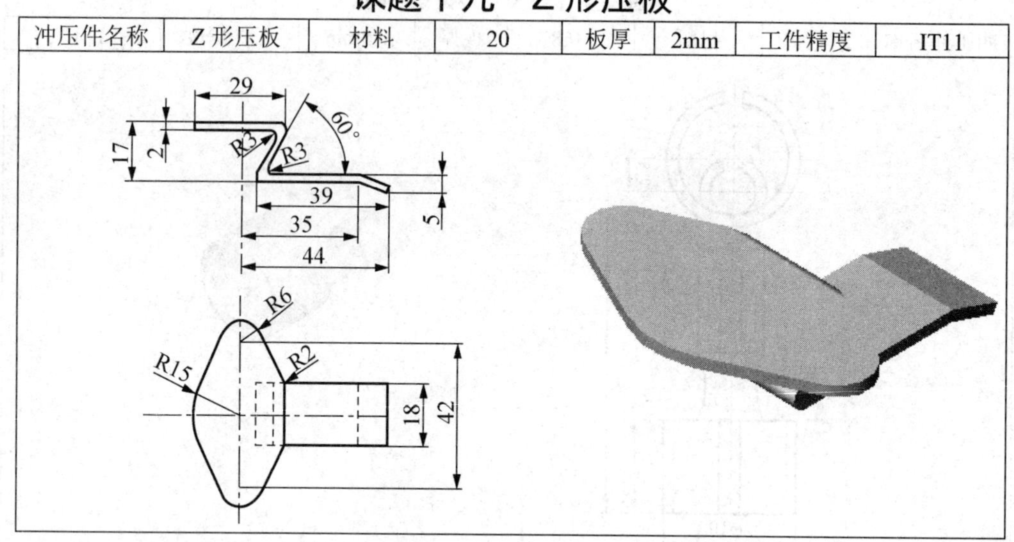

课题二十　夹片

冲压件名称	夹片	材料	08	板厚	0.8mm	工件精度	IT9

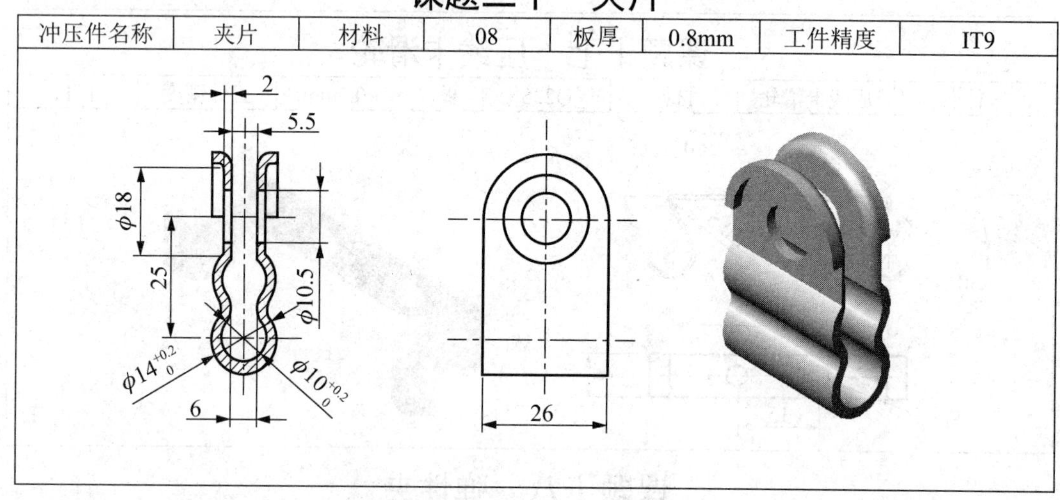

课题二十一　链节

冲压件名称	链节	材料	35	直径	φ2mm	工件精度	IT12

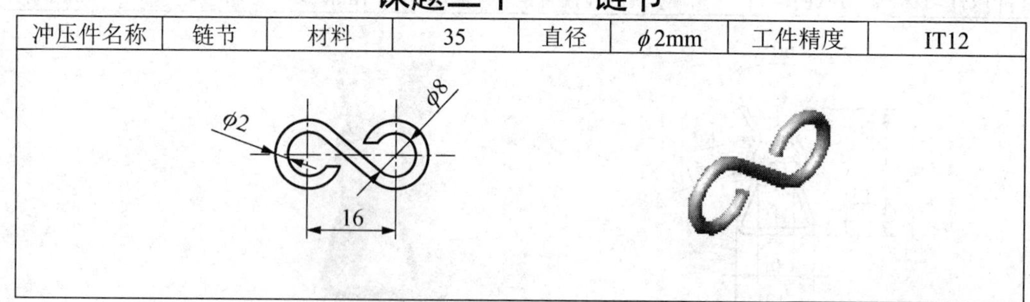

课题二十二　架板

冲压件名称	架板	材料	Q235	板厚	2mm	工件精度	IT12

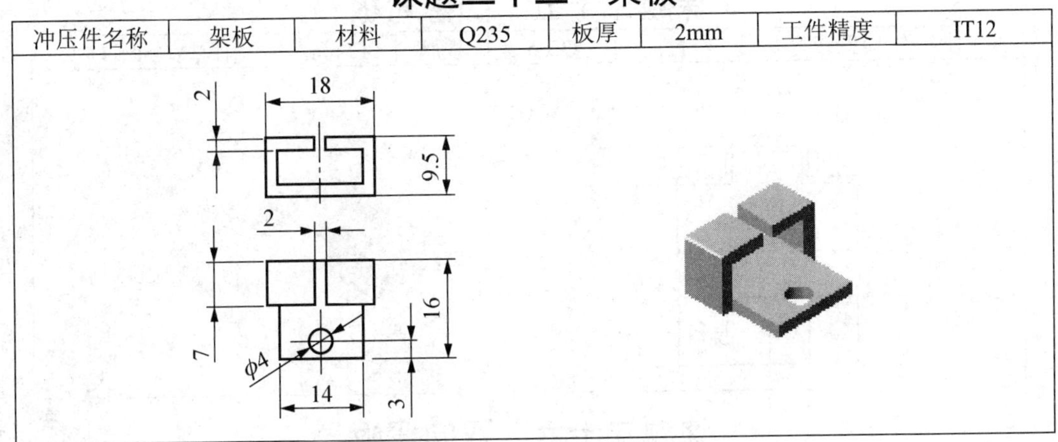

课题二十三　压片

冲压件名称	压片	材料	20	板厚	1.2mm	工件精度	IT12

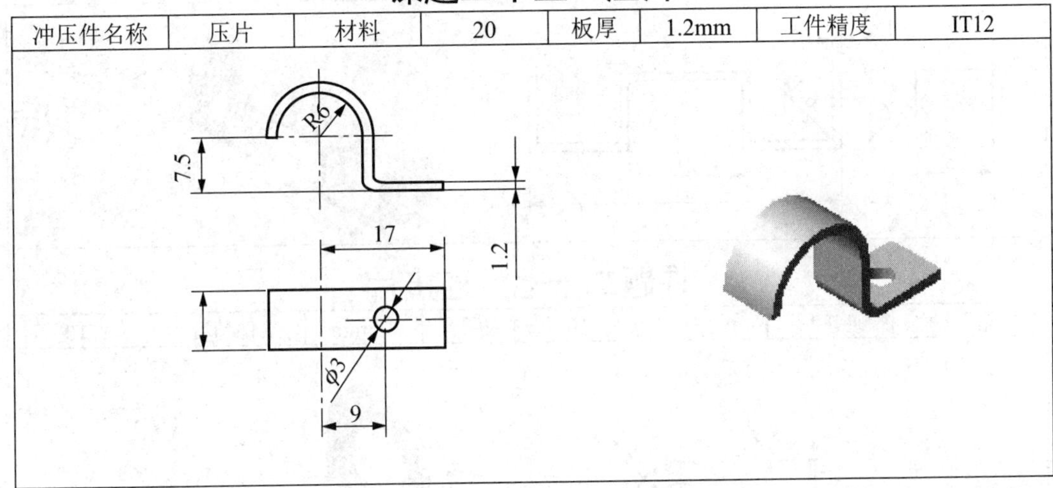

课题二十四　弯板

冲压件名称	弯板	材料	15	板厚	2.0mm	工件精度	IT12

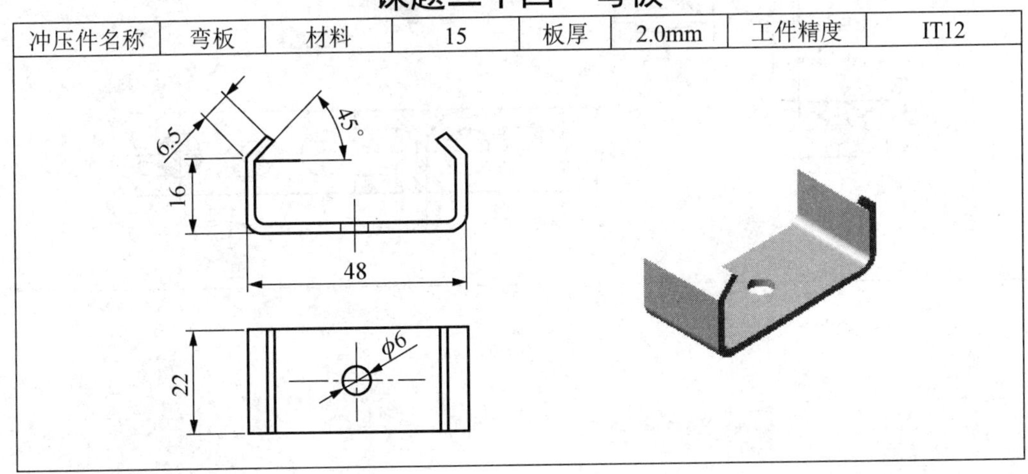

课题二十五　凸缘弯板

冲压件名称	凸缘弯板	材料	Q235	板厚	1.0mm	工件精度	IT12

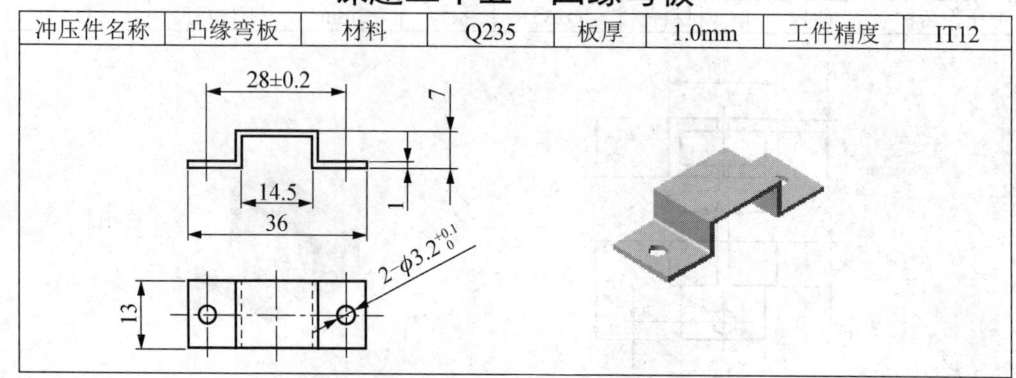

课题二十六　双向弯板

冲压件名称	双向弯板	材料	Q235	板厚	1.0mm	工件精度	IT12

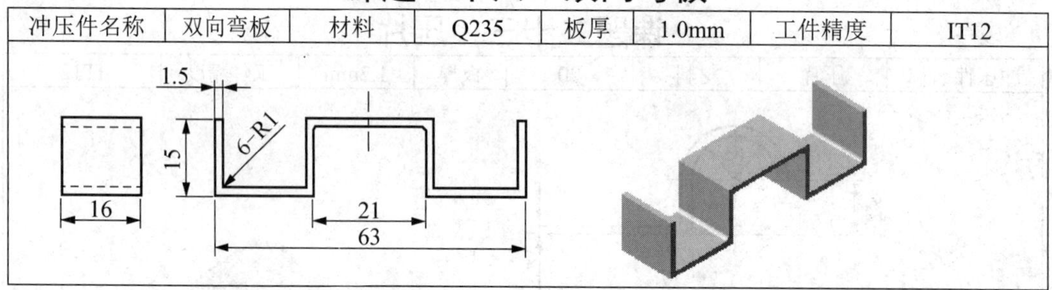

课题二十七　连接片

冲压件名称	连接片	材料	10	板厚	1.5mm	工件精度	IT10

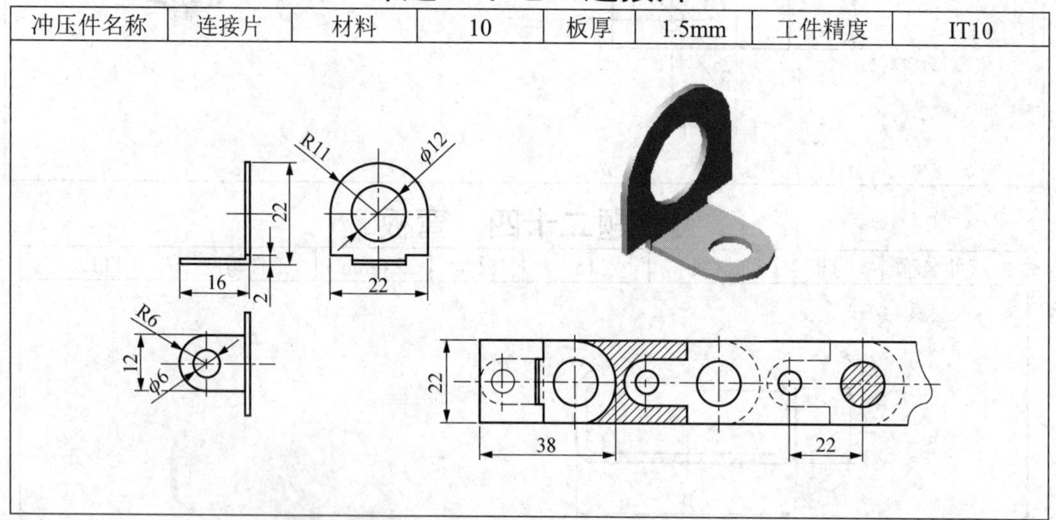

课题二十八　内弯板

冲压件名称	内弯板	材料	10	板厚	1mm	工件精度	IT11

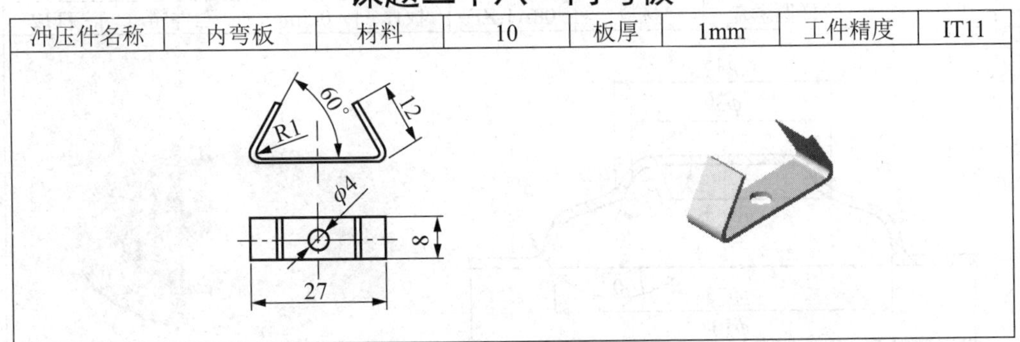

课题二十九　直身圆筒

冲压件名称	直身圆筒	材料	1Cr18Ni9Ti(304)	板厚	1mm	工件精度	IT11

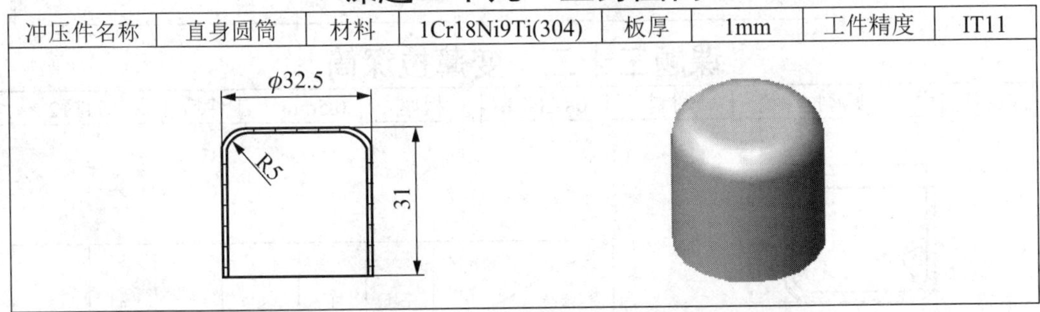

课题三十　R 直身圆筒

冲压件名称	R 直身圆筒	材料	08F	板厚	1.2mm	工件精度	IT11

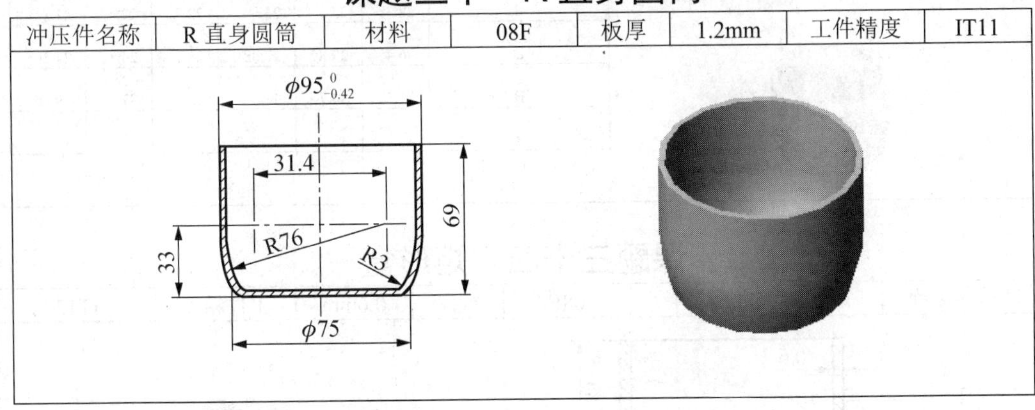

课题三十一　漏盖

冲压件名称	漏盖	材料	铝 L3	板厚	2mm	工件精度	IT12

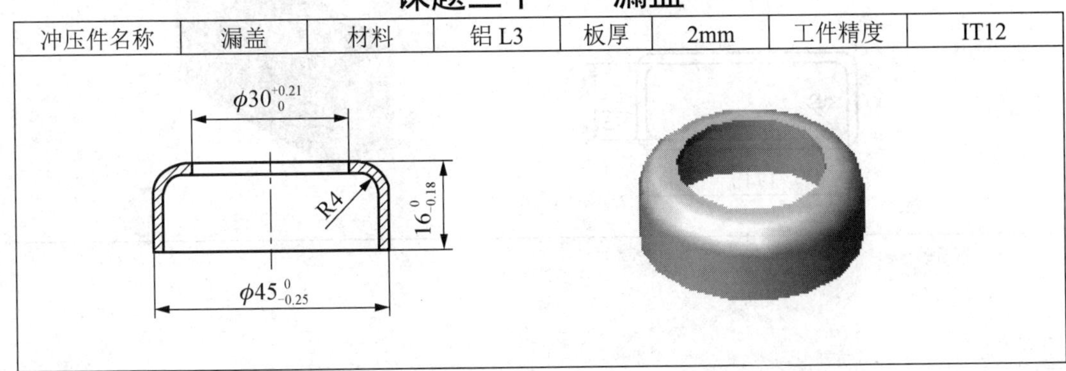

课题三十二　阶梯圆盒盖

冲压件名称	阶梯圆盒盖	材料	08A1-ZF	板厚	0.5mm	工件精度	IT12

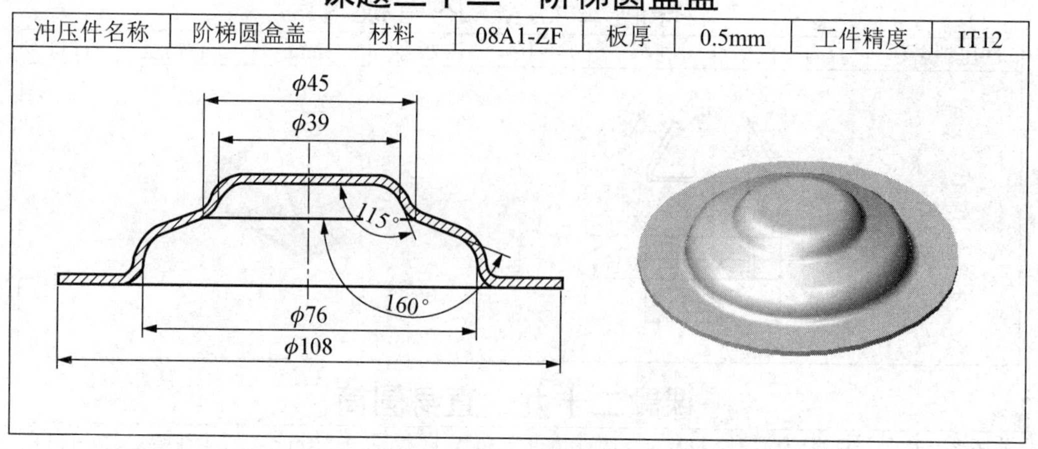

课题三十三　变薄拉深筒

冲压件名称	变薄拉深筒	材料	08A1-ZF	板厚	0.5mm	工件精度	IT12

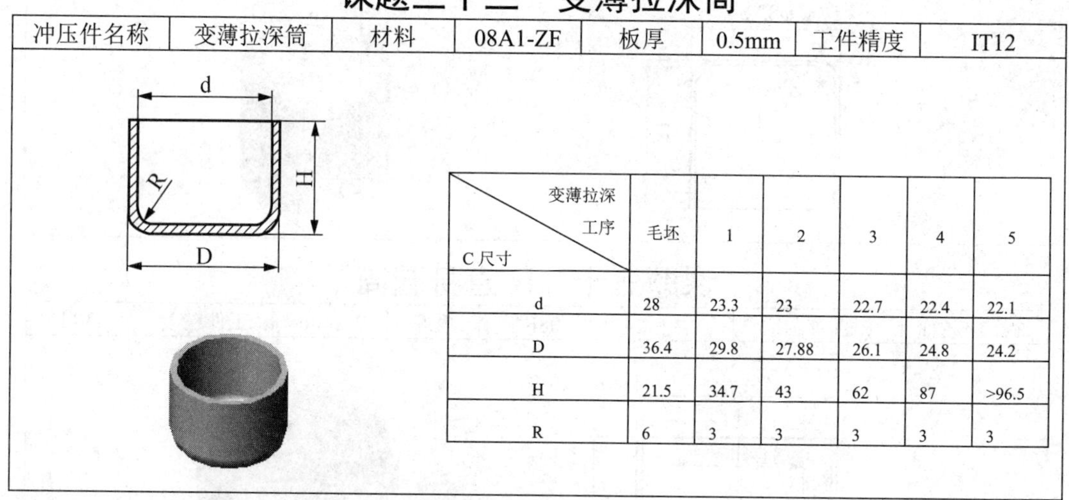

变薄拉深工序 / C尺寸	毛坯	1	2	3	4	5
d	28	23.3	23	22.7	22.4	22.1
D	36.4	29.8	27.88	26.1	24.8	24.2
H	21.5	34.7	43	62	87	>96.5
R	6	3	3	3	3	3

课题三十四　矩形盒

冲压件名称	矩形盒	材料	08F	板厚	0.6mm	工件精度	IT12

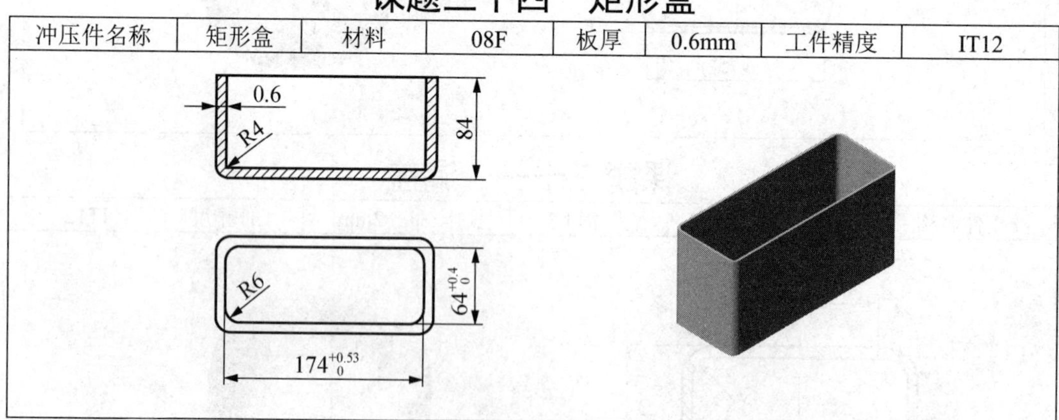

课题三十五　窄凸缘方盒

冲压件名称	窄凸缘方盒	材料	铝 L5	板厚	1.2mm	工件精度	IT12

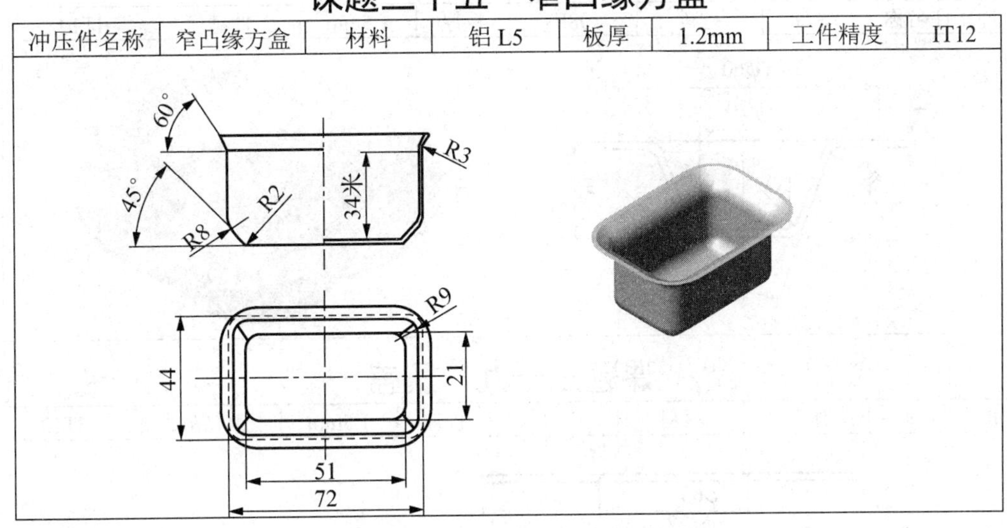

课题三十六　方盖

冲压件名称	方盖	材料	硬铝 LY12	板厚	0.6mm	工件精度	IT11

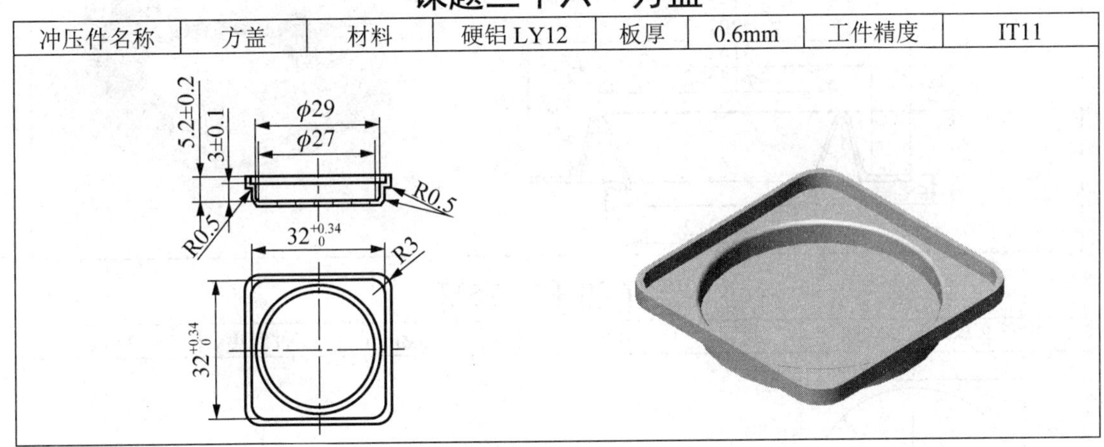

课题三十七　深筒

冲压件名称	深筒	材料	08A1-ZF	板厚	1.5mm	工件精度	IT12

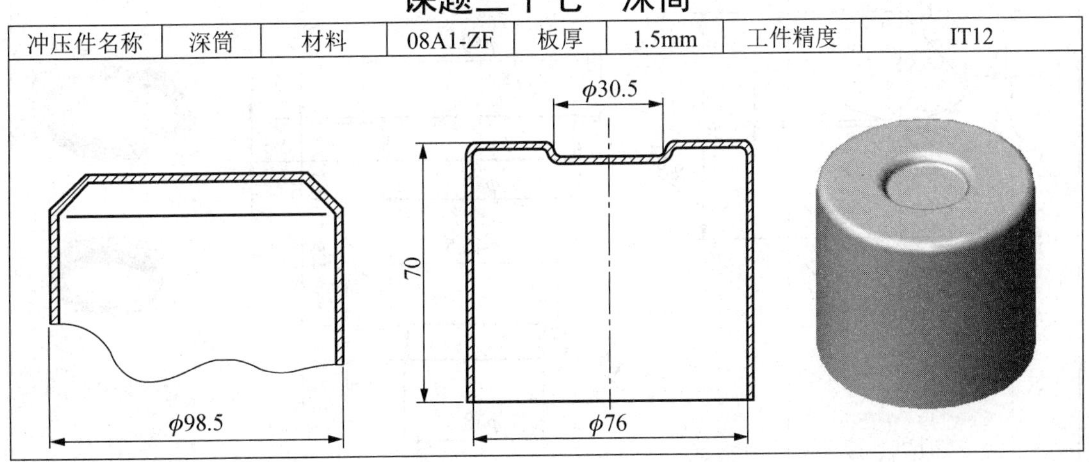

课题三十八　端盖

冲压件名称	端盖	材料	08F	板厚	1.5mm	工件精度	IT12

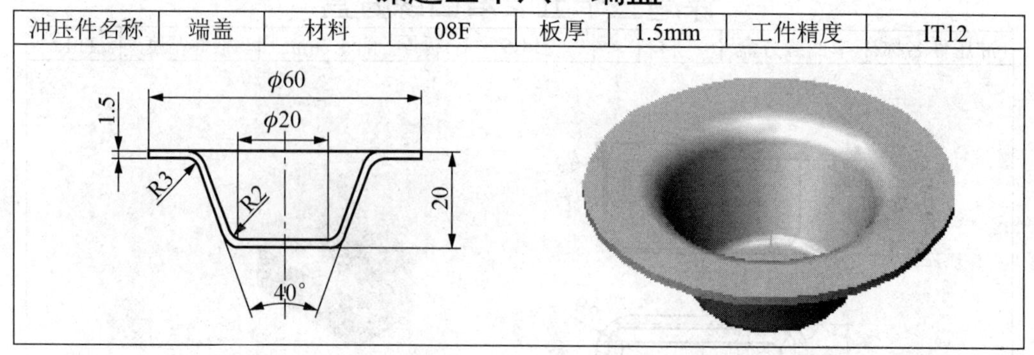

课题三十九　压盖

冲压件名称	压盖	材料	10	板厚	1.5mm	工件精度	IT12

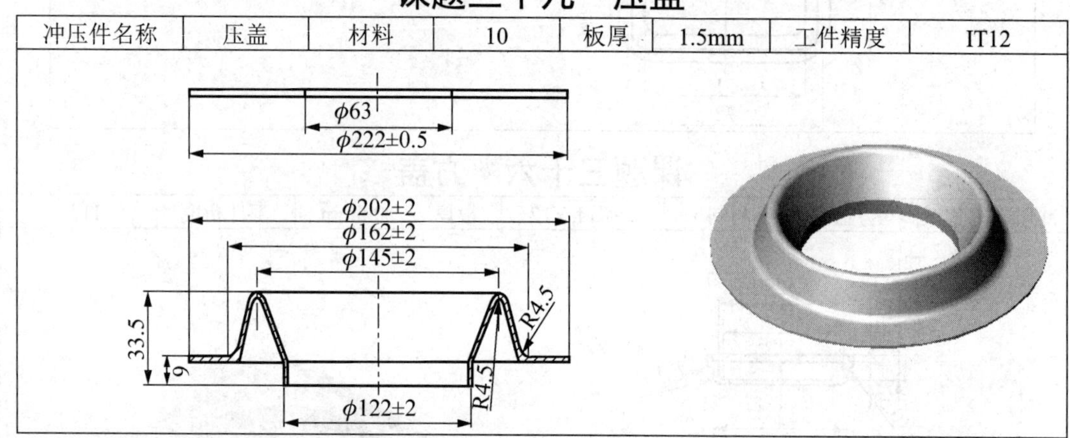

课题四十　套环

冲压件名称	套环	材料	08F	板厚	0.8mm	工件精度	IT12

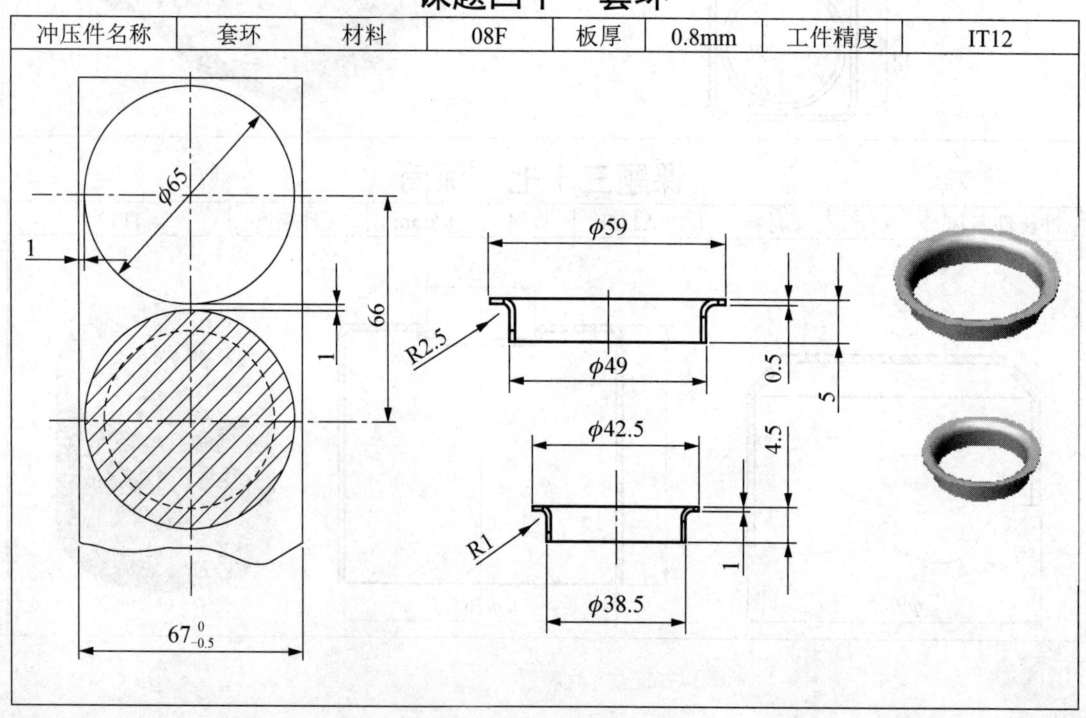

课题四十一　工字筒

冲压件名称	工字筒	材料	08A1-HF	板厚	1.2mm	工件精度	IT12

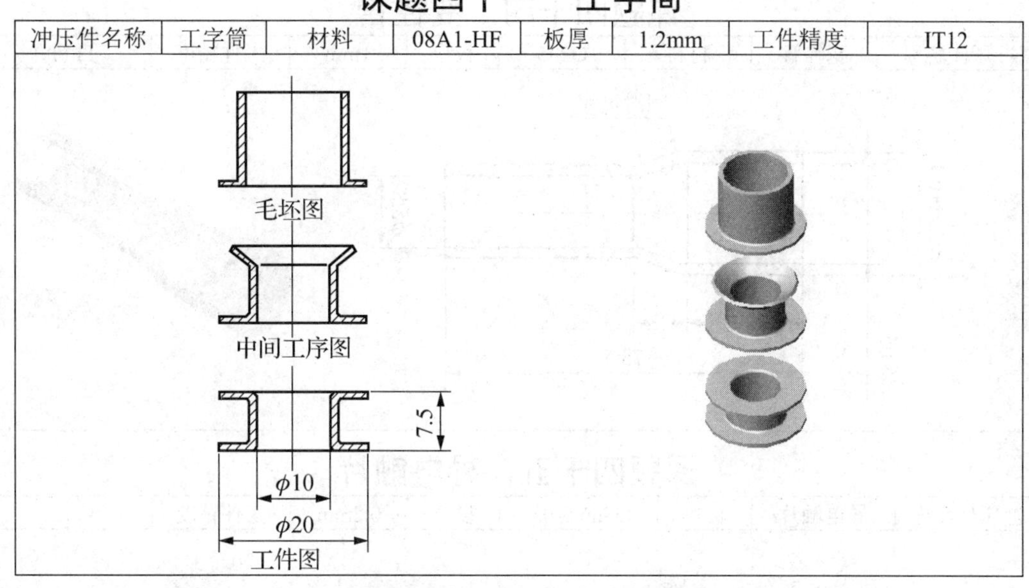

课题四十二　翻边圆筒

冲压件名称	翻边圆筒	材料	08A1-ZF	板厚	1.0mm	工件精度	IT11

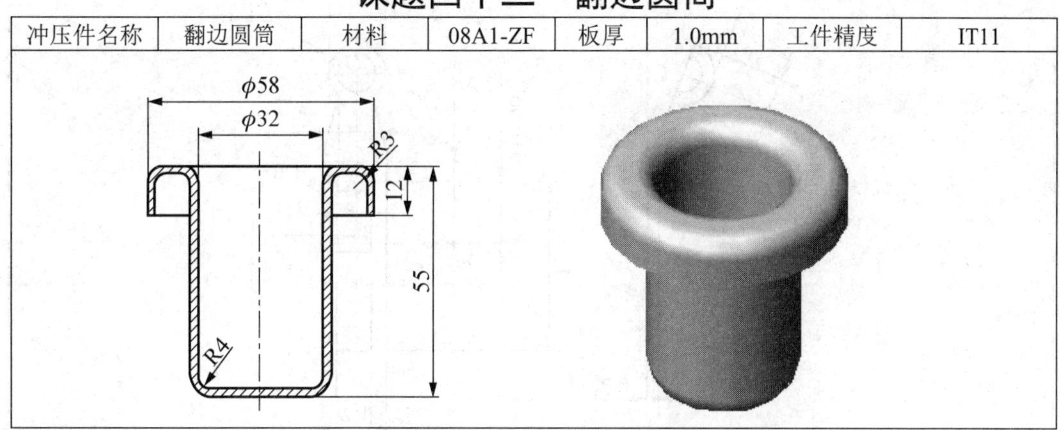

课题四十三　支撑环

冲压件名称	支撑环	材料	08F-ZF	板厚	1.2mm	工件精度	IT11

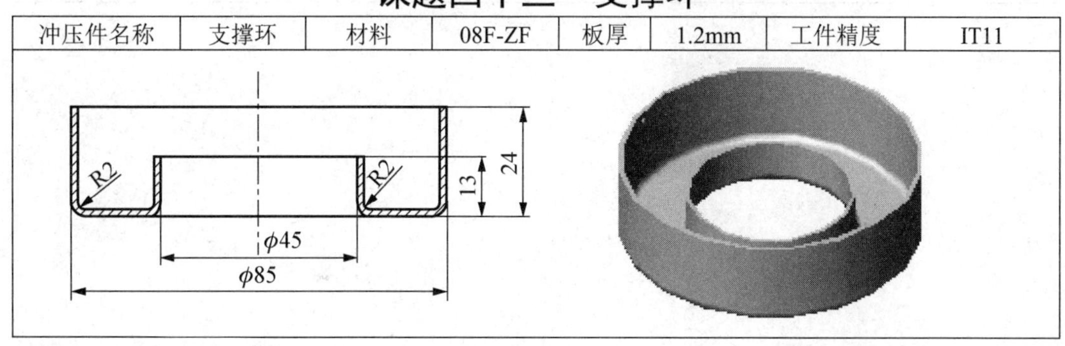

课题四十四　变径管

冲压件名称	变径管	材料	Q235	板厚	1mm	工件精度	IT11

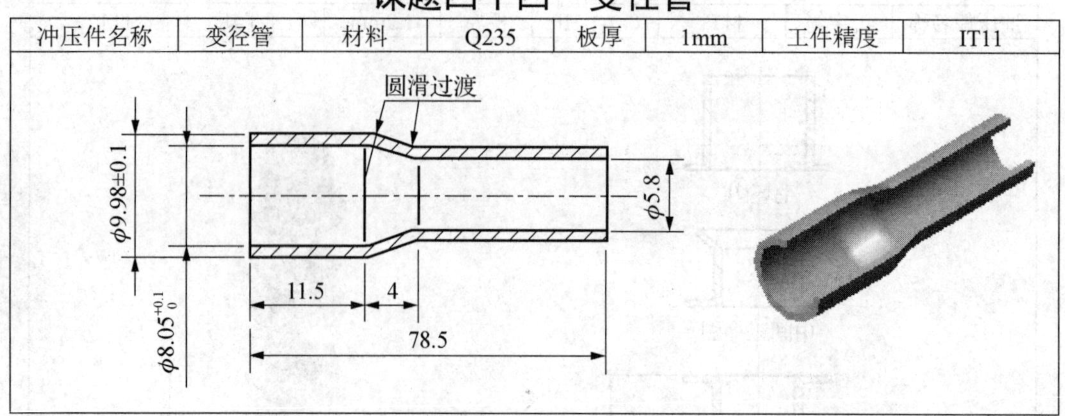

课题四十五　导电触片

冲压件名称	导电触片	材料	QSn6.5-0.1	板厚	0.2mm	工件精度	IT12

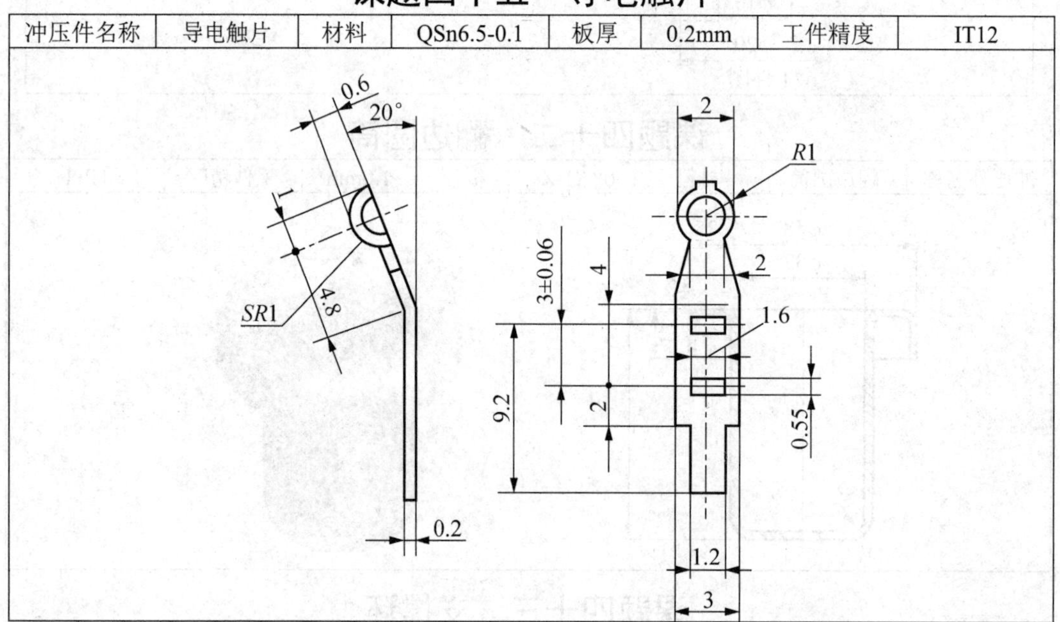

课题四十六　电器内板

冲压件名称	电器内板	材料	SPCC	板厚	1.0mm	工件精度	IT9

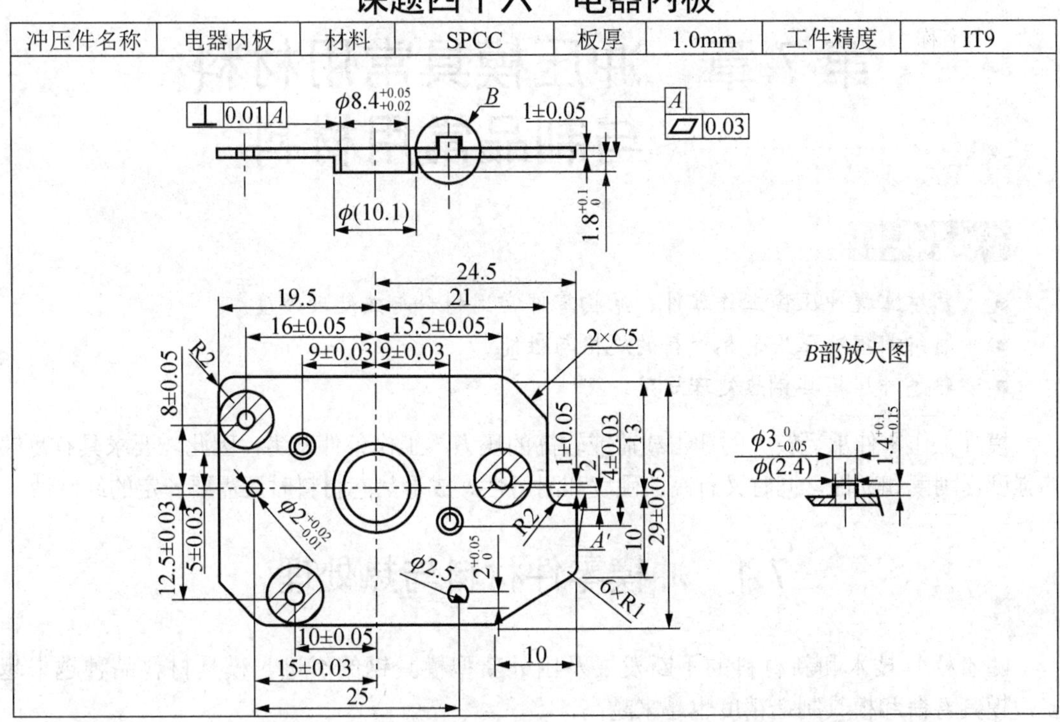

本 章 小 结

本章提供了 46 个不同类型的冲压零件设计课题，结合前面学习及个人掌握技能程度，挑选合适零件进行模具设计，以达到活学活用的目的。

第7章　冲压模具常用材料与制品常用材料

技能目标

- 熟练掌握冲压模工作零件、结构零件常用材料与热处理硬度。
- 熟练掌握冲压用金属材料的规格与性能。
- 熟悉冲压模具钢热处理规范。

模具工作零件承受较大的冲击载荷或较高的压力，工作条件恶劣，因此，要求具有足够的强度、刚度和韧性，同时又有高的硬度和耐磨性。成形热态材料时还需要一定的红硬性。

7.1　冲模零件材料与热处理

随着模具技术和新材料的不断发展及国外新型模具钢的引进，模具材料品种越来越多，模具寿命和模具制造精度也越来越高。

7.1.1　冷作模具对材料性能的要求

1. 使用性能要求

冷作模具要求高硬度和高耐磨性、高强度、高冲击韧性、良好的抗疲劳性和抗咬合能力。

2. 工艺性能要求

工艺性能要求良好的可锻性、良好的可切削性、良好的磨削加工性、良好的热处理工艺性，极好的淬透性和淬硬性、好的回火稳定性、较小的氧化脱碳和过热倾向、较小的淬火变形和开裂倾向。

制造冷作模具材料通常为合金工具钢，该类钢碳的质量分数较高，w_c=0.95%～2.0%。加入 Cr、Mo、W、V 等合金元素，以保证钢材获得高淬透性、高耐回火性、高硬度和高耐磨性。使用时采取的热处理工艺是淬火加低温回火，热处理后变形小，属于热处理微变形钢。

7.1.2　冲模工作零件常用材料与热处理硬度

冲模工作零件材料与热处理硬度如表 7-1 所示。

冲压模具用基体钢的牌号、特性和用途如表 7-2 所示。

冲压模具用硬质合金牌号、特性与应用如表 7-3 所示。

表 7-1 冲模工作零件材料与热处理硬度

模具类型	冲压件对模具工作零件要求		选用材料		热处理硬度/HRC	
			牌 号	标准号	凸模	凹模
冲裁模	Ⅰ	形状简单、精度较低，冲裁料厚不大于 3mm，中等批量	T10A 9Mn2V	GB/T 1298—2008(碳素工具钢标准) GB/T 1299—2014(工模具钢标准)	56～60	60～64
		带台肩的、快换式凸凹模和形状简单的镶块				
	Ⅱ	材料厚度不大于 3mm，形状复杂	9CrSi、 GrWMn Cr12、 Cr12MoV	GB/T 1299—2014	58～62	60～64
		材料厚度大于 3mm，形状复杂的镶块	D2			
	Ⅲ	要求耐磨、高寿命	Cr12MoV	GB/T 1299—2014	58～62	60～64
			YG15 YG20	GB/T 18376.3—2015(硬质合金牌号标准)	—	—
			CH-1			
	Ⅳ	冲薄板用的凹模	T10A	GB/T 1298—2008	56～60	56～60
	Ⅴ	高速冲床用多工位级进模，精密、耐磨模具	GM、ER5、 GD、CH-1		—	—
	Ⅵ	非金属冲模及印制板冲模	8Cr2S		—	—
	Ⅶ	冲中、厚钢板(10～25mm)凸模及冲小孔凸模	GD、012Al M2、V3N		60～62	—
	Ⅷ	废料切刀	T10A、 9Mn2V	GB/T 1298—2008 GB/T 1299—2014	56～60	60～64
	Ⅸ	定距侧刃	T10A、 Gr6WV 9Mn2V、 Cr12	GB/T 1298—2008 GB/T 1299—2014	56～60	60～64
弯曲模	Ⅰ	一般弯曲的凸、凹模及镶块	T10A	GB/T 1298—2008	56～62	
	Ⅱ	形状复杂、高耐磨的凸、凹模及镶块	CrWMn、 Cr12、 Cr12MoV	GB/T 1299—2014	60～64	

续表

模具类型	冲压件对模具工作零件要求		选用材料		热处理硬度/HRC	
			牌　号	标准号	凸模	凹模
弯曲模	Ⅱ	生产批量大	YG15	GB/T 18376.3—2015	—	
	Ⅲ	加热弯曲	5GrNiMo 5CrNiTi 5GrMnMo	GB/T 1299—2014	52～56	
拉深模	Ⅰ	一般拉深	T10A	GB/T 1299—2014	56～60	60～62
	Ⅱ	形状复杂、高耐磨	Cr12、 Cr12MoV	GB/T 1299—2014	56～60	60～64
	Ⅲ	生产批量巨大	Cr12MoV	GB/T 1299—2014	58～62	60～64
			YG10、YG15	GB/T 18376.3—2015	—	—
			GM、GH-1			
	Ⅳ	变薄拉深凸模	Cr12MoV	GB/T 1299—2014	58～62	
		变薄拉深凹模	W18Gr4V Cr12MoV	GB/T 1299—2014		60～64
	Ⅴ	加热拉深	5GrNiMo 5CrNiTi	GB/T 1299—2014	52～56	
大型拉深模	Ⅰ	中小批量	HT200	GB/T 9436—2014	52～56	
			QT600-2	GB/T 1348—2009		
	Ⅱ	大批量	镍铬合金 钼铬合金 钼钒合金		火焰淬硬 40～45 火焰淬硬 50～55 火焰淬硬 50～55	
			GM			
冷挤压模	Ⅰ	冷挤铅、锌等有色金属	T10A、Gr12	GB/T 1298—2008 GB/T 1299—2014	≥60	58～62
	Ⅱ	挤压黑色金属	Cr12MoV W18Gr4V	GB/T 1299—2014	≥60	58～62

表 7-2　冲压模具用基体钢的牌号、特性和用途

钢　号	特　性	用　途
65Nb (6Cr4W3 Mo2VNb)	65Nb 钢比 W6Mo5Cr4V2 钢含碳量稍高，钨、钼含量稍低，并加入少量的铌。合金化特点是既保证了具有高速钢的强度、硬度和耐磨性，又具有较高韧性和抗疲劳强度。65Nb 钢的变形抗力较高速钢低，碳化物均匀性好，因而具有良好的锻造性能	用来制作形状复杂的有色金属挤压模、冷冲模、冷剪模等，也可用于轴承、标准件，汽车行业中的锻模、冲模及剪切模，可获得高的使用寿命
LD 钢 (7Cr7Mo 2V2Si)	是一种不含钨的基体钢。含碳量和铬、钼、钒的含量都高于高速钢基体，所以钢的淬透性和二次硬化能力有了提高，未溶的 VC 能显著细化奥氏体晶粒，增加钢的韧性和耐磨性。钢中的硅具有强化基体，增强二次硬化效果的作用，还能提高钢的回火稳定性，综合力学性能好。LD 钢在保持较高韧性的情况下，抗压强度和抗弯强度及耐磨性能均比 65Nb 钢高。LD 钢的锻造性能好，碳化物偏析小	广泛应用于制造冷挤压成形、冷镦、冲裁和弯曲等冷作模具，其寿命比高铬钢、高速钢提高几倍到几十倍

表 7-3　冲压模具用硬质合金牌号、特性与应用

类　型	材　料	特　性	用　途
钨钴类硬质合金	YG3、YG6、YG8、YG3X、YG6X	高硬度、高抗压强度及高耐磨性。缺点是脆性大、不能进行锻造、切削加工和热处理	制造多工位级进模、电磁铁芯冲裁模、拉深模镶块、冷挤压模
钢结硬质合金	DT、YE65、YE50	高硬度及高耐磨性，高强度和韧性，性能介于工模具钢与硬质合金之间，能像钢一样进行锻造、切削加工、焊接和热处理	制造电磁铁芯冲裁模、冷镦模、冷挤压模、拉深模

7.1.3　常用冲压模具材料热处理工艺

制造冲压模具工作零件常用的材料有低合金工具钢、中合金工具钢、高合金工具钢与高速钢等，其牌号、热处理和用途如表 7-4～表 7-6 所示。

表 7-4　冲压模具用低合金工具钢的牌号、热处理和用途

钢　号	淬火工艺与硬度		回火工艺与硬度		用　途
	加热温度/°C	淬火硬度/HRC	回火温度/°C	回火硬度/HRC	
GCr15	840～850 油或水	62～65	180～200	≥61	形状简单冲裁模、拉深模

续表

钢　号	淬火工艺与硬度		回火工艺与硬度		用　途
	加热温度/℃	淬火硬度/HRC	回火温度/℃	回火硬度/HRC	
CrWMn	820～840 油淬	62～65	140～160	62～65	轻载冲裁模或拉深模、弯曲模、翻边模
GD(6CrNiMnSiMoV)	870～930 油淬	>60	170～270	57～62	具有高的硬度和优良的韧性、耐磨性。用于制造细长、薄片凸模，大型薄壁凸凹模，中厚板冲裁模及剪刀片、冷镦模、冷挤压模

表 7-5　冲压模具用中合金工具钢的牌号、热处理和用途

钢　号	低温淬火温度/℃	高温淬火温度/℃	硬度/HRC	用　途
Cr5Mo1V	940～960 油淬	980～1010	63～65	淬火变形小，耐磨性和韧性好。用于制造拉深模、冲头、滚丝轮及轧辊
Cr4W2MoV	960～970 油淬	1020～1040	62	淬透性和淬硬性好，耐磨性和尺寸稳定性优良。用于制造冲裁模、冷镦模
8Cr2MnMoWVS	860～920 油淬		62～65	综合性能好、热处理变形小。用于制造精密冲压模具

表 7-6　冲压模具用高合金工具钢的牌号、热处理和用途

钢　号	淬火工艺		回火工艺		用　途
	加热温度/℃	淬火硬度/HRC	回火温度/℃	回火硬度/HRC	
Cr12(SKD1)	950～980 油淬	61～64	150～200	58～62	用于制造受冲击负荷不大，要求具有高耐磨性的冷冲模、压印模、搓丝板、冷挤模等，应用较广泛
Cr12MoV Cr12MoV1 (SKD11)	1000～1030 油淬	62～64	150～170	61～63	用于制造高耐磨的大型复杂冷作模具，如切边模、滚边模、拉拔模、螺纹滚丝模和要求高耐磨、高强度的冷冲模。目前为冷作模具应用最广泛的材料

续表

钢　号		淬火工艺		回火工艺		用　途
		加热温度/℃	淬火硬度/HRC	回火温度/℃	回火硬度/HRC	
高高速钢	W18Cr4V	1270～1285 油淬	64～66	550～570 三次回火	＞63	除用作机械加工刀具外，还用于冷挤压冲头，中、厚钢板冲孔凸模(10～25mm)，直径小于$\phi 5$～6mm 的小凸模及小型高寿命的冷冲剪工具
	W6Mo5Cr4V2	1210～1230 油淬	65～67	540～560 三次回火	＞65	

7.1.4　冲模结构零件常用材料与热处理

冲模结构零件材料与热处理如表 7-7 所示。

表 7-7　冲模结构零件材料与热处理

零件名称及使用情况		选用材料	热处理硬度/HRC
上模座下模座	一般负荷	HT200、HT250	—
	负荷较大	HT250、Q235-A	—
	负荷特大，受高速冲击	45	调质 28～32
	用于滚动导柱模架	QT500-7、ZG310-570	—
	用于大型模架	HT250、ZG310-570	—
模柄	压入式、旋入式、凸缘式	Q235-A、Q275	—
	通用互换性模柄	45、T8A	43～48
	带球面的活动模柄、垫块	45	43～48
导柱导套	大量生产	20	渗碳淬火 56～60
	单件生产	T10A	56～60
	滚动配合	Gr12、Gr15	62～64
固定板、卸料板、定位板		45、Q235-A	—
垫板	一般用途	45	43～48
	单位压力特大	T8A	52～55
推板顶板	一般用途	Q235-A	—
	重要用途	45	43～48
顶杆推杆	一般用途	45	43～48
	重要用途	GrWMn	56～60
导料板		45(Q235-A)	43～48
导板模用导板		45、50	
侧刃、挡块		T8A(45)	56～60(43～48)
定位钉、定位块、挡料销		45	43～48

续表

零件名称及使用情况		选用材料	热处理硬度/HRC
废料切刀		Gr12、T8A	58～60
导正销	一般用途	T8A、9Mn2V	56～60
	高耐磨	Cr12MoV	60～62
斜楔、滑块		CrWMn	58～62
圆柱销、销钉		T7A(45)	50～55(43～48)
模套、模框		45(Q235-A)	调质
卸料螺钉		45	头部淬硬 35～40
弹簧		65Mn、60Si2Mn	42～48
限位块		45	43～48
承料板		Q235-A	—
拉深模压边圈		T8A、45	54～58、43～48

7.2 冲压制品常用金属材料的规格与性能

冲压制品常用的金属材料以黑色金属板材为主，此外还有有色金属和其他非金属材料。冷轧钢板尺寸如表 7-8 所示；镀锌钢板的厚度及厚度公差如表 7-9 所示；电工用硅钢薄板厚度及厚度公差如表 7-10 所示；冷轧钢板厚度偏差如表 7-11 所示；碳素钢冷轧钢带的厚度与宽度公差如表 7-12 所示；优质碳素结构钢冷轧钢带厚度与宽度尺寸公差如表 7-13 所示；优质碳素结构钢冷轧钢带厚度与宽度尺寸公差如表 7-14 所示；轧制黄铜板厚度、宽度与长度偏差如表 7-15 所示；铝板、铝板合金厚度及宽度偏差如表 7-16 所示；常用冲压材料力学性能如表 7-17 所示。

表 7-8　冷轧钢板尺寸(摘自 GB / T 708—2006)　　单位：mm

标称厚度	钢板宽度																			
	600	650	700	710	730	800	850	900	950	1000	1100	1250	1400	1420	1500	1600	1700	1800	1900	2000
0.20 0.25 0.30 0.35 0.40 0.45	1200 ～ 2500	1300 ～ 2500	1400 ～ 2500	1400 ～ 2500	1500 ～ 2500	1500 ～ 2500	1500 ～ 2500	1500 ～ 3000	1500 ～ 3000	1500 ～ 3000	1500 ～ 3000									
0.56 0.60 0.65	1200 ～ 2500	1300 ～ 2500	1400 ～ 2500	1400 ～ 2500	1500 ～ 2500	1500 ～ 2500	1500 ～ 2500	1500 ～ 3000	1500 ～ 3000	1500 ～ 3000	1500 ～ 3000	1500 ～ 3500								

续表

标称厚度	钢板宽度																			
	600	650	700	710	730	800	850	900	950	1000	1100	1250	1400	1420	1500	1600	1700	1800	1900	2000
0.70 0.75	1200～2500	1300～2500	1400～2500	1400～2500	1500～2500	1500～2500	1500～2500	1500～3000	1500～3000	1500～3000	1500～3000	1500～3500	2000～4000	2000～400						
0.80 0.90 1.00	1200～3000	1300～3000	1400～3000	1400～3000	1500～3000	1500～3000	1500～3000	1500～3500	1500～3500	1500～3500	1500～3500	2000～4000	2000～4000	2000～4000	2000～4000					
1.1 1.2 1.3	1200～3000	1300～3000	1400～3000	1400～3000	1500～3000	1500～3000	1500～3000	1500～3500	1500～3500	1500～3500	1500～3500	2000～4000	2000～4000	2000～4000	2000～4000	2000～4000	2000～4200	2000～4200		
1.4 1.5 1.6 1.7 1.8 2.0	1200～3000	1300～3000	1400～3000	1400～3000	1500～3000	1500～3000	1500～3000	1500～3500	1500～3000	1500～4000	1500～4000	2000～6000	2000～6000	2000～6000	2000～6000	2000～6000	2000～6000	2500～6000		
2.2 2.5	1200～3000	1300～3000	1400～3000	1400～3000	1500～3000	1500～3000	1500～3000	1500～3500	1500～3000	1500～4000	1500～4000	2000～6000	2000～6000	2000～6000	2000～6000	2000～6000	2000～6000	2500～6000	2500～6000	2500～6000
2.8 3.0 3.2	1200～3000	1300～3000	1400～3000	1400～3000	1500～3000	1500～3000	1500～3000	1500～3500	1500～3000	1500～4000	1500～4000	2000～6000	2000～6000	2000～6000	2000～6000	2000～2750	2000～2750	2500～2700	2500～2700	2500～2700
3.5 3.8 3.9	—	—	—	—	—	—	—	—	—	—	—	2000～4500	2000～4500	2000～4500	2000～4750	2000～2750	2000～2750	2500～2700	2500～2700	2500～2700
4.0 4.2 4.5	—	—	—	—	—	—	—	—	—	—	—	2000～4500	2000～4500	2000～4500	2000～4500	2000～2500	2000～2500	2500～2500	2500～2500	2500～2500
4.8 5.0	—	—	—	—	—	—	—	—	—	—	—	2000～4500	2000～4500	2000～4500	2000～4500	2000～2300	2000～2300	2500～2300	2500～2300	2500～2300

表 7-9　镀锌钢板的厚度及厚度公差(摘自 YB/T 5131—1993)(热镀锌薄钢板标准)

单位：mm

<table>
<tr><th colspan="5">材料厚度</th><th>厚度公差</th><th colspan="2">常用钢板厚度×长度</th></tr>
<tr><td>0.25</td><td>0.30</td><td>0.35</td><td>0.40</td><td>0.45</td><td>±0.05</td><td>510×710
710×1420
750×1500</td><td>850×1700
900×1800
900×2000</td></tr>
<tr><td>0.50</td><td></td><td></td><td></td><td>0.55</td><td>±0.05</td><td rowspan="4">710×1420
750×1500
750×1800
850×1700</td><td rowspan="4">900×1800
900×2000
1000×2000</td></tr>
<tr><td>0.60</td><td></td><td></td><td></td><td>0.65</td><td>±0.06</td></tr>
<tr><td>0.70</td><td></td><td></td><td></td><td>0.75</td><td>±0.07</td></tr>
<tr><td>0.80</td><td></td><td></td><td></td><td>0.90</td><td>±0.08</td></tr>
<tr><td>1.00</td><td></td><td></td><td></td><td>1.10</td><td>±0.09</td><td rowspan="5">710×1420
750×1500
900×1800</td><td rowspan="5">750×1800
850×1700
1000×2000</td></tr>
<tr><td>1.20</td><td></td><td>1.25</td><td></td><td>1.30</td><td>±0.11</td></tr>
<tr><td>1.40</td><td></td><td></td><td></td><td>1.50</td><td>±0.12</td></tr>
<tr><td>1.60</td><td></td><td></td><td></td><td>1.80</td><td>±0.14</td></tr>
<tr><td>2.00</td><td></td><td></td><td></td><td></td><td>±0.16</td></tr>
</table>

表 7-10　电工用硅钢薄板厚度及厚度公差(摘自 YB/T 73—1995)

单位：mm

<table>
<tr><th rowspan="4">材料厚度</th><th rowspan="4">牌　号</th><th colspan="6">材料厚度公差</th></tr>
<tr><th colspan="2" rowspan="2">热轧钢板</th><th colspan="4">冷轧钢板</th></tr>
<tr><th colspan="2">宽度＜600</th><th colspan="2">宽度＞600</th></tr>
<tr><th>普通</th><th>较高</th><th>普通</th><th>较高</th><th>普通</th><th>较高</th></tr>
<tr><td>0.1</td><td>DG41、DR41、DR42、DH41、DH42</td><td>±0.02</td><td>—</td><td>—</td><td>—</td><td>—</td><td>—</td></tr>
<tr><td rowspan="2">0.2</td><td>DG41、DR41、DR42、DH41、DH42</td><td rowspan="2">±0.02</td><td rowspan="2">—</td><td rowspan="2">±0.02</td><td rowspan="2">—</td><td rowspan="2">±0.02</td><td rowspan="2">—</td></tr>
<tr><td>DG310、DH310</td></tr>
<tr><td rowspan="4">0.35</td><td>D31、D32、D41、D42、D43、D44</td><td rowspan="4">±0.04</td><td rowspan="4">±0.03</td><td rowspan="4">±0.02</td><td rowspan="4">+0.01
−0.02</td><td rowspan="4">±0.03</td><td rowspan="4">±0.02</td></tr>
<tr><td>DG41、DR41、DR42、DH41、DH42</td></tr>
<tr><td>D310、D320、D330、D340</td></tr>
<tr><td>DH310</td></tr>
<tr><td rowspan="3">0.5</td><td>D11、D12、D13、D21、D22、D23、D31、D43</td><td rowspan="3">±0.05</td><td rowspan="3">±0.04</td><td rowspan="3">±0.03</td><td rowspan="3">+0.02
−0.03</td><td rowspan="3">±0.04</td><td rowspan="3">±0.03</td></tr>
<tr><td>D31、D32、D41、D43、D44</td></tr>
<tr><td>D1100、D1200、D1300、D3100、D3200、D310、D320、D330、D340</td></tr>
</table>

表 7-11　冷轧钢板厚度偏差(摘自 GB/T 708－2006)　　单位：mm

<table>
<tr><th rowspan="3">标称宽度
标称厚度</th><th colspan="4">厚度允许偏差</th></tr>
<tr><th colspan="2">A 级精度</th><th colspan="2">B 级精度</th></tr>
<tr><th>≤1500</th><th>＞1500～2000</th><th>≤1500</th><th>1500～2000</th></tr>
<tr><td>0.20～0.50</td><td>±0.04</td><td>—</td><td>±0.05</td><td>—</td></tr>
<tr><td>＞0.50～0.65</td><td>±0.05</td><td>—</td><td>±0.06</td><td>—</td></tr>
<tr><td>＞0.65～0.90</td><td>±0.06</td><td>—</td><td>±0.07</td><td>—</td></tr>
<tr><td>＞0.90～1.10</td><td>±0.07</td><td>±0.09</td><td>±0.09</td><td>±0.11</td></tr>
<tr><td>＞1.10～1.20</td><td>±0.09</td><td>±0.10</td><td>±0.10</td><td>±0.12</td></tr>
<tr><td>＞1.20～1.4</td><td>±0.10</td><td>±0.12</td><td>±0.11</td><td>±0.14</td></tr>
<tr><td>＞1.4～1.5</td><td>±0.11</td><td>±0.13</td><td>±0.12</td><td>±0.15</td></tr>
<tr><td>＞1.5～1.8</td><td>±0.12</td><td>±0.14</td><td>±0.14</td><td>±0.16</td></tr>
<tr><td>＞1.8～2.0</td><td>±0.13</td><td>±0.15</td><td>±0.15</td><td>±0.17</td></tr>
<tr><td>＞2.0～2.5</td><td>±0.14</td><td>±0.17</td><td>±0.16</td><td>±0.18</td></tr>
<tr><td>＞2.5～3.0</td><td>±0.16</td><td>±0.19</td><td>±0.18</td><td>±0.20</td></tr>
<tr><td>＞3.0～3.5</td><td>±0.18</td><td>±0.20</td><td>±0.20</td><td>±0.21</td></tr>
<tr><td>＞3.5～4.0</td><td>±0.19</td><td>±0.21</td><td>±0.22</td><td>±0.24</td></tr>
<tr><td>＞4.0～5.0</td><td>±0.20</td><td>±0.22</td><td>±0.23</td><td>±0.25</td></tr>
</table>

表 7-12　碳素钢冷轧钢带的厚度与宽度公差(摘自 GB/T 716－2008)　　单位：mm

<table>
<tr><th rowspan="3">材料厚度 t</th><th colspan="2">材料厚度公差</th><th colspan="5">宽度公差</th></tr>
<tr><th rowspan="2">普　通</th><th rowspan="2">较　高</th><th rowspan="2">钢带宽度</th><th colspan="2">切边钢带</th><th colspan="2">不切边钢带</th></tr>
<tr><th>普通精度</th><th>较高精度</th><th>尺寸</th><th>允许偏差</th></tr>
<tr><td>0.05、0.06、0.08</td><td rowspan="2">-0.020</td><td rowspan="2">-0.015</td><td>5、10、…、100，间隔 5</td><td rowspan="5">-0.3</td><td rowspan="5">-0.2</td><td rowspan="9">≤50</td><td rowspan="8">+2
-1</td></tr>
<tr><td>0.10、0.15</td><td rowspan="3">5、10、…、150 间隔 5、160、170、180、190、200</td></tr>
<tr><td>0.20、0.25</td><td>-0.03</td><td>-0.020</td></tr>
<tr><td>0.30、0.35、0.40</td><td>-0.040</td><td>-0.030</td></tr>
<tr><td>0.45、0.50</td><td rowspan="2">-0.050</td><td rowspan="2">-0.040</td><td rowspan="3"></td></tr>
<tr><td>0.55、0.60、0.65、0.70</td><td rowspan="4">-0.4</td><td rowspan="4">-0.3</td></tr>
<tr><td>0.75、0.80</td><td rowspan="2">-0.070</td><td rowspan="2">-0.050</td></tr>
<tr><td>0.85、0.90、0.95</td><td rowspan="4">30、35、…、150，间隔 5、160、170、180、190、200</td></tr>
<tr><td>1.00</td><td rowspan="2">-0.090</td><td rowspan="2">-0.060</td><td rowspan="6">+3
-2</td></tr>
<tr><td>1.05、1.10、1.15、1.20、1.25、1.30、1.35</td><td rowspan="5">-0.6</td><td rowspan="5">-0.4</td><td rowspan="5">＞50</td></tr>
<tr><td>1.40、1.45、1.50</td><td rowspan="2">-0.110</td><td rowspan="2">-0.080</td></tr>
<tr><td>1.60、1.70、1.75</td><td rowspan="3">50、55、…、150，间隔 5、160、170、180、190、200</td></tr>
<tr><td>1.80、1.90、2.00、2.10、2.20、2.30</td><td>-0.130</td><td>-0.100</td></tr>
<tr><td>2.40、2.50、2.60、2.70、2.80、2.90、3.00</td><td>-0.160</td><td>-0.120</td></tr>
</table>

表 7-13　优质碳素结构钢冷轧钢带厚度与宽度尺寸公差(摘自 GB/T 13237—2013)

单位：mm

<table>
<tr><th colspan="4">钢带厚度</th><th colspan="5">钢带宽度</th></tr>
<tr><th rowspan="3">尺　寸</th><th colspan="3">允许偏差</th><th colspan="3">切边钢带</th><th colspan="2">不切边钢带</th></tr>
<tr><th rowspan="2">普通
精度 P</th><th rowspan="2">较高
精度 H</th><th rowspan="2">高精度
J</th><th rowspan="2">尺寸</th><th colspan="2">允许偏差</th><th rowspan="2">尺寸</th><th rowspan="2">允许偏差</th></tr>
<tr><th>普通
精度 P</th><th>较高
精度 H</th></tr>
<tr><td>0.10～0.15</td><td>-0.020</td><td>-0.0150</td><td>-0.010</td><td rowspan="2">4～120</td><td rowspan="4">-0.3</td><td rowspan="4">-0.2</td><td rowspan="5">≤50</td><td rowspan="5">+2
-1</td></tr>
<tr><td>0.15～0.25</td><td>-0.030</td><td>-0.020</td><td>-0.015</td></tr>
<tr><td>0.25～0.40</td><td>-0.040</td><td>-0.030</td><td>-0.020</td><td rowspan="2">6～200</td></tr>
<tr><td>0.40～0.50</td><td rowspan="2">-0.050</td><td rowspan="2">-0.040</td><td rowspan="2">-0.025</td></tr>
<tr><td>0.50～0.70</td><td>10～200</td><td>-0.4</td><td>-0.3</td></tr>
<tr><td>0.70～0.95</td><td>-0.070</td><td>-0.050</td><td>-0.030</td><td rowspan="7">18～200</td><td rowspan="7">-0.6</td><td rowspan="7">-0.4</td><td rowspan="7">>50</td><td rowspan="7">+3
-2</td></tr>
<tr><td>0.95～1.00</td><td rowspan="2">-0.090</td><td rowspan="2">-0.060</td><td rowspan="2">-0.040</td></tr>
<tr><td>1.00～1.35</td></tr>
<tr><td>1.35～1.75</td><td>-0.110</td><td>-0.080</td><td>-0.050</td></tr>
<tr><td>1.75～2.30</td><td>-0.130</td><td>-0.100</td><td>-0.060</td></tr>
<tr><td>2.30～3.00</td><td>-0.160</td><td>-0.120</td><td>-0.080</td></tr>
<tr><td>3.00～4.00</td><td>-0.200</td><td>-0.160</td><td>-0.100</td></tr>
</table>

表 7-14　热轧钢板尺寸规格(摘自 GB/T 709—2016)　　单位：mm

钢带公称厚度	1.2,1.4,1.5,1.8,2.0,2.5,2.8,3.0,3.2,3.5,3.8,4.0,4.5,5.0,5.5,6.0,6.5,7.0,8.0,10.0,11.0,13.0,14.0,15.0,16.0,18.0,19.0,20.0,22.0,25.0
钢带公称宽度	600,650,700,800,850,900,1000,1050,1100,1150,1200,1250,1300,1350,1400,1450,1500,1550,1600,1700,1800,1900

表 7-15　冷轧黄铜板厚度、宽度与长度偏差　　单位：mm

<table>
<tr><th rowspan="3">厚　度</th><th colspan="2">厚度偏差</th><th rowspan="3">宽度、长度偏差</th></tr>
<tr><th colspan="2">宽度及长度</th></tr>
<tr><th>600×1500</th><th>710×1410</th></tr>
<tr><td>0.40，0.45，0.50</td><td>-0.07</td><td>-0.09</td><td rowspan="8">宽度偏差：-10
长度偏差：-15</td></tr>
<tr><td>0.60，0.70</td><td>-0.08</td><td rowspan="3">-0.10</td></tr>
<tr><td>0.80</td><td rowspan="2">-0.10</td></tr>
<tr><td>0.90</td><td rowspan="2">-0.12</td></tr>
<tr><td>1.00，1.10</td><td>-0.12</td></tr>
<tr><td>1.20，1.35</td><td>-0.14</td><td>-0.14</td></tr>
<tr><td>1.50，1.65，1.80</td><td>-0.16</td><td>-0.16</td></tr>
</table>

续表

<table>
<tr><th rowspan="3">厚 度</th><th colspan="2">厚度偏差</th><th rowspan="3">宽度、长度偏差</th></tr>
<tr><th colspan="2">宽度及长度</th></tr>
<tr><th>600×1500</th><th>710×1410</th></tr>
<tr><td>2.00</td><td rowspan="2">−0.18</td><td>−0.18</td><td rowspan="4">宽度偏差：−10
长度偏差：−15</td></tr>
<tr><td>2.25，2.50</td><td rowspan="2">−0.21</td></tr>
<tr><td>2.75，3.00</td><td>−0.20</td></tr>
<tr><td>3.50，4.00</td><td>−0.23</td><td>−0.24</td></tr>
</table>

表 7-16 铝板、铝板合金厚度及宽度偏差 单位：mm

<table>
<tr><th rowspan="3">板料
厚度</th><th colspan="8">板料宽度</th><th>宽度偏差</th></tr>
<tr><th>400
500</th><th>600</th><th>800</th><th>1000</th><th>1200</th><th>1400</th><th>1500</th><th>2000</th><th rowspan="2"></th></tr>
<tr><th colspan="8">厚度偏差</th></tr>
<tr><td>0.30</td><td>−0.05</td><td></td><td></td><td></td><td></td><td></td><td></td><td></td><td rowspan="12">宽度≤1000
时为
+5
−3
宽度>1000
时为
+10
−5</td></tr>
<tr><td>0.40</td><td>−0.05</td><td></td><td></td><td></td><td></td><td></td><td></td><td></td></tr>
<tr><td>0.50</td><td>−0.05</td><td>−0.05</td><td>−0.08</td><td>−0.10</td><td>−0.12</td><td></td><td></td><td></td></tr>
<tr><td>0.60</td><td>−0.05</td><td>−0.06</td><td>−0.10</td><td>−0.12</td><td>−0.12</td><td></td><td></td><td></td></tr>
<tr><td>0.80</td><td>−0.08</td><td>−0.08</td><td>−0.12</td><td>−0.12</td><td>−0.13</td><td>−0.14</td><td>−0.14</td><td></td></tr>
<tr><td>1.00</td><td>−0.10</td><td>−0.10</td><td>−0.15</td><td>−0.15</td><td>−0.16</td><td>−0.17</td><td>−0.17</td><td></td></tr>
<tr><td>1.20</td><td>−0.10</td><td>−0.10</td><td>−0.15</td><td>−0.15</td><td>−0.16</td><td>−0.17</td><td>−0.17</td><td></td></tr>
<tr><td>1.50</td><td>−0.15</td><td>−0.15</td><td>−0.20</td><td>−0.20</td><td>−0.22</td><td>−0.25</td><td>−0.25</td><td>−0.27</td></tr>
<tr><td>1.80</td><td>−0.15</td><td>−0.15</td><td>−0.20</td><td>−0.20</td><td>−0.22</td><td>−0.25</td><td>−0.25</td><td>−0.27</td></tr>
<tr><td>2.00</td><td>−0.15</td><td>−0.15</td><td>−0.20</td><td>−0.20</td><td>−0.24</td><td>−0.26</td><td>−0.26</td><td>−0.28</td></tr>
<tr><td>2.50</td><td>−0.20</td><td>−0.20</td><td>−0.25</td><td>−0.25</td><td>−0.28</td><td>−0.29</td><td>−0.29</td><td>−0.30</td></tr>
<tr><td>3.00</td><td>−0.25</td><td>−0.25</td><td>−0.30</td><td>−0.30</td><td>−0.33</td><td>−0.34</td><td>−0.34</td><td>−0.35</td></tr>
</table>

表 7-17 常用冲压材料力学性能

<table>
<tr><th rowspan="2">材料名称</th><th rowspan="2">牌 号</th><th rowspan="2">材料状态</th><th colspan="5">力学性能</th></tr>
<tr><th>τ /MPa</th><th>σ_b /MPa</th><th>σ_s /MPa</th><th>δ10 /%</th><th>E/×10³MPa</th></tr>
<tr><td>工业纯铁</td><td>DT1、DT2、DT3</td><td>已退火</td><td>177</td><td>225</td><td></td><td>26</td><td></td></tr>
<tr><td rowspan="2">电工硅钢</td><td rowspan="2">D11、D12、D21、D31、D32、D41～D43</td><td>退火</td><td>441</td><td></td><td></td><td></td><td></td></tr>
<tr><td>未退火</td><td>549</td><td></td><td></td><td></td><td></td></tr>
</table>

续表

材料名称	牌　号	材料状态	力学性能				
			τ /MPa	σ_b /MPa	σ_s /MPa	δ10 /%	E/×10^3MPa
碳素结构钢	Q195	未退火	255～314	314～392	195	28～33	
	Q215		265～333	333～412	215	26～31	
	Q235		304～373	432～461	235	21～25	
	Q255		333～412	481～511	255	19～23	
	Q275		392～490	569～608	275	15～19	
优质碳素结构钢	10F	已退火	216～333	275～410	186	30	
	15F		245～363	315～450		28	
	08		255～333	295～430	196	32	186
	10		255～353	295～430	206	29	194
	15		265～373	335～470	225	26	198
	20		275～392	355～500	245	25	206
	25		314～432	390～540	275	24	195
	30		353～471	450～590	294	22	197
	35		392～511	490～635	315	20	197
	40		412～530	510～650	333	18	209
	45		432～549	540～685	353	16	200
	65(65Mn)	正火	588	＞716	412	12	207
不锈钢	1Cr13	退火	314～372	392～461	412	21	206
	1Cr13Mo		314～392	392～490	441	20	206
	1Cr17Ni8		451～511	569～628	196	35	196
黄铜	68 黄铜(H68)	软	235	294	98	40	108
		半硬	275	343		25	108
		硬	392	392	245	15	113
	62 黄铜(H62)	软	255	294		35	98
		半硬	294	373	196	20	
		硬	4112	412		10	
铝	1070A、1060、1050A、1035、1200	退火	78	74～108	49～78	25	71
		冷作硬化	98	118～147		4	71
	2Al12	退火	103～147	147～211		12	
		冷作硬化	275～314	392～451	333	10	71
工业纯钛	TA2	退火	353～471	441～588		25～30	
镁合金	MB1	冷态	118～137	167～186	118	3～5	39
	MB8		147～177	225～235	216	14～15	40
	MB1	300℃	29～49	19～49		50～52	39
	MB8		49～69	49～69		58～62	40

续表

材料名称	牌　号	材料状态	力学性能				
			τ /MPa	σ_b /MPa	σ_s /MPa	δ10 /%	E/×10^3MPa
锡青铜	QSn4-4-2.5	软	255	294	137	38	98
		硬	471	539		35	95

本 章 小 结

本章主要介绍冲模零件材料与热处理，冲压用金属材料的规格与性能。通过本章的学习，应掌握冲压模工作零件、结构零件常用材料与热处理；掌握冲压用金属材料的规格与性能。

思考与练习

1. 简述冲压模工作零件常用材料与热处理。
2. 简述冲压模结构零件常用材料与热处理。
3. 常用冲压冷轧板材有哪些型号？
4. 查表求 Q195、Q235、08F、10、20、1Cr13、半硬 H68、铝合金 1070A、QSn-4-4-2.5 材料的抗剪强度τ、屈服强度σ_s、抗拉强度σ_b分别为多少 MPa？
5. 钢制拉深零件常用材料有哪些？

第 8 章　冲压模具常用设备规格与选用

技能目标

- 熟练掌握冲压成形设备类型代号。
- 熟练掌握冲压成形设备选用。

模具常用设备主要有冲压模具用设备、锻造模具用设备、冷镦模具用设备、挤压模具用设备、塑料模具用设备、压铸模具用设备、橡胶模具用设备等。本章主要介绍冲压模具用设备。

冲压设备的选择是冲压工艺设计中的一项重要内容，直接关系到设备与模具的合理使用、安全、产品质量、模具寿命、生产效率和成本等一系列问题。

8.1　国产冲压设备类型

1. 通用锻压设备类型代号

国内外锻压设备类型多种多样，国产通用锻压设备类型代号如表 8-1 所示。

表 8-1　通用锻压设备类型代号

系列	机械压力机	液压机	线材成形自动机	锤	锻机	剪切机	弯曲校正机	其他
字母代号	J	Y	Z	C	D	Q	W	T

2. 国产主要冲压设备类型系列

国产主要冲压设备类型与系列如表 8-2 所示。

表 8-2　国产主要冲压设备类型

类型	设备名称	主要结构特征	机型系列
剪切机类	平刃剪板机	电动机驱动	
	斜刃开式剪板机	电动机驱动	Q11、QA11、QB11、EG11、QH11 等系列
	液压剪板机	液压传动	Q11Y、QY11、QC11Y、QH11Y 等系列
	摆式剪板机	电动或液压传动	Q12、Q12Y、QC12Y
	冲型剪切机	电动机驱动	Q21 系列
	双盘剪板机	电动机驱动	Q23、QA23、QB23 等
	多功能冲剪机	电动机驱动	QD30 等
	联合冲剪机	电动机驱动	Q34、QA34 等系列

续表

类型	设备名称	主要结构特征	机型系列
机械压力机类	各种台式、脚踏、手扳压力机	电动机或手脚驱动	J01、J02、J03、J04，公称压力 *F*=5kN～31.5kN
	开式单柱固定台压力机	电动机驱动	J11、JA11 等系列，公称压力 *F*=200kN～4000kN
	开式单柱活动台压力机	电动机驱动	J12 系列，公称压力 *F*=50kN～1000kN
	开式单柱柱形台压力机	电动机驱动	J13 系列，公称压力 *F*=800kN～3150kN
	开式双柱固定台压力机	电动机驱动	J21、JA21、JG21、JH21 等系列，*F*=100kN～4000kN
	开式双可倾压力机	电动机驱动	J23、JA23、JN23 等系列，*F*=31.5kN～1600kN
	开式双点压力机	电动机驱动	J25、JA25 等系列，*F*=400kN～3150kN
	开式单点压力机	电动机驱动	J31、JA31 等系列，*F*=1000kN～2000kN
	闭式单点压力机	电动机驱动	J31、JA31、…、JD31 等系列，*F*=1000kN～2000kN
	闭式双点压力机	电动机驱动	J36、JA36、…、JE36 等系列，*F*=1600kN～25000kN
	闭式四点压力机	电动机驱动	J39、JA39、…、JG39 等系列，*F*=6300kN～10000kN
	开式双动拉深压力机	电动机驱动	J45 系列，*F*=250kN～350kN
	底传动双动拉深压力机	电动机驱动	J44 系列，*F*=400～1600kN/800～2600kN
	闭式单点双动拉深压力机	电动机驱动	J45、JA45 等系列，*F*=1000～3150kN/1630～6300kN
	闭式四点双动拉深压力机	电动机驱动	J47、JA47 等系列，*F*=6000～8000kN/10000～14000kN
	多工位自动压力机	NC、CNC 或电控	J71、J71Z、JS2 等系列，*F*=630kN～2500kN
	闭式高速压力机	NC、CNC	J75、JG75 等系列，*F*=300kN～1000kN
	立式曲柄、肘杆式挤压机	机械传动	J87(曲轴)、JA88 与 JB88(肘杆)，*F*=250kN～5000kN
	数控压力机、冲压中心	NC、CNC	J93KH 等系列；中外合资等型号
冲压液压机类	精冲压力机(全液压)	NC、CNC	Y26、Y26A、HFB 等系列，*F*=1000kN～1000kN
	双动厚板拉深压力机	液压传动	Y24 系列，*F*=1200kN～3500kN
	单动薄板冲压压力机	液压传动	YA27 系列，*F*=400kN～10000kN
	双动薄板拉深压力机	液压传动	Y28、…、YT28 等系列，*F*=280～1000/6300～10300kN

续表

类型	设备名称	主要结构特征	机型系列
弯曲压力机	三滚、四滚卷板机	NC、电控	W11、W12 等
	折边机	电控	W62 系列，最大折边厚度 t=2.5～6.3mm
	液压板料折弯压力机	NC、电控	W67Y、WA67Y 等系列
	数控折弯机	NC	WC67K 等系列
其他	摩擦压力机	摩擦传动	J53、J53A、…、J53K 等系列，F=630kN～25000kN
	万能液压机	液压传动	Y30、Y31、Y32 等系列，单柱、双柱、四柱

3. 冲压设备选用

通常根据冲压工序类型来选择冲压设备，油压机尽量不要用于冲裁，冲压设备选用如表 8-3 所示。

表 8-3　冲压设备选用

冲压工序 冲压设备	冲裁	弯曲	拉深	简单拉深	复杂拉深	立体成形
小行程通用压力机	适用	一般	不适用	不适用	不适用	不适用
中行程通用压力机	适用	一般	适用	一般	一般	不适用
大行程通用压力机	适用	一般	适用	一般	适用	适用
双动液压拉深压力机	不适用	不适用	一般	适用	不适用	不适用
高速自动压力机	适用	不适用	不适用	不适用	不适用	不适用
摩擦压力机	一般	一般	不适用	不适用	不适用	适用

8.2　常用冲压设备型号与参数

常用冲压设备有剪床、开(闭)压力机、闭式多点压力机、液压机、多工位压力机、高速自动冲床、数控压力机等。

1. 常用剪板机型号与参数

剪板机用于板料开料、切断等冲压工序，常用剪板机技术参数如表 8-4 所示。

表 8-4　常用剪板机技术参数

技术参数 型号	剪板尺寸(厚×宽)/mm	剪切角度	形成次数/min	板材强度/MPa	挡料装置调节范围/mm	喉口深度/mm	电机功率/kW	重量 t	外形尺寸(长×宽×高)/mm
Q11-1×1000A	1×1000 2.5×1600	1°	100	≤500	420		1.1	0.55	1553×1128×1040

续表

型号＼技术参数	剪板尺寸(厚×宽)/mm	剪切角度	形成次数/min	板材强度/MPa	挡料装置调节范围/mm	喉口深度/mm	电机功率/kW	重量 t	外形尺寸(长×宽×高)/mm
Q11-2.5×1600		1° 30′	55	≤500	500		3.0	1.64	2355×1300×1200
Q11-3×1200	3×1200	2° 25″	55	≤500	350		3.0	1.38	2015×1505×1300
Q11-3×1600	3×1800	2° 20′	38	≤400	600		5.5	2.9	2980×1900×1600
Q11-4×2000	4×2000	1° 30″	45	≤500	20～500		5.5	2.9	3100×1590×1280
Q11-6×1200	6×1200	2°	50	≤500	500		7.5	4	2250×1650×1602
Q11-6×2500	6×2500	2° 30′	36	≤500	460	210	7.5	6.5	3610×2260×3120
Q11-6×3200	6×3200	1° 30′	45	≤500	630		10	8	4455×2170×1720
Q11-6.3×2000	6.3×2000	2°	40	≤500	600		7.5	4.8	3175×1765×1530
Q11-6.3×2500A	6.3×2500	1° 30″	50	≤500	630		7.5	6.2	3710×2288×1560
Q11-7×2000A	7×2000	1° 30″	20	≤500	0～500		10	5.3	3160×1843×1535
Q11-8×2000	8×2000	2°	40	≤500	20～500		10	5.3	3270×1765×1530
Q11-10×2500	10×2500	2° 30″	16	≤500	0～460		15	8	3420×1720×2030
Q11-12×2000	12×2000	2°	40	≤500	5～800	230	17	8.5	2100×3140×2358
Q11-13×2000	13×2000	3°	28	≤450	700	250	13	13.3	3720×2565×2450
Q11-13×2500	13×2500	3°	28	≤500	460	250	15	13.3	3595×2160×2240
Q11-20×2000	20×2000	4° 15′	18	≤470	60～750		30	20	4180×2930×3240
Q11-25×3800	25×3800	4° 7′	6		50	16	70	85	6790×4920×5110
Q11Y-6×2500	6×2500	1° 30′	13	≤500	750		7.5	5.6	3127×2201×1610
Q11Y-7×7000	7×700	1° 30′	7	≤500	～700		22	34	7584×2600×2600
Q11Y-12×3200	12×3200	2°	12	≤500	～750		18.5	14.5	3685×2600×2430
Q11Y-16×2500B	16×2500	0.5～2.5°	8	≤500	5～1000	300	18.5	15	3230×3300×2560
Q11Y-20×2500	20×2500	0.5～3.5°	10	≤500	～1000		40	20	3650×3040×2540
液压摆式剪板机									
Q12Y-4×2500	4×2500	1° 30′	28	≤500	～600		7.5	3.7	3040×1400×1540
Q12Y-6×2500	6×2500	1° 30′	24	≤500	～600		11	6	3186×2696×1858
Q12Y-12×2000	12×2000	1° 30′	16	≤500	～800		18.5	8	3045×2040×1820
Q12Y-16×3200	16×3200	2°	11	≤500	～1100		22	14.5	3920×2440×2050
Q12Y-20×2500	20×2500	3°	8～12	≤500	～750		40	19	3390×2740×2635
Q12Y-25×4000	25×4000	3°	6～12	≤500	～1000		40	41	5032×2300×3150
Q12Y-32×4000	32×4000	1° 30′	3	≤500	～1000		55	43.6	5200×2850×3250

2. 开式压力机主要技术参数

开式压力机适用冲裁、弯曲、小工件浅拉深、成形、挤压等冲压工序，主要技术参数如表 8-5 所示。

表 8-5　开式压力机主要技术参数

公称压力/kN		40	63	100	160	250	400	630	800	1000	1250	1600	2000	2500	3150	4000
达到公称压力时滑块离下止点距离/mm		3	3.5	4	5	6	7	8	9	10	10	12	12	13	13	15
滑块行程/mm		40	50	60	70	80	100	120	130	140	140	160	160	200	200	250
行程次数/min		200	160	135	115	100	80	70	60	60	50	40	40	30	30	25
最大封闭距离/mm	固定台式和可倾式	160	170	180	220	250	300	360	380	400	430	450	450	500	500	550
	活动台位置 最低				300	360	400	460	480	500						
	活动台位置 最高				160	180	200	220	240	260						
封闭高度调节量/mm		35	40	50	60	70	80	90	100	110	120	130	130	150	150	170
滑块中心到床身的距离/mm		100	110	120	160	190	220	260	290	320	350	380	380	425	425	480
工作台尺寸/mm	左右	280	315	360	450	560	630	710	800	900	970	1120	1120	1250	1250	1400
	前后	180	200	240	300	360	420	480	540	600	650	710	710	800	800	900
工作台孔尺寸/mm	左右	130	150	180	220	260	300	340	380	420	460	530	530	650	650	700
	前后	60	70	90	110	130	150	180	210	230	250	300	300	350	350	400
	直径	100	110	130	160	180	200	230	260	300	340	400	400	460	460	530
立柱间距/mm		100	150	180	220	260	300	340	380	420	460	530	530	650	650	700
模柄孔尺寸(直径×深度)/mm		ϕ 30×50				ϕ 50×70			ϕ 60×75			ϕ 70×80		T 形槽		
工作台板厚度/mm		35	40	50	60	70	80	90	100	110	120	130	130	150	150	170
倾斜角(可倾式压力机)/(°)		30	30	30	30	30	30	30	30	30	25	25	25			

3. 闭式单点单动压力机的主要技术参数

闭式单点单动压力机主要用于受力较大的中大型冲压工件的冲裁、弯曲、成形等工序，主要技术参数如表 8-6 所示。

表 8-6 闭式单点单动压力机的主要技术参数

公称压力/kN		1000	2500	3150	4000	6300	8000	10000	12500
公称压力行程/mm		10.4	10.4	10.5	13.2	13	13	13	11
滑块行程长度/mm		250	315	315	400	400	500	500	500
滑块行程次数/(次/min)		20	20	20	20	12	10	10	10
最大装模高度/mm		450	490	490	550	700	700	850	830
装模高度调节量/mm		200	200	200	250	250	315	400	250
导轨间距/mm		690	810	910	1330	1400	1680	1680	1520
滑块底面前后尺寸/mm		700	850	960	1150	1400	1500	1500	1560
工作台垫板尺寸/mm	前后	800	900	1100	1240	1500	1900	1900	1900
	左右	800	900	1100	1240	1500	1900	1900	1900
主电动机功率/kW			30	30	40	55	75	90	100
气垫数/个		1	1	1	1	1	1	1	1
单个气垫推出力/MN		0.04	0.07	0.07	0.076	0.15	0.18	1.6	0.25

4. 闭式双点压力机基本参数

闭式双点压力机主要用于受力较大的大型冲压工件的冲裁、弯曲、成形等工序，主要技术参数如表 8-7 所示。

表 8-7 闭式双点压力机基本参数(摘自 JB/T 1647—2012)

公称压力/kN	公称压力行程/mm	滑块行程/mm	滑块行程次数/(次/min)	最大闭合高度/mm	闭合高度调节量/mm	导轨间距/mm	滑块底面前后尺寸/mm	工作台垫板尺寸/mm	
								左右	前后
1600	13	400	18	600	250	1980	1020	1900	1120
2000	13	400	18	600	250	2430	1150	2350	1250
2500	13	400	18	700	315	2430	1150	2350	1250
3150	13	500	14	700	400	2880	1400	2800	1500
4000	13	500	14	800	400	2880	1400	2800	1500
5000	13	500	12	800	500	3230	1500	3150	1600

续表

公称压力/kN	公称压力行程/mm	滑块行程/mm	滑块行程次数/(次/min)	最大闭合高度/mm	闭合高度调节量/mm	导轨间距/mm	滑块底面前后尺寸/mm	工作台垫板尺寸/mm	
								左右	前后
6300	13	500	12	950	600	3230	1500	3150	1600
8000	13	630	10	1250	600	3230	1700	3150	1800
						4080		4000	
10000	13	630	10	1250	400	3230	1700	3150	1800
						4080		4000	
12500	13	500	10	950	400	3230	1700	3150	1800
						4080		4000	
16000	13	500	10	950	400	5080	1700	5000	1800
						6080		6000	
20000	13	500	8	950	400	5080	1700	5000	1800
						7580		7500	
25000	13	500	8	950	400	7580	1700	7500	1800
31500	13	500	8	950	400	7580	1900	7500	2000
						10080		10000	
400000	13	500	8	950	400	10080	1900	10000	2000

5. 国产多工位压力机主要技术参数

多工位压力机适用于级进模，主要技术参数如表 8-8 所示。

表 8-8 国产多工位压力机主要技术参数

压力及型号	Z81-40	Z81-125	Z81-160	Z81-250	Z81-400
公称压力/kN	400	1250	1600	2500	4000
滑块行程/mm	150	200	315	200	400
工位数/个	7	8	5	9	9
滑块行程次数/(次/min)	40	35	20	20～25	11～22
最大装模高度/mm	300	380	420	490	700
装模高度调节量/mm	40	50	40	80	80
工位距/mm	150	210	180	300	400
夹板纵向送料行程/mm	150	210	180	300	400
夹紧时夹板内侧距离/mm	130～210	200～320	300	250～400	350～450
送料线高度/mm	180	230	320	320	400
模柄孔尺寸(直径×深度)/mm	ϕ32×55	ϕ40×60		ϕ60×60	
垫板尺寸(孔径×厚度)/mm	ϕ110×60				

续表

打料行程/mm	30	30		30	
侧滑块行程/mm				80	
侧滑块压力/kN					800

6. 双动薄板拉深液压机主要技术参数

双动薄板拉深液压机主要应用于大中型薄板工件的拉深，主要技术参数如表 8-9 所示。

表 8-9　双动薄板拉深液压机主要技术参数(部分)

名　称	量　值			
	YA28-160	YA28-400A	YA28-500	YA28-630
总压力/MN	2.6	6.3	8.0	10.3
拉深压力/MN	1.6	4.0	3.15/5.0	6.3
压边压力/MN	1.0	2.5	3.0	2.5
液压垫压力/MN		1.5	1.0	4.0
顶出压力/MN		0.5	1.0	0.8
液体最大工作压强/MPa	25	25	25	25
拉深滑块行程/mm	850	1100	1000	1300
压边滑块行程/mm	550	1000	1000	1200
液压垫行程/mm		400	350	400
最大拉深深度/mm	250	400	320	
拉深滑块距工作台面最大距离/mm	1130	1600	1600	2200
压边滑块距工作台面最大距离/mm	850	1600	500	200
工作台面距地面距离/mm	800	650	500	200
拉深滑块尺寸(左右×前后)/mm	870×720	1970×1250	2400×1400	2400×1400
液压垫尺寸(左右×前后)/mm		1630×1180	2260×1260	2300×1300
移动工作台最大移动距离/mm		1800		2200
机器外形尺寸(左右×前后×地面上高度)/mm	5060×2500×5336	7840×7020×6600	7250×3600×6200	8190×7450×7860
电机总功率/kW	53	100	115.5	215
全机质量/kg		86800	75000	215000

7. 四柱通用液压机主要技术参数

四柱通用液压机使用广泛，除用于冲压模外，也可用于压缩模、压注模等，主要技术参数如表 8-10 所示。

表 8-10 四柱通用液压机主要技术参数(天津锻压机床厂)

液压机名称	型号	公称压力/kN	液体最大工作压强/MPa	回程压力/kN	顶出缸压力/MN	活动横梁最大行程/mm	顶出缸活塞最大行程/mm	活动横梁至工作台最大距离/mm	顶出缸活塞至工作台最大距离/mm	活动横梁行程速度		
										空程下行/(mm/s)	工作时最大行程/(mm/s)	回程/(mm/s)
四柱万能液压机	YB32-63B	630	25	190	190	400	150	600	160	22	9	50
四柱万能液压机	YB32-100B	1000	25	320	190	600	200	900	215	22	14	47
四柱万能液压机	YT32-200	2000	25	480	400	710	250	1120	324	90	18	80
四柱万能液压机	YA32-200	2000	25	450	350	700	250	1100	345	60	10	52
塑料制品液压机	YT71-250	2500	25	630	400	600	250	1200	380	66/6	3	65/6
四柱万能液压机	YT32-315	3150	25	630	630	800	300	1250	360	100	12	60
四柱万能液压机	YA32-315	3150	25	600	350	800	350	1250	445	80	8	42
四柱万能液压机	YT32-500C	5000	25	1000	1000	900	355	1500	545	140	10	70
四柱万能液压机	YT32-500	5000	25	1000	1000	900	355	1500	385	100	10	80
塑料制品液压机	YT71-500	5000	25	630	350	700	300	1400	850	30/3	1	30/3

8. 数控压力机主要技术参数

数控压力机适用于批量不大且多孔的冲压件、制作模具成本太高的场合，主要技术参数如表 8-11 所示。

表 8-11　数控压力机主要技术参数

型　号	J92K-25	J92K-40	JCQ2025	J93K-30
公称压力/kN	250	400	200	300
最大加工板料尺寸/mm	1000×2000	1250×2500	1000×2000	750×2000
最大板料厚度/mm	6	6	6.4	3
最大模具尺寸/mm	110	110	100	
工位数	24	32		9
步冲行程次数/(次/min)	180	180		150

本 章 小 结

本章主要介绍冲压成形常用国产设备。通过本章的学习，应能熟练选用各类冲压设备。

思考与练习

1. 通用锻压设备类型代号有哪几类？
2. 国产主要冲压设备类型有哪些？
3. 冲裁最好选用什么设备？
4. 拉深最好选用什么设备？

参 考 文 献

[1] 杨海鹏，刘永铭. 洗衣机异形垫圈冲压模设计与制造[J]. 锻压技术，2010(5).

[2] 杨海鹏. 模具拆装与测绘[M]. 北京：清华大学出版社，2009.

[3] 王树勋，杨海鹏等. 冷冲压工艺与模具设计[M]. 北京：电子工业出版社，2009.

[4] 杨占尧. 最新冲压模具标准及应用手册[M]. 北京：化学工业出版社，2010.

[5] 史铁梁. 模具设计指导[M]. 北京：机械工业出版社，2007.

[6] 杨关全. 冷冲模设计资料与指导[M]. 大连：大连理工大学出版社，2007.

[7] 张正修. 冲压技术实用数据速查手册[M]. 北京：机械工业出版社，2009.